U0296551

国家科学技术学术著作出版基金资助出版

黄土高塬沟壑区沟头溯源侵蚀分布特征及过程模拟

王文龙　郭明明　康宏亮　著

科学出版社

北　京

内 容 简 介

本书系统研究黄土高塬沟壑区沟头分布特征及溯源侵蚀过程。首先，探明董志塬沟头溯源侵蚀分布特征、沟头前进速率及其影响因素的内在联系；其次，以裸地为对照，研究不同根系密度草地及不同土地利用方式下沟头溯源侵蚀过程，阐述径流泥沙变化、水力学参数变化及侵蚀水动力学特征、重力侵蚀时空分布及其对产沙的影响，以及沟头前进速率、沟道下切速率和形态演化过程；最后，分析土壤性质和根系特征对沟头溯源侵蚀的影响，揭示植被对溯源侵蚀的阻控机制。

本书可供环境、水土保持、资源、水利、土壤等领域的管理人员、科技工作者及相关专业高校师生阅读。

图书在版编目（CIP）数据

黄土高塬沟壑区沟头溯源侵蚀分布特征及过程模拟／王文龙，郭明明，康宏亮著. —北京：科学出版社，2022.3
ISBN 978-7-03-064082-6

Ⅰ. ①黄… Ⅱ. ①王… ②郭… ③康… Ⅲ. ①黄土高原—沟壑—溯源侵蚀—分布—研究②黄土高原—沟壑—溯源侵蚀—过程模拟—研究 Ⅳ. ①S157.2

中国版本图书馆 CIP 数据核字（2020）第 015414 号

责任编辑：祝 洁 罗 瑶／责任校对：任苗苗
责任印制：张 伟／封面设计：迷底书装

科学出版社 出版
北京东黄城根北街 16 号
邮政编码：100717
http://www.sciencep.com
北京中科印刷有限公司 印刷
科学出版社发行 各地新华书店经销
*
2022 年 3 月第 一 版 开本：720×1000 1/16
2022 年 3 月第一次印刷 印张：18 1/2 插页：4
字数：373 000
定价：198.00 元
（如有印装质量问题，我社负责调换）

序

　　沟头溯源侵蚀作为黄土高原最活跃的侵蚀形式，在高塬沟壑区总侵蚀量中占比较大。董志塬是国家级和省级商品粮与果品生产基地，其塬面溯源侵蚀异常严重，对道路、村镇和区域粮食安全造成很大威胁。《黄土高塬沟壑区沟头溯源侵蚀分布特征及过程模拟》基于对董志塬沟头分布的调查和植被恢复沟头的模拟试验研究，系统阐明沟头溯源侵蚀分布特征及其影响因素，并分析溯源侵蚀中产流产沙过程、水力及重力的作用特征及沟头形态演化过程，揭示植被，尤其是植被根系对沟头溯源侵蚀的阻控效应和作用机制。国内对溯源侵蚀的专门研究较少，起步也较晚，该书作为黄土高塬沟头溯源侵蚀研究的著作，可填补区域沟头溯源侵蚀研究的空白，对水土保持学科发展有促进作用，是对土壤侵蚀与水土保持理论的进一步丰富和深化，可为黄土高塬沟壑区"固沟保塬"与生态环境建设提供科学依据。因此，该书具有较高的学术价值与生产指导意义，其出版值得庆贺。

　　该书内容丰富、数据翔实，试验监测技术先进，立意新颖、逻辑严密，学术观点独到，研究成果具有明显创新性，学术价值和应用价值均较高。第一，学术思想系统深入，是对董志塬沟头溯源侵蚀多年调查和试验结果的系统总结。第二，针对目前植被根系对沟头溯源侵蚀影响研究薄弱现象，定量揭示黄土高塬植被类型和根系密度对沟头溯源产沙与形态演化过程的影响机制。第三，研究内容丰富，逻辑体系严密，综合多学科研究手段和监测技术，全面介绍黄土高塬沟壑区沟头溯源侵蚀特征及发展过程。内容特点包括：阐明不同植被类型和植物密度条件下沟头溯源过程中重力侵蚀发生的时空分布特征；以坡面尺度植物根系控制沟头溯源的机理为突破口，揭示不同植被条件对沟头溯源侵蚀的阻控效应和抑制机理；采用先进的三维立体摄影测量技术，实现对次沟头发育过程的精准再现，对深入理解次沟头溯源侵蚀形态演化过程提供可靠的技术支持；应用价值较强，可为黄土高塬沟壑区"固沟保塬"战略实施提供科学依据与技术支撑。

　　该书作者王文龙研究员长期从事黄土高原土壤侵蚀研究，主持多项国家自然科学基金项目，在国内外主流期刊发表多篇论文，在土壤侵蚀研究领域有一定影响力。2006年主持"十一五"国家科技支撑计划项目"高塬沟壑区农果林多元综合治理模式研究与示范"子课题"高塬沟壑区土壤侵蚀过程与防治技术研究"开始，到2010年主持黄土高原土壤侵蚀与旱地农业国家重点实验室自主课题"黄土高塬沟壑区董志塬溯源侵蚀分布特征及其发育演化研究"，再到2016年主持国家自然科学基金面上项目"黄土塬沟头溯源侵蚀动力过程及形态演化试验研究",十几年来,作者对黄土高塬沟壑区土壤侵蚀过程有极为深刻的认识,发现沟头溯源侵蚀为该区产沙最剧烈、危害最严重、破坏最强烈的一种土壤侵蚀方式。作者通过野外实地调查与模拟研究相结合的方法,系统、深入地阐明黄土高塬沟壑区沟头溯源侵蚀分布特征及过程。在科学研究中,实现从定性描述溯源侵蚀特征到定量分析溯源侵蚀产沙、沟头形态发育及其影响因素的深化。

中国科学院院士　傅伯杰

前　　言

黄土高原一场暴雨可使沟头前进几米甚至几十米，沟头溯源侵蚀已使甘肃董志塬面积缩小至不到原来的 1/2。但目前对溯源侵蚀过程与机理及植被对溯源侵蚀作用机制的研究还十分薄弱，相关理论体系尚不完善，不能满足黄土高原生态建设与区域可持续发展需求。作者在总结国内外研究现状，提炼核心科学问题的基础上，申请并主持了"十一五"国家科技支撑计划项目及国家自然科学基金项目，通过野外调查和模拟试验获得大量资料，系统研究沟头分布特征、溯源侵蚀发生发展过程及植被阻控机理等。历时十余年，完成此专著，旨在深入探索黄土高塬沟壑区沟头溯源侵蚀规律及阻控机理，为黄土高塬"固沟保塬"及生态环境建设提供科学指导与技术支撑。本书旨在丰富和完善水土保持学科知识体系，促进学科发展，深化学者对溯源侵蚀的认识。本书将野外调查与模拟试验相结合，以照片三维重建为技术支撑，形成一套科学有效的溯源侵蚀研究方法，并在重力侵蚀研究方面有所突破。作者培养了一支较高水平的研究生队伍，为学科发展和研究的持续深入积蓄了科研力量，对黄土高塬沟壑区"固沟保塬"、社会经济发展与生态环境建设意义重大。

"十一五"以来，作者先后主持了"十一五"国家科技支撑计划项目"高塬沟壑区农果林多元综合治理模式研究与示范(2006BAD09B09-01)"01 子课题"高塬沟壑区土壤侵蚀过程与防治技术研究"、黄土高原土壤侵蚀与旱地农业国家重点实验室自主课题"黄土高塬沟壑区董志塬溯源侵蚀分布特征及其发育演化研究"和国家自然科学基金面上项目"黄土塬沟头溯源侵蚀动力过程及形态演化试验研究(41571275)"等。运用土壤侵蚀与水土保持相关理论方法，以当前世界上保存最完整、最具代表性的黄土台塬——董志塬为研究对象，对其沟头溯源侵蚀进行全面的野外考察，并进行长达十余年的野外模拟试验，系统研究黄土高塬沟壑区沟头溯源侵蚀分布特征及其影响因素、溯源侵蚀径流泥沙过程、水力-重力作用过程与机制、沟头地貌形态演化过程及植被对沟头溯源侵蚀的阻控机理，为黄土高塬沟壑区"固沟保塬"提供理论基础与科学依据。

全书分为 9 章。各章撰写分工如下：第 1 章，王文龙；第 2 章，郭明明、康宏亮、车小力；第 3 章，车小力、陈绍宇、王文龙、康宏亮；第 4 章，郭明明、康宏亮；第 5 章，康宏亮、郭明明；第 6 章，王文龙、郭明明、康宏亮；第 7 章，王文龙、康宏亮、郭明明；第 8 章，王文龙、郭明明、康宏亮；第 9 章，王文龙。

本书重点介绍沟头溯源侵蚀过程中重力作用特征与机制及沟头形态演化过程。介绍沟头重力侵蚀特征时，采用情景再现的方式，用现场图片清晰记录和展示重力侵蚀发生过程，对溯源侵蚀过程中重力侵蚀的时空特征等进行研究，成为本书一大亮点；监测沟头形态演化过程中使用国际先进的照片三维重建技术，通过建立沟头三维模型，再现沟头形态演化过程。书后参考文献对进一步了解本书内容有一定的帮助。

感谢科学技术部、国家自然科学基金委员会和黄土高原土壤侵蚀与旱地农业国家重点实验室对本书出版的资助。感谢中国科学院水利部水土保持研究所唐克丽研究员、王占礼研究员提出的宝贵意见。感谢黄河西峰治理监督局南小河沟水土保持试验场提供良好的试验条件，感谢前局长赵安成、刘斌副局长、金剑副总工，以及李垚林场长、王鸿斌科长、李怀有主任的大力支持和帮助。感谢陈绍宇、车小力、朱宝才、詹松、史倩华、陈同德、欧阳潮波在野外调查和模拟试验工作中付出的辛勤劳动，感谢纪丽静在书稿图表绘制等方面的辛勤付出。

由于作者水平有限，书中难免存在不妥之处，恳请读者提出意见，以便进一步修改和完善。

目　　录

第1章 绪 论

1.1 黄土塬沟头溯源侵蚀背景

黄土塬是顶面平坦宽阔、周边为沟谷切割的黄土堆积高地，又称黄土平台。黄土高原塬面总面积约为 3.56 万 km^2，其中，董志塬保存最完好、面积最大，有"天下黄土第一塬"和"陇东粮仓"的美誉；洛川塬和长武塬是我国的优质苹果基地，"洛川苹果"被认定为中国驰名商标。可见，黄土塬在黄土高原农果业生产中占据十分重要的地位。然而，黄土塬正遭受沟头溯源侵蚀与沟岸坍塌蚕食的威胁，面积不断萎缩。据研究，1900～2001 年陕西省洛川县旧县镇南沟沟头前进了262.5m，沟头前进速率达 2.63m/a(桑广书等，2005，2002)；截至 2008 年，董志塬南小河沟小流域典型沟谷的沟头在 2691 年历史地貌上的平均前进速率高达4.19m/a(姚文波，2009)。沟头的迅速前进导致大面积塬面的优质农田遭到破坏，同时损坏民居、道路和厂房等生产生活设施，严重威胁粮食安全及当地居民的生产生活安全；沟头溯源产生的大量泥沙不断淤积到下游河床及水库中，可造成严重洪涝灾害。溯源侵蚀已经严重威胁塬区甚至下游区域的生态安全，"固沟保塬"已成为黄土高原沟壑区十分紧迫的工作。

1.2 黄土塬溯源侵蚀研究目的与意义

从国家需求来看，保护塬面，防治沟头溯源，抑制溯源侵蚀发生发展，是一件造福黄土高原沟壑区人民群众的伟大事业。从农业生产来看，塬面是黄土高原沟壑区重要的农果业生产基地，倘若任由沟头溯源，必然导致大量的优质农田被破坏，造成区域性粮食短缺，引发严重的粮食安全问题。从生态环境治理来看，抑制溯源侵蚀发生发展，减少水土流失，避免面源污染，有利于植被生长发育，促进生态环境建设。从人民生产生活安全来看，保护塬面有利于民居安全、便利交通、保障人民生命财产安全。"固沟保塬"已成为确保黄土高原沟壑区粮食和生态安全的紧迫任务，加强沟头溯源侵蚀研究是实现"固沟保塬"目标的科学理论基础。从学科发展来看，黄土高原沟壑区沟头溯源侵蚀研究相对滞后，研究工作及相关文献资料较少，溯源侵蚀规律及发生发展机理尚不明确。沟头溯源侵蚀作为黄土高塬沟壑区水土流失的主要方式与塬面破坏的主要过程之一，其侵蚀规律与驱动机制已成为水土保持学科亟待解决的问题之一。探究黄土高塬沟壑区不同土地利用/植被覆盖条件下溯源侵蚀发生发展过程与驱动机制，可深化黄土高塬实施退耕还林、还草引起的土地利用方式改变或植被覆盖变化对该区土壤侵蚀过程影响的认识，有利于进一步了解和评价植被的蓄水减沙方式与效益，为黄土高塬沟壑区"固沟保塬"及区域土壤侵蚀模型的建立奠定理论基础，为塬区水土资源的持续利用与生态环境建设提供科学依据。

1.3 沟头溯源侵蚀研究进展

沟头溯源侵蚀作为黄土高原最活跃的沟谷侵蚀方式(陈永宗，1984)，是破坏黄土高原优质农田，摧毁当地民居、道路及生产设施，导致塬面大面积萎缩的主要原因(陈绍宇等，2009a)。各种侵蚀形式中，沟蚀对人类生产生活的影响最大，威胁程度最高，但有关沟蚀的研究成果仅占土壤侵蚀研究的 10%左右(Castillo et al., 2016)，导致人们对沟蚀过程中溯源侵蚀的认识十分有限，溯源侵蚀过程的定量表达是今后沟蚀过程研究的重点之一(郑粉莉等，2016)。目前，相关研究主要集中在沟头前进速率及其影响因素、沟头前进机制等方面。

1.3.1 沟头溯源侵蚀内涵与沟头特征

沟头溯源侵蚀，又称沟头前进，指坡面经受降雨形成径流后沿坡面向沟头流动，径流使沟头向相反方向前进，沟头上方来水以跌水形式冲击沟底，土体受到水流作用形成悬空土体，继而坍塌，沟头得以溯源。在许多研究中，沟头溯源侵蚀被纳入沟蚀的范畴(唐克丽，2004；程宏等，2003；陈永宗等，1988；景可，1986；朱显谟，1956)，沟谷发育过程中沟头溯源最为活跃，对地形的重塑起决定性作用(陈永宗，1984)。水力侵蚀及其产生的崩塌、滑塌等重力侵蚀是沟头溯源最重要的侵蚀方式。在涧地和残留沟谷中多发育以崩塌为主溯源方式的侵蚀沟头，而甘肃东部塬区的沟头前进大多是径流对沟头壁和沟坡的冲淘作用所致。沟头前进速率在很大程度上取决于汇水面积，且与沟头地形形态密切相关。上方汇水量较小条件下，沟头沟坡坡度较小的沟头前进速率较慢，沟头多呈尖峰形；对于汇水区域较大的沟头，如果沟头沟坡较陡，强降雨形成的径流流速较大，多在沟头形成近似抛物线形的冲击水流，沟头土体在水流作用下不断崩塌，沟道底部被水流冲击形成水蚀洼地，降雨汇集形成的水流沿沟头陡坡面冲淘，使沟头陡坡土壤被侵蚀并向上方凹陷，从而形成临空土体，临空土体一旦失稳崩塌，沟头则前进，沟沿线多呈圆弧形。黄土高塬沟壑区的许多沟头靠近道路和居民点，由于道路表面容重较大，有利于塬面径流的形成和流通，且流经路面的径流量较大，易加剧沟头溯源，溯源方向和道路走向基本相同。

溯源侵蚀与侵蚀沟的形成过程密切相关，被认为是切沟发育的主要方式(伍永秋等，2000)。国内外针对溯源侵蚀的研究并不多见，主要集中于侵蚀沟发育过程中的沟头溯源。韩鹏等(2002)将坡面细沟发育过程中溯源侵蚀和沟壁崩塌产沙量从总侵蚀量中分离出来，并认为溯源侵蚀是细沟主要产沙方式，溯源侵蚀量占细沟侵蚀量的 50%以上。沟谷发育过程是一个完整的系统，由"细沟、浅沟、切沟、冲沟、坳沟"的发展组成(张新和，2007；关君蔚，1995；景可，1986)。在黄土高原，降雨形成超渗产流，径流向低处流动过程中逐渐汇聚形成集中股流，当径流剪切力大于土壤临界抗剪强度后，坡面出现细沟，并逐渐向浅沟发育；由于沟道的不断发育和扩展，其汇集径流能力增强，在沟道发育过程中常伴随着崩塌等重力侵蚀现象，随着径流的汇集下切，切沟逐渐形成，切沟横剖面呈 V 形，沟道径流对沟壁土壤冲淘使沟壁不断拓宽，最终形成冲沟，冲沟横剖面多呈 U 形(刘元保等，1988；陈永宗，1984；甘枝茂，1980)。何雨等(1999)详细研究了丘陵区不同侵蚀沟谷的宽深比变化，认为坳沟是沟谷发育过程中最稳定阶段，冲沟则是沟道发育过程中最活跃的侵蚀阶段。郑粉莉等(2006)认为在浅沟侵蚀初期，沟头前进速率大于沟壁扩张和沟床下切速率；中期沟头前进变缓，沟壁扩张和沟床下切作用明显；后期大量的跌坑相互连接后形成切沟，即发生切沟溯源侵蚀(程宏等，2006)。

沟头溯源侵蚀因土壤、地形、降雨及上方汇流的不同呈现显著的差异性，溯源沟头类型因划分依据的不同，划分结果也有所不同。刘增文等(2003)根据侵蚀沟将沟头分为原生侵蚀沟头和次生侵蚀沟头，根据发育程度又将其分为顶极型、遏止型和前进型沟头。南岭(2011)根据沟头形态将金沙江干热河谷冲沟沟头分为跌水状沟头和平缓状沟头，并认为沟道侵蚀的泥沙主要来自沟头土体崩塌。Stein等(1993)认为沟头可以分为轮转型沟头和阶状沟头，与南岭(2011)对冲沟的划分结果相似。中国科学院东北地理与农业生态研究所对黑土区沟头活跃程度进行了研究，并在该研究基础上将侵蚀沟划分为活跃性、半活跃性和稳定性三类(闫业超等，2007)。陈绍宇等(2009a，2009b)对董志塬沟头进行了大量野外调查和总结，将沟头分为水力冲刷型、陷穴诱发型、裂缝诱发型和人为诱发型。Zhu 等(2008)根据沟头垂直方向上的形态将沟头分为单阶梯沟头和多阶梯沟头。Sidorchuk(1999)认为沟道发育过程可简单分为迅速演变阶段和平稳阶段。Dietrich 等(1993)认为不同水流对沟头切割作用不同，依据水流对沟头的切割深度可将沟头分为微变沟头、微型沟头和中型沟头等。

1.3.2 沟头溯源侵蚀研究方法

有关沟头溯源侵蚀的观测方法较多，参数不一，各观测结果也难以比较，至今未能形成一套标准化的沟头溯源侵蚀速率(前进速率)及控制因素的观测研究方法。目前的观测研究方法主要有以下几种。

(1) 手工测量法。该法是用卷尺、微地形剖面仪(Casali et al., 2006)等工具，沿冲沟长度每隔一定距离测量其横截面特征值(上底宽、下底宽、高度、沟岸长度和坡度等)，计算不同时间溯源侵蚀的容积变化，据此推算溯源侵蚀量，是被广泛应用的一种方法(Casali et al., 2006)。该方法简单、直接、成本较低，可用于短期测定，但具有较大的局限性。例如，测量费时费力，不适合大尺度范围测定，而且测算精度不高，取决于沟头溯源侵蚀形态的复杂程度及测量时间间隔。

(2) 侵蚀针测量法。该法是在沟头边缘每隔一定距离布置侵蚀铁针或水泥桩作为基准点，雨季后用水准仪或全站仪测定沟头发育边缘与侵蚀针(桩)的位置变化，进而测算土壤侵蚀量。该法是溯源侵蚀监测的经典方法，Vandekerckhove等(2001)和 Ionita(2006)分别在西班牙和罗马尼亚应用这种方法对溯源侵蚀进行监测，取得了较理想的观测结果。该法的优点在于精度较高，能够进行短期监测，而且较地面手工测量法而言省时省力。其缺点是在沟头边缘布置铁针或水泥桩，可能会加剧沟头沟缘的不稳定性甚至促进裂隙的产生。另外，沟头内部因崩塌、下切作用等产生的形态、体积的变化也难以测量，导致计算总侵蚀量时产生误差。

(3) 数字化地形图监测法(Martínez-Casasnovas, 2003; Betts et al., 1999)。这是目前应用最为广泛的溯源侵蚀速率和产沙量的研究方法。该方法是利用多时段航片解译或者数字化地形图，得到多时段的溯源侵蚀发生区域的数字高程模型(digital elevation model, DEM)，溯源侵蚀在两时段的 DEM 体积之差，即该时段发生的侵蚀量。该法迅速、简便、易于实现周期监测，而且能够计算溯源侵蚀因地表径流、重力侵蚀和溯源侵蚀下切作用等产生的总侵蚀量，并确定侵蚀活跃部位，绘制出溯源侵蚀图形。DEM 的缺点是多数航片比例尺太小(多在 1∶10000 以下)，对于形态变化小的溯源侵蚀，如每年几十厘米的沟头前进速率，由于分辨率只能进行中长期监测，满足不了短时间尺度监测要求。Fan 等(2011)采用地理信息系统(geographic information system，GIS)建立数字高程模型对汶川"5·12"地震滑坡体积及二次灾害进行了经验统计和评估。张怀珍等(2012)采用遥感-地理信息系统(remote sensing-geographic information system，RS-GIS)对汶川重灾区泥石流沟内崩滑物空间分布进行了定量评估。李瑾杨(2013)利用三维激光扫描仪进行了基于点云数据的冲沟溯源侵蚀过程动态可视化研究与实现。

(4) 其他方法。近年来，有些学者进行了一些新监测方法的探索，其中较典型的有热气球照相法(Ries，2003)和树木断代法(Vandekerckhove et al.，2001)。热气球照相法是利用热气球在 350m 以下的近地面拍摄大比例尺(1∶200～1∶10000)的照片，获得高清晰的影像。该方法大大弥补了航片的不足，可以监测数厘米的溯源侵蚀形态变化，其不足之处在于，购置成套设备价格昂贵，调查费用高。另外，热气球的稳定性很容易受到风的影响，拍摄的照片常存在不同程度的倾斜，造成像点的位移和方向偏差。树木断代法是一种基于树木年代学的长期监测方法，该方法是将受溯源侵蚀影响的树木或其部分根系作为断代标示物，先用树木年代学方法确定其年代，再根据该年代在溯源侵蚀发生以前、以后或发生过程中，来估算溯源侵蚀发生的大致年代，以此推算溯源侵蚀速率。由于该方法得到的只是溯源侵蚀形成或发生的大致年代，时间精度得不到保障，仅适用推断历史时期发生的侵蚀事件，存在较大局限性。

可见，溯源侵蚀研究主要通过沟头动态监测实现，已有的研究方法包括手工测量法(Casali et al.，2006)、侵蚀针(桩)测量法(Ionita，2006；Vandekerckhove et al.，2001)、树木断代法(Vandekerckhove et al.，2001)、航片解译法(Vandekerckhove et al.，2001)、热气球照相法(Ries，2003)、三维激光扫描法、高精度全球定位系统(global positioning system，GPS)和激光雷达监测法等(Rengers et al.，2015；李瑾杨，2013；James et al.，2007；何福红等，2005；胡刚等，2004；Martínez-Casasnovas，2003；Betts et al.，1999)。早期经典方法或费时费力，或精度较低，或分辨率低，或局限性大，当前先进技术如三维激光扫描价格又比较昂贵，操作过程较为复杂。

近年来，基于照片的三维重建技术在沟蚀监测方面逐渐发展和成熟起来，Gómez-Gutiérrez 等(2014)利用该技术和三维激光扫描仪对比研究了西班牙西南部 5 个小型沟头的形态变化，发现基于二维照片的三维重建技术足以满足精度要求，操作方便，省时省力又廉价。Zhang 等(2016)和张宝军等(2017)利用基于照片的三维重建技术研究了干热河谷区沟头高度对溯源侵蚀的影响，精度可达毫米级。Frankl 等(2015)量化了埃塞俄比亚北部地区 4 个沟头的形态特征，认为该技术在研究侵蚀沟形态方面应用价值重大，获得的三维模型与实体形态最为接近。由此可见，基于照片的三维重建技术是当前监测沟头溯源侵蚀的优选方法。另外，除了野外长期监测外，人工模拟沟头溯源侵蚀的研究也有一定发展，主要包括覃超等(2018)和 Bennett 等(2000)在细沟沟头(沟头高度为厘米级)上的放水试验，Hanson 等(1997)和 Robinson 等(1996，1995，1994)在大型设备土槽内的放水冲刷试验，Su 等(2014)在我国元谋地区天然沟头上的人工模拟冲刷试验，以及郭明明(2016)、康宏亮(2017)在黄土高塬沟壑区的沟头小区上的人工模拟降雨与放水冲刷试验。

1.3.3 沟头溯源侵蚀影响因素

影响沟头溯源过程径流泥沙变化的因素有降雨、径流、地形、土壤质地和土地利用方式等(Torri et al., 2014; Li et al., 2011; Guy et al., 2009; Shih et al., 2009; 熊东红等，2007)。

1. 降雨和径流对沟头溯源侵蚀的影响

相对细沟和切沟而言，目前针对降雨与溯源侵蚀关系的研究极为少见，受限于野外观测条件，只有少数研究成果可以参考(Moeyersons et al., 2015)。Prosser等(1998)对 28 条冲沟的发生过程进行了长期观测，结果发现溯源侵蚀发生的临界日降雨量为 80～100mm，Vanwalleghem 等(2003)认为 11.5mm 的降雨量即可启动比利时黄土地带农作区冲沟的沟头溯源。在黄土高原地区，只有少数强降雨才能引起严重的水土流失，一般的低强度降雨对侵蚀的影响不大(周佩华等，1981)，刘尔铭(1982)通过对黄土高原强降雨资料的分析，发现日降雨量为 40～60mm 时即可引发沟头溯源。Archibold 等(2003)发现沟头溯源主要受季节性降雨的驱动，主要发生在夏季暴雨后。许多学者认为土体张力裂隙在沟头前进中扮演重要的角色，Avni(2005)对内盖夫高地沟谷形成过程的研究结果表明张力裂隙对沟谷的扩展起重要作用。另有学者认为土体中出现的张力裂隙能极大地促进沟头溯源侵蚀，Collison(2001，1996)对小流域沟谷进行水文、沟坡稳定性和土体弹性形变的模拟结果表明，土体中一旦出现张力裂隙，很小的径流进入土体裂隙就可产生很大的静水压力，使沟头土体产生崩塌。Bryan(1994)认为对于一定质地的土壤，沟头经过一定时间的干旱后突然接受暴雨冲刷会出现张力裂隙。Rockwell(2011)采用模拟降雨试验，发现地下水通过增大土壤孔隙水压力和降低土壤对地表径流的抗剪切力影响可蚀性沟头的形成。Dietrich 等(1985)在假定了沟头下切侵蚀、沟壁淘蚀过程的基础上建立了孔隙水压力模型。Fernandes 等(1994)进一步对孔隙水压力与土壤含水量的关系进行了研究，监测结果表明沟头崩塌的充分条件是沟头裂隙中水分形成负孔隙压力。

2. 地形对沟头溯源侵蚀的影响

目前，许多研究将坡度和汇水面积作为影响沟头溯源的重要地形因素。地形对溯源侵蚀的影响主要体现在侵蚀基准面上。沟头前进速率与侵蚀基准面所处位置有关，沟道比降越大，径流沿沟道流速越大，冲刷能量也越大，沟头前进速率越大，反之则越小(唐克丽，2004)。坡长、坡度、坡形及汇水面积等均属地形因素，它们是切沟形成的主要自然因素(于章涛等，2003)。姚文波(2007)认为沟头上方来水量和沟头地形条件与溯源侵蚀相关性较大，地形决定汇水面积大小，即溯源侵蚀强度与沟头汇水面积成正比。Patton 等(1975)认为对于一种既定的气候和土地利用方式，该区域中坡度为 S 的坡面发生溯源侵蚀的必要条件是上方汇水面积大于等于某一临界值 A，坡度越大沟头溯源所需汇水面积 A 就越小，反之则越大，不同条件下溯源侵蚀启动汇水面积临界值也不同。因此，众多学者建立了溯源侵蚀沟头上方临界汇水面积 A 与坡度 S 的函数关系(Cheng et al., 2006; Claudio et al., 2006; Wu et al., 2005; Morgan et al., 2003)，即 $S=a \cdot A^b$(a，b 为常数，$b<0$)，不同地区 a、b 存在一定差异，植被覆盖是造成该差异的首要原因，其次为气候条件(Poesen et al., 2003; Vandekerckhove et al., 2000)。另外，坡长对沟头溯源过程也有一定程度的影响，伍永秋等(2000)认为，如果横向来水受限，切沟发育主要通过增加坡长或增加切沟沟头来水量促进沟头前进，沟头一旦形成，切沟侵蚀就会加剧。Zhang 等(2018)研究了沟头高度对溯源侵蚀产沙的影响，发现沟头壁产沙量随其高度的增大显著增加。

3. 土壤质地对沟头溯源侵蚀的影响

土壤是沟头溯源侵蚀及沟道发育的根本影响因素，土壤质地决定土壤的各项理化性质，这些性质的差异导致不同土壤类型具有不同的抗蚀性，因此也决定了沟头前进速率、沟头形态特征及沟道发育的规模(朱显谟，1982，1953；罗来兴，1958，1956)。Oostwoud 等(2000)对溯源侵蚀沟头活跃度与土壤性质关系进行了研究，结果发现在泥灰土和第四纪填充物上发育的沟头最多也较活跃，溯源侵蚀速率很快。土壤含砂量越大，质地越轻，其抗蚀性越低，在水流作用下越易发生下切。Vanwalleghem 等(2005)认为在含钙积层和砂层的耕地上易发生溯源侵蚀。高芳芳等(2009)研究了昔格达地层岩土特性对溯源侵蚀的影响，阐明了影响该地层溯源侵蚀发展的内在原因。王斌科等(1988)比较了两种类型黄土沟头溯源侵蚀的差异性，结果表明，老黄土土壤结构紧实，土壤容重大，黏粒含量高，垂直节理发育，易形成土体裂隙，在径流冲击作用下易发生沟壁崩塌，促进沟头前进；新黄土土壤孔隙度大，结构性差，遇水易溶蚀，不易形成跌水。大多数研究立足沟头溯源侵蚀对土壤和岩土性质的响应，而土体抗蚀性、土力学性质等随降雨的变化机制是研究沟头前进和沟道发育的重要方向。因此，土壤影响沟头溯源侵蚀的机制需要进行更具体、全面和深入的研究。

4. 土地利用方式对沟头溯源侵蚀的影响

土地利用方式的变化往往会改变溯源侵蚀的启动条件，并影响沟头发育过程(Poesen et al., 2003; Nachtergaele et al., 1999; Faulkner, 1995)。Vandekerckhove 等(2000)研究发现，冲沟启动的沟头上方汇水面积及坡度阈值主要取决于土地利用方式。Poesen 等(2003)认为不合理的土地利用方式可降低冲沟启动地形阈值，导致冲沟切割密度大幅增加。Faulkner(1995)研究发现，灌木地被大面积破坏并改造为杏树种植地时，将伴随大面积溯源侵蚀；Nachtergaele(2001)研究发现，比利时中部溯源侵蚀危害的增加与当地玉米种植面积的不断扩大密切相关。李佳佳等(2014)、Wang 等(2008)分别揭示了金沙江干热河谷和云南省龙川江流域元谋盆地冲沟在不同土地利用方式下，其沟头空间形态、土壤形态与冲沟发育的关系，以及不同沟头形态所反映自然环境特征的差异性，并采用分形的非线性方法联系沟头形状与土地利用方式，研究认为裸露地的分形特点最复杂，森林、灌丛与草地的复合地沟头分形最简单。Oostwoud 等(2000)研究发现，西班牙东南地区杏树栽种面积的扩大显著增加了沟头活跃度，在套种有杏树的耕地中出现活跃沟头的数量最多且活跃度最高，其次是麦地，摺荒地和荒草地上沟头活跃度最低。范建容等(2004)在西南地区元谋盆地的研究也表明，裸地沟头前进速率最快，可达146.7cm/a，其次是耕地，林地沟头前进速率最慢。陈绍宇等(2009b)研究发现，在黄土塬，沟头多与塬面的村庄道路相连，塬面道路通常成为其主要排水通道，径流量大，对沟头的冲刷作用非常强烈。姚文波(2007)研究发现硬化地面集流能力远大于自然地面,沟谷的溯源侵蚀强度常常由于硬化地面暴雨径流的影响而增强。因此，沟头溯源侵蚀受土地利用方式的影响显著。然而，仍有学者认为土地利用方式对溯源侵蚀的影响不大。Vanwalleghem 等(2005)研究发现，比利时黄土地带上休闲地、玉米地和麦地的溯源侵蚀速率基本一致。Martínez-Casasnovas 等(2009)在对西班牙东北部佩内德斯某沟头流域 1975～2002 年的土地利用方式及植被盖度的变化进行了研究，并探讨了沟壁后退与重力侵蚀、土地利用方式和植被覆盖的关系，发现植被覆盖对沟壁后退和重力侵蚀几乎没有影响。甚至有研究表明，土地利用程度越低，沟头溯源侵蚀反而越强烈(Morgan et al., 2003)。

土地利用方式对沟头溯源侵蚀的作用不仅通过影响其产流过程实现，还可通过改变土壤理化性质及植被根系分布特征(特征参数)影响土体抗蚀性，多种作用可能在某种情形下相互抵消。例如，砂性土壤具有高渗透性，但无黏聚力，对沟头溯源侵蚀的影响较为复杂(Vanmaercke et al., 2016)。

1.3.4 沟头溯源侵蚀触发机制

沟头溯源侵蚀机制主要包括集中径流冲刷、跌水击溅、张力裂隙形成、孔隙水压力变化、土壤潜蚀作用及土体失稳等，以上过程在不同程度上触发沟头前进(Vanmaercke et al., 2016)。径流冲刷作用是沟头溯源侵蚀的首个驱动因素，流经沟头的水流分为贴壁流(on-wall flow)和射流两部分。贴壁流冲刷作用与射流冲击沟床溅起大水滴的击溅作用共同导致沟头立壁下部向内掏切形成凹陷，使上部土体悬空；沟头下游在射流强烈的冲击作用下形成跌水潭(plunge pool)，其面积和深度受土壤质地(Collison, 2001)与径流能量(Wells et al., 2009a)的影响，与沟头高度、径流量及射流流速密切相关。沟头下游跌水潭的形成，使沟壁下部发生掏切，破坏了沟头的稳定性，导致沟头的坍塌；张力裂隙通常出现在结构性较差、土壤张力发育良好的区域，黏性土体沟壁侵蚀或底部掏切过程常伴随显著的拉张应变，这种应变作用常在平行于沟壁的深层土体中形成裂隙(Poesen et al., 2002)。Collison(2001)分析表明，一旦张力裂隙形成，水流将更加快速地进入土体，使土体内部被掏空，促进土壤潜蚀。Collison 等(2001)结合水文模型和坡面稳定性分析发现，裂隙的影响是一个水文过程而非机械过程，孔隙水压力的差异是沟头不稳定的主要原因，尤其是张力裂隙存在时，很小的径流就可产生很大的静水压力，并破坏沟头(Collison, 1996)。Rockwell(2011)发现地下水通过增大土壤孔隙水压力和降低土壤对地表径流的抗剪强度影响沟头形成。Wells 等(2009b)通过室内试验发现，地下孔隙水压力改变可以显著提高土壤可蚀性，从而加快沟头前进速率。Fernandes 等(1994)对土壤湿度监测结果表明，大暴雨之后，若沟头出现负孔隙水压力，沟头则会出现崩塌；土壤潜蚀(洞穴侵蚀)诱导沟头前进，加剧沟蚀，在具有疏松结构及节理裂隙发育良好的黄土地区尤为常见(王斌科等，1988)，土壤潜蚀也会导致陷穴的形成。Nichols 等(2016)采用延时摄影技术监测美国亚利桑那州东南部一条切沟发现，切沟的形态变化主要由陷穴引起，陷穴使沟头在一场暴雨中前进了 7.4m，相当于 10 年内沟道前进总长度的 51%；土体失稳(蠕移、崩塌、倾倒和滑塌等)是沟头前进的重要过程(陈安强等，2011)，是水力作用诱发的重力侵蚀现象。剪切破坏是土体失稳的主要方式，使土体从沟头位置迅速移动并在沟床产生堆积，这一过程将显著改变沟头形态。径流开槽、沟头立壁向内掏切、跌穴发育、张力裂隙形成、孔隙水压力变化(Chen et al., 2013)及土体内部陷穴侵蚀等均可诱发土体失稳，导致沟头前进。Collison 等(2001)认为，沟头溯源过程存在周期性变化，土体应力消散—沟壁掏空—裂隙出现—沟头崩塌—沉积物冲走代表了沟头溯源的一般过程。基于对沟头溯源侵蚀发生机理的认识，也有部分学者通过试验观测与理论计算，尝试建立沟头前进物理模型(Robinson et al., 1994; Stein et al., 1993)，但该物理模型的建立尚属于起步阶段，相关研究十分欠缺。沟头溯源侵蚀过程复杂，目前的认识主要集中在定性描述上，相关的定量研究明显不足。另外，不同土地利用方式及地形条件下，上述哪些机理过程在溯源侵蚀中占主导地位尚不清晰。

1.3.5 沟头溯源侵蚀预测模型

经验模型方面，溯源侵蚀速率是描述沟谷发育的一个重要参数，明确其影响因素，建立溯源侵蚀预测模型是当前研究的重点和热点。最新研究汇总了全世界 70 多个研究区域、933 条活动切沟的沟头前进速率(Vanmaercke et al., 2016)，分析发现沟头前进速率变化范围为 0.01～135m/a，不同区域的变异性极强，建立了全球尺度上沟头前进速率与沟头汇水面积和降雨指标(多年平均降雨量除以多年平均降雨天数)经验模型。Li 等(2015)研究了 2003~2010 年黄土高原东南部 30 个小流域的切沟发育特征发现，沟头前进速率变化范围为 0.23~1.08m/a，沟道面积增长速率与汇水面积、坡度及植被盖度低于 60%的土地占汇水面积的比例呈极显著正相关关系，并建立了沟头前进速率预测模型。Nazari Samani 等(2010)研究伊朗 Hableh Rood 流域 1957~2005 年的沟头前进速率发现，汇水面积和可溶性矿物含量是影响冲沟长时空差异性最重要的 2 个因素，建立了包含可溶性矿物含量在内的多元回归预测模型。Stocking 等(1981，1980)在津巴布韦的研究表明，次降雨沟头前进速率与次降雨量、前期土壤含水量、汇水面积及沟头高度均呈极显著正相关。Radoane 等(1995)在罗马尼亚的研究表明，砂土沉积区域沟头前进速率大于 1.5m/a，而泥灰土和黏土区不到 1.0m/a，分析发现，沟头前进速率是汇水面积、汇水区地势起伏度、坡度及初始沟长 4 个因素的函数。顾广贺等(2015)研究了我国东北 3 个典型区冲沟形态特征及其成因，发现冲沟长度与地形因素(坡度坡长乘积)呈线性相关，与降雨侵蚀力相关性较差。20 世纪 60 年代，出现了多个沟头溯源侵蚀模型(Okoli, 2014; Nazari Samani et al., 2010)，包括 Beer and Johnson 模型 (Beer et al., 1963)、Thompson(1964)模型、SCS(Ⅰ)和 SCS(Ⅱ)模型及 Seginer(1966) 模型等。由于溯源侵蚀速率指标的选择、研究的时空尺度和区域环境不同，溯源侵蚀速率的主控因素也有所不同，导致许多经验模型采用的影响因素及相应参数存在较大差异。近年来，Allen 等(2018)提出了一种预测沟头前进的简易模型。该模型可预测日尺度上的沟头前进速率，模型输入因子包括沟头高度、沟头抗蚀因子(基于土壤可蚀性和根-覆盖因子计算)和日流量。该模型与用于评估年尺度沟头前进的模型相比能更好地评估沟头前进速率。

过程模型建立方面，Sidorchuk(1999)根据在俄罗斯亚马尔半岛和澳大利亚新南威尔士州开展的研究，将沟头溯源侵蚀的发育分为两个阶段：第一阶段为迅速发育阶段，采用基于质量守恒及沟床变形方程发展而来的动态模型描述；第二阶段为相对平稳发育阶段，采用假设溯源侵蚀沟底高度和沟底宽度基本不发生变化的静态模型预测，静态模型为经验模型，可预测侵蚀发生的临界速率，溯源侵蚀稳定时坡度和纵向深度。动态模型如式(1-1)、式(1-2)所示。

$$\frac{\partial Q_s}{\partial X} = C_w q_w + M_0 W + M_b h - C V_f W \tag{1-1}$$

$$(1-\varepsilon)W\frac{\partial Z}{\partial t} = -\frac{\partial Q_s}{\partial X} + M_b h + C_w q_w \tag{1-2}$$

式中，Q_s 为输沙量(m^3/s)，$Q_s=QC$，Q 为径流量(m^3/s)，C 为平均体积含沙量(m^3/m^3)；X 为沟道纵向长度(m)；t 为产流时间(s)；C_w 为侧向来水含沙量(m^3/m^3)；q_w 为侧向来水单宽流量(m^2/s)；M_0 为沟底土壤颗粒分离速率(m/s)；M_b 为沟壁土壤颗粒分离速率(m/s);Z 为产沙量为 Q_s 时对应的沟底高程(m);W 为径流宽(m);h 为径流深度(m);V_f 为紊流中泥沙颗粒的沉降速率(m/s);ε 为土壤孔隙度。

物理模型建立方面,具有代表性的有基于土壤水分和土力学要素建立的黄土高原小流域溯源侵蚀模型(Hessel et al., 2003),沟头发生崩塌的临界高度和沟头土体崩塌量可用式(1-3)、式(1-4)表示。

$$H_c = \frac{4c}{\gamma[\cos\varphi - 2\cos^2(45 + \varphi/2)\tan\varphi]} - y \tag{1-3}$$

$$M = \gamma_d(H_a - H_c) \times d(0.5DX) \tag{1-4}$$

式中,H_c 为沟头临界高度(m);c 为土壤内聚力(kg/m^2);γ 为土壤容重(kg/m^3);φ 为土壤内摩擦角(°);y 为裂隙深度(m);M 为土体崩塌量(kg);γ_d 为土壤干容重(kg/m^3);H_a 为 DEM 提取的实际沟头高度(m);d 为沟头风化厚度(m);DX 为像元大小(m)。

现有的几个沟头前进模型存在以下问题:①大部分模型是基于调查统计,影响因素较多,严格控制的试验研究较少,缺乏理论支撑;②模型的普适性受到限制,推广应用时需要野外实地调查形态数据对模型参数加以修正;③针对黄土高原溯源侵蚀过程机理研究尚不十分清楚,现有的各种模型都不够完善,不能充分兼顾溯源侵蚀发展的各种过程和环境条件,较理想的预测模型还有待进一步发展完善;④溯源侵蚀是水力和重力共同作用的结果,以后的模型可以从力、功或能的角度发展,获取既能反映水力侵蚀,也能反映重力侵蚀,还能反映水力重力交互作用侵蚀的模型。

1.3.6 沟头防护措施体系

沟头溯源侵蚀治理,即对沟谷沟头进行防护。沟头防护作为小流域沟谷治理第一道防线,对遏制沟谷的发育具有重要作用。沟头防护主要体现在水沙的合理调控,其中径流调控最重要。沟头防护是在其上部进行一系列拦排措施,主要有植物措施和工程措施。植物措施是在沟头上坡面及沟头底部进行植被防护,从植物配置方面着手,着重通过改良土壤理化性质,增强土壤的抗蚀抗冲性。多种植物措施配合比单一植被防护效果好,结合经济利用型植被可以达到治沟和提高经济效益的双重目的(李志华等,1998)。工程措施根据地区降雨特点进行设计,主要讲究对径流的"排"和"蓄"。从排水式工程看,分为悬臂式排水和台阶式排水,悬臂式排水采用截水材料避免径流与沟壁接触;台阶式排水则是在沟头陡坎较高时设计多级台阶避免径流强大的动能对沟底造成冲淘,影响沟头稳定性。沟头蓄水措施是指径流相对较小时在沟头上方一定位置修筑截水设施,如截水埝等。无论是排水或者蓄水,只有综合二者才能更好地实现沟头防护。王玉生等(2006)

设计了一种经济适用的防护工程，可以达到蓄排两用的目的，即蓄水竖井陡坡排水式。该方法是在沟头一定位置打井，让沟头多余径流全部流入井内，并在井下接近沟底的水平位置向沟头纵向安置排水暗渠，让多余径流从暗渠进入沟道排出。Imwangana 等(2015)研究表明，通过控制人工排水网络及道路旁的径流排放，基本上可以抑制沟头发育。沟头防护相关研究资料较少，黄土高原沟壑区沟头防护主要是为了达到"固沟保塬"的目的，更好的防护措施体系有待进一步研究总结。

1.4　本章小结

综合以上分析可知，目前关于沟头溯源侵蚀的研究已获取大量的调查资料与部分试验结果，取得一些研究成果，但仍存在亟待进一步研究的问题。

(1) 野外研究只能对溯源侵蚀结果进行调查和定性描述，这种研究方法多受时间的限制，且估算精度较低，对溯源侵蚀发生发展过程及其影响因素的试验研究较少。

(2) 植被盖度、根系范围和根系构造在不同土地利用方式下存在显著差异，虽然有针对土地利用方式对沟头溯源侵蚀影响的研究，但目前关于植被对沟头溯源侵蚀的作用机理还没有系统全面的研究，不同直径的植物根系对土体结构的影响及沟头溯源过程中重力侵蚀发生的临界条件等还有待进一步探索。另外，沟头溯源侵蚀过程中重力侵蚀量及其占总侵蚀量的比例很难确定，实时观测设备亟待研制和应用。

(3) 与细沟和浅沟相比，沟头溯源侵蚀模型的发展较为缓慢，大部分模型普适性受到限制，只能预测沟头前进速率或者溯源侵蚀发生的阈值，并不能预测溯源侵蚀地貌形态发育的特征。目前，存在的模型对不同土壤、地类及气候环境条件下的溯源侵蚀预测还有待进一步发展完善。

(4) 沟头溯源侵蚀过程复杂，包括径流冲刷下切、陷穴侵蚀和土体崩塌等多个子过程。目前，对沟头溯源侵蚀过程的认识还主要集中在定性描述上，相关的定量研究明显不足。不同地形条件及土地利用方式对各子过程将产生的影响，各子过程在溯源侵蚀中的地位等问题目前均不明晰。

(5) 沟头前进速率多通过一年或多年的监测结果获取，影响沟头溯源侵蚀的因素也多通过分析野外不同环境要素组合下，沟头前进速率与各要素的相关性确定。沟头前进速率预测一般以简单的数理统计为基础建立数学经验模型。沟头溯源大多由少数几场大暴雨引起，当前亟待开展次暴雨洪水事件下沟头溯源侵蚀过程的定量研究，推进沟头前进速率物理预测模型的建立。另外，沟头溯源侵蚀影响因素的研究需要进一步深化，从机理机制的角度出发进行定量化研究。考虑到多因素组合条件下的交互效应，还需要加强单一因素如塬面坡度、沟头高度等对沟头溯源侵蚀过程的影响及其作用机制研究。

(6) 土地利用方式是否对沟头溯源侵蚀存在影响尚不明确，以往研究大多考虑土地利用方式对坡面水文过程的影响，部分研究也引入了植被盖度。但是，不同土地利用方式下的土壤物理力学特性及植被根系分布特征的变化却多因研究区域较大未能进行全面测试与分析。尤其是在植被覆盖条件下，不同植被对应着不同的根系分布特征，其对溯源侵蚀影响的研究仍较为罕见，不同土地利用方式下土壤物理力学特性及植被根系分布特征对沟头溯源侵蚀过程的影响和作用亟须展开研究。

第2章　黄土高塬沟壑区溯源侵蚀研究

2.1　研究区概况

2.1.1　董志塬概况

中国的黄土堆积，被看成是记录地球环境变化的三大"天书"之一，而董志塬作为黄土高原最大的黄土塬，更具代表性。由于黄土高原的破碎愈演愈烈，不存在反复过程(张修桂，2006)，董志塬塬面的侵蚀变化情况一直受到学术界的高度关注。通过对董志塬塬面变化情况的研究，有助于了解整个黄土高塬沟壑区土壤侵蚀的变化过程及沟壑的演变情况。

董志塬位于甘肃省东部(地理位置为 34°50′N～37°19′N，106°14′E～108°42′E)，地处黄土高原腹地，南北向延伸，位于泾河以北，马莲河、蒲河两大河流从两侧流过，南北长约为 110km，东西最宽处约为 50km，是我国面积最大、黄土层最厚、保存最完整的一块塬面(图 2-1)。董志塬总面积约为 2765.50km²，其中塬面面积约为 960.08km²，塬面地理坐标为 35°15′50″N～36°3′50″N，107°27′26″E～107°57′45″E。水土流失面积约为 2735.95km²，占董志塬总面积的 98.9%。

董志塬包括甘肃省庆阳市西峰区和庆城县、宁县、合水县的部分地区，共 21 个乡镇。董志塬是地壳裂变挤压隆起和黄土移动堆积形成的，距今约二百万年，经过地质不断运动和变迁，在第四纪陆地不断抬升，更新世的大风形成厚达百余米的黄土高原，全新世由于河流、洪水剥蚀切割(陈永宗等，1988)，形成现存的黄土沟塬相间、沟壑纵横的地形地貌。黄土堆积层平均厚度达 100m，塬面比较平坦。董志塬属于半干旱大陆气候，同时又受东南季风和西南季风影响，具有季风及大陆性气候的双重特点，年降雨量为 500～600mm，年均气温为 8～10℃，无霜为 150～180d，年日照时数约为 2423h。由于该地区气候特点多变，年降水量为 500～600mm，降水年际变化大，年内分配极不均衡，7～9 月的降雨量占全年的 58.8%，且多数为暴雨，径流泥沙量较大，据统计，其年径流量达 0.96 亿 m³。董志塬土壤为黑垆土和黄绵土，地势平坦，土地肥沃，物产丰富，农业生产发达。塬区的浅层地下水水质较好，宜用于人畜饮用和农田灌溉。但由于地下水埋藏深、储量小、开采利用代价高，且河谷和塬面高差达 200m，地高水低，利用困难，故该区水资源极其短缺。董志塬土壤类型主要为黄绵土和黑垆土，垂直节理发育，

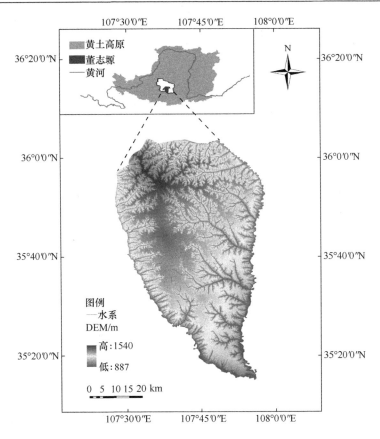

图 2-1　董志塬范围(见彩图 2-1)

成土母质以黄绵土为主，厚度为 100～200m，塬地中心土层较厚，边缘较薄(朱显谟，1953)。黑垆土有机质含量较丰富，微碱性，土壤肥沃；黄绵土有机质含量低、耕性好。两种土壤均质地疏松，颗粒粒径大多在 0.002～0.020mm，表层养分较多，垂直节理发育，土壤孔隙度大，蓄水量大，抗蚀性差，易被洪水剥蚀(朱显谟，1954)。董志塬植被大多属森林草原带，以人工林为主。树种主要有刺槐、杨树、白桦、辽东栎和柳树等。此外，该区有大量经济林，主要有苹果树、杏树、梨树、枣树和花椒树等。草本植物主要有紫苜蓿、针茅、冰草和蒿类等。

　　塬面下切和沟谷重力侵蚀是该区水土流失的主要特点，具体表现为沟头溯源。新中国成立以来，塬区人口陡增，随着人类活动、基础设施建设、城镇扩建、能源开发等，塬面被蚕食，沟头不断前进，塬地日益缩小。董志塬水土流失主要为水力侵蚀和重力侵蚀。董志塬年均产沙量约为 1683 万 t，年径流约为 7699 万 m³，年侵蚀模数约为 6150t/km²，年径流模数约为 34770m³/km²。目前，塬区南北长大致如故，东西宽度减少为 18km，最窄处不足 50m。塬区沟壑纵横，现有长度为 1000m 以上的支毛沟 2000 多条，平均沟壑密度为 2.17km/km²。长期严重的水土流失，使董志塬塬面支离破碎，被分割为 11 个小塬，其中面积最大的为 946.25km²，最小的仅为 0.39km²。由于塬面缺少径流拦蓄措施，汇流直接进入沟道，导致沟头不断前进，沟岸不断坍塌，塬面日益萎缩，对塬区人民的正常生活造成严重影响。

2.1.2 南小河沟小流域概况

南小河沟小流域(107°30′E～107°37′E，35°41′N～35°44′N)位于蒲河下游，董志塬西侧，距离庆阳市 13km。流域总长度为 13.6km，面积为 36.5km²，流域形状系数为 0.25，海拔为 1050～1423m，沟底至塬面相对高差达 150～200m，沟道平均比降为 2.8%，沟道密度为 2.7km/km²。

南小河沟地属黄土高塬沟壑区，流域内年平均降水量为 552.1mm，最大降水量为 802.5mm(1964 年)，最小降水量为 327.6mm(1979 年)。降水年内分布不均匀，7～9 月降水量可占全年总降水量的 55.2%，年均气温为 9.3℃，年均积温为 2700～3000℃，年均日照时数为 2454h，无霜期为 155d，年均蒸发量为 1475mm。流域表层土壤基本为黄土覆盖，该区主要土壤类型为黄绵土和黑垆土，土壤多为垂直节理发育。1951 年，南小河沟西峰水土保持试验站建立，该流域成为全面科学治理黄土高原水土流失的试验区域，经过 70 多年的艰辛治理，当地已变得郁郁葱葱，植被盖度显著提高，有高原翡翠之美称。该地区内主要植被为人工植被，包括油松(Pinus tabulaeformis Carr.)、侧柏(Platycladus orientalis (L.) Franco)等常绿乔木，刺槐(Robinia pseudoacacia L.)、山杏(Prunus sibirica L.)、榆树(Ulmus pumila L.)、山杨(Populus davidiana Dode)等落叶乔木，酸枣[Ziziphus jujuba var. spinosa (Bunge) Hu ex H.F.Chow.]、沙棘(Hippophae rhamnoides L.)等灌木植被和紫苜蓿(Medicago sativa L.)、白羊草[Bothriochloa ischaemum (L.) Keng]、狗尾草[Setaria viridis (L.) P. Beauv.]、冰草[Agropyron cristatum (L.) Gaertn.]、细裂叶莲蒿[Artemisia gmelinii Weber ex Stechm.]等草本植物。南小河沟小流域主要地貌单元包括塬面、沟坡和沟谷，其中，塬面占流域总面积的 56.86%，地形表现为"大平小不平"的特征，集流线长，汇水面积大，坡度多小于 5°，土地利用方式以耕地为主，种植小麦、玉米和马铃薯等作物。塬面作为当地居民的生活聚集地，在塬边附近居住着大量农户，家庭院落和道路胡同密集分布，调查显示，道路胡同和农田排水沟分布密度可达 1.5km/km² 和 2.4km/km²，这些胡同道路、排水沟多与塬边沟头相连，成为塬面大面积汇集的暴雨洪水入沟的主要通道，对沟头溯源侵蚀的发生与发展起着决定性作用(蒋俊，2008)。坡面面积占流域总面积的 15.7%，坡度一般集中在 10°～25°，分布少量梯田台地，以草地、林地为主。沟谷面积占流域总面积的 27.44%，

包括现代沟谷的谷坡和残存的缓坡地及平坦开阔的沟床,谷坡坡度较大,多为 40°
以上甚至垂直于地面的悬崖立壁。全流域多年径流泥沙观测资料分析结果显示,
全流域来水总量中塬面来水量占比最高,达 67.4%,而塬面侵蚀量仅占流域总侵
蚀量的 12.2%;坡面来水总量占比最低,仅为 8.6%,侵蚀量仅占流域总侵蚀量的
1.5%;沟谷来水量占全流域来水总量的 24.0%,但侵蚀量占比最高,可达 86.3%,
这与暴雨在塬面汇集后形成的高强度径流对沟头的强烈冲刷作用及沟壁崩塌作用
紧密相关。

2.2　研　究　目　标

2.2.1　调查研究目标

通过野外实地调查,结合 GIS 对 1∶10000 地形图进行解析,研究以下几个
问题。

(1) 获取董志塬典型沟头近 50 年的溯源侵蚀分布特征、沟头前进速率及其主
要影响因素。

(2) 对董志塬典型沟头前进案例进行分析,对沟头前进方式进行分类。

(3) 董志塬不同典型沟头流域几何特征对沟头溯源侵蚀的影响。

2.2.2　试验研究目标

以黄土高塬沟壑区董志塬“塬面-沟头”系统为研究对象,采用野外人工模拟
降雨与放水冲刷的试验方法,结合照片三维重建技术及人工实地测量,以裸地为
对照,分析不同植被覆盖(不同盖度、不同土地利用方式)、不同塬面坡度及沟头
高度条件下沟头溯源侵蚀过程,阐明不同植被覆盖、不同塬面坡度及沟头高度条
件下沟头溯源侵蚀径流泥沙、水力侵蚀、重力侵蚀过程及沟头形态演化规律的差
异性特征。通过研究不同植被覆盖条件下沟头土体土壤理化性质及根系分布特征,
探讨植被对沟头溯源侵蚀过程影响的内在机制,为研究区土地利用规划及“固沟
保塬”战略提供理论依据。

2.3　研　究　内　容

2.3.1　野外调查研究内容

(1) 董志塬沟头溯源侵蚀分布特征、沟头前进速率及其主要影响因素。通过
收集董志塬 1∶10000 地形图及其他相关资料,采用 GIS 技术进行空间表达,提
取董志塬沟沿线分布图。野外调查董志塬溯源侵蚀发生的沟头位置、规模、前进

速率、危害、成因类型，分析、总结溯源侵蚀发生的主要影响因素。

(2) 董志塬溯源侵蚀诱发类型与各类典型实例分析。以大量野外调查为依据，从形成机理角度归纳董志塬溯源侵蚀的诱发类型。研究各类溯源侵蚀的特点，总结溯源侵蚀的发生发展过程。选取比较典型的沟头详细分析研究，作图说明典型沟头的地形地貌特征、汇水情况、沟头前进程度及造成的危害等。

(3) 董志塬不同典型沟头流域几何特征对沟头溯源侵蚀的影响。通过对董志塬近 50 年沟长变化大于等于 25m 的 48 个沟头进行典型分析，在 1 : 10000 地形图上对沟头流域面积、流域长度和流域形状系数进行计算。分析流域汇水面积、流域长度、流域形状系数对沟头溯源侵蚀强度的影响。

2.3.2 模拟试验研究内容

通过沟头溯源侵蚀过程的野外模拟试验，研究不同植被盖度、土地利用方式、塬面坡度和沟头高度条件下沟头溯源侵蚀径流、产沙、水力侵蚀、重力侵蚀过程及沟头形态演化规律。揭示植被盖度、土地利用方式、塬面坡度及沟头高度对沟头溯源侵蚀过程的影响。主要包括以下内容。

1) 沟头土体土壤理化性质及根系特征参数

分析不同植被盖度、不同土地利用方式和地块沟头部位不同土层深度处的土壤颗粒组成、容重、孔隙度、水稳性团聚体(water stable aggregate，WSA)、崩解速率、渗透系数、有机质含量等土壤理化性质特征；分析草地和灌草地沟头 0~120cm 土层深度的根系密度、根长密度、生物量和根径组成等根系特征参数。阐明不同植被盖度、土地利用方式下，沟头土体的土壤理化性质及根系分布差异性。

2) 沟头溯源侵蚀径流、产沙过程

研究不同植被盖度、放水流量、土地利用方式、塬面坡度和沟头高度条件下，沟头溯源侵蚀过程中径流率、径流含沙量随试验历时的变化过程及不同试验处理塬面径流平均含沙量变化特征。阐明植被盖度、土地利用方式、塬面坡度和沟头高度对沟头溯源侵蚀径流过程和产沙过程的影响，探明沟头溯源侵蚀产沙塬面泥沙及沟头泥沙贡献率。对比分析各场次试验泥沙颗粒组成特征，揭示不同土地利用方式下沟头溯源侵蚀泥沙的颗粒分选特征。

3) 沟头溯源侵蚀水力过程

研究沟头溯源侵蚀过程中沟头径流流宽、流速、径流深度、流型、流态和阻力等特征；对比分析不同土地利用方式、塬面坡度和沟头高度下沟头径流剪切力、径流功率、单位径流功率、断面比能等水动力学参数特征；探究和阐明不同试验条件下沟头射流水平出射动能和射流最大剪切力特征；尝试建立沟头溯源侵蚀速率与沟头径流及射流水动力学参数的定量关系式，阐明水力侵蚀在沟头溯源侵蚀过程中的重要作用，揭示不同土地利用方式下沟头溯源侵蚀水动力作用机制。

4) 沟头溯源重力侵蚀过程

研究不同塬面坡度及沟头高度条件，不同植被盖度、不同土地利用方式下沟头溯源侵蚀过程中重力侵蚀发生类型、时空特征、强度特征及机理，阐明黄土高塬沟壑区植被盖度及不同土地利用方式对沟头溯源过程中重力侵蚀的影响。

5) 沟头形态演化过程

研究不同试验条件下，溯源侵蚀沟头前进和沟道下切过程，分析沟头前进速率及沟道下切速率随试验历时的变化过程，对比分析不同植被盖度、不同土地利用方式、不同塬面坡度及不同沟头高度条件下沟头形态发育特征；分析不同土地利用方式下沟头前进速率与重力侵蚀的关系，讨论沟头前进速率与沟头土体土壤物理力学特性及根系分布特征的关系，探索土地利用方式对沟头溯源的内在作用机制。

2.4　技　术　路　线

试验技术路线图见图 2-2。

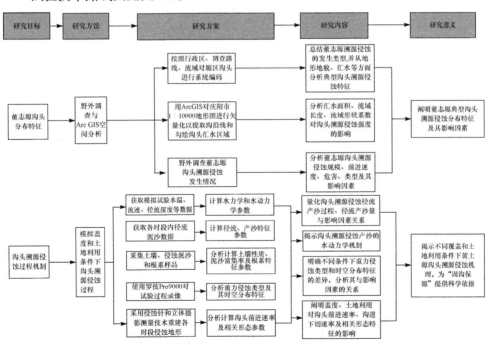

图 2-2　试验技术路线图

2.5 试验方法

2.5.1 野外调查

通过在 1∶10000 地形图上测量沟头经纬度坐标，利用手持 GPS 对单个沟头进行准确定位，深入沟头区实地勘察，结合访问沟头附近居民，对比地形图，了解侵蚀沟活动历史、沟头前进的诱因及沟头前进造成的危害。重点调查典型暴雨造成沟头溯源侵蚀的发生发展情况，探究侵蚀沟形成的环境条件和沟头区地形地貌特征。重点调查侵蚀沟头的地理位置(经纬度和海拔)、行政区域位置、测量侵蚀沟近 50 年的前进长度、沟头坡度、沟岸坡度、沟道宽度(沟宽)和沟道深度(沟深)等地貌参数。

1. 考察范围与方法

董志塬考察范围包括甘肃省庆阳市西峰区和庆城县、宁县、合水县的塬区部分。考察对象为董志塬所有侵蚀沟沟头距下一级主沟道距离≥1.0km 的侵蚀沟沟头。调查方式为对野外调查沟头进行编码，以确保调查效率，将访问式调查与野外实地调查结合起来，互相补充。考察工具主要有手持 GPS 机、测距仪、坡度仪、50m 皮尺和相机等。

2. 建立调查项目编码系统

(1) 按行政区划：庆城县 1，西峰区 2，宁县 3，合水县 4。
(2) 工作分区：在 1∶5000 地形图上按外业工作时间及工作路线进行初步分区编号，以少走或不走重复路线又能满足调查精度要求进行分区(1、2、3⋯)。
(3) 流域分区：按蒲河、马莲河和吴家川为一级支流的沟头距沟口(至下一级流域主沟道)的距离≥1.0km 的流域进行编号(1、2、3⋯)。
(4) 沟头编号：以编号的流域分区为基准，从沟口开始，将单个流域中沟头距下一级支流主沟道的距离≥1.0km 的沟头，沿顺时针方向依次编号，各流域之间的沟头采取独立编号系统(1、2、3⋯)。

以上工作完毕后，在 1∶10000 地形图上根据工作分区和流域分区对每个已编号的沟头进行详细标注，包括填写编号及量算经纬度坐标，以备野外实地调查之用。

3. 数据获取

(1) 董志塬沟沿线的提取。利用 ArcGIS10 软件对庆阳市 1∶10000 地形图进行矢量化表达，包括栅格图像地理配准、裁剪、拼接、二值化处理、重采样和沟沿线矢量化表达等步骤。

(2) 调查获取样本沟头数据。通过野外实地调查和收集资料，获得董志塬溯源侵蚀发生的沟头位置、规模、前进速率、危害和成因类型。其中，典型沟头前进数据主要通过数字化地形图与航片解译法、实地调查访问法获得，并相互印证；发生年限确定主要采用实地调查访问法。沟头前进速率是指调查统计年份期间的年平均速率。在室内由图量算典型沟头上方的汇水面积，并统计汇水面积变化范围。

(3) 勾绘典型沟头汇水区域。通过 ArcGIS 在 1∶10000 地形图上依据塬面等高线分布绘制各个典型沟头的流域分界线，得出典型沟头汇水区域。用 ArcGIS 自带测量工具对流域长度进行测量，将沟头汇水区域线要素进一步生成典型沟头的汇水区域面要素，再将本书采集数据下的世界测地系统(world geodetic system, WGS)84 地理坐标系通过对面要素进行投影变换，得出典型沟头流域面积，流域形状系数为流域面积与流域长度平方的比值。

2.5.2 试验研究

1. 溯源侵蚀试验小区设计

试验小区由塬面和沟头共同组成，塬面长度设计为 8.0m，可保证沟头充分发育前进。野外调查表明，塬面坡度较小，一般集中在 1°～5°，但在部分多年活动的沟头部位，塬面常年受到冲刷，坡度变大，可达 10°。因此，将塬面坡度设计为 3 个梯度，即 3°、6° 和 9°。据前期调查数据显示(车小力，2012)，董志塬沟头沟宽为 2～50m；平均沟宽为 12.67m；沟深范围为 3～50m，主要集中在 8～20m，平均沟深达 11m。试验将研究沟头发育初期阶段的溯源侵蚀过程，即沟头宽度、深度尚处于较小的状态。从调查来看，沟宽一般大于沟深，且平均沟宽与平均沟深的比值约等于 1.15。为了便于沟头形态监测，受试验条件所限，在保证切沟宽深比不变的情况下，将沟头宽度设计为 1.5m，沟头高度设计为 1.2m 和 1.5m。大部分沟头均具有垂直立壁，因此将沟壁坡度设计为 90°。

距离沟头较近的塬面部位，由于长期的排水冲刷，具有明显的流水痕，塬面并非平坦而呈现一定的凹陷，为了更好地模拟实际情况，在建设"沟头-塬面"小区时，将塬面断面建为微凹形状，便于径流汇集。在小区边界左右两侧，用长×宽为 45cm×30cm 的瓷砖将其围起来，瓷砖埋入深度为 15cm，以防塬面径流向小区两侧流出。在小区顶部安装稳流槽(长×宽×深为 1.5m×0.5m×0.6m)。在小区正上方搭建下喷式模拟降雨器，喷头间距为 0.67m，沿小区横向安装 2 排，纵向安装 10 排，共计 20 个降雨喷头，降雨有效面积>12m²，保证降雨均匀度在 80% 以上。试验水源来自小区上方 100m 处梯田台地修建的蓄水池，采用扬程为 20m、功率为 1.5kW 的潜水泵连接口径为 65mm 的消防水管为稳流槽供水,采用阀门组控制流量,在水管末端安装分体式电磁流量计(型号为 GY-LED),以率定流量大小,精度可达 0.01m³/h。降雨器供水采用 400L 储水桶,将口径为 20mm 潜水泵放置其中为降雨器供水,降雨器连接压力表,每个压力表前安装阀门控制降雨强度(雨强)。将摄像头(罗技 Pro9000)安装在小区正前方 2.0m 处,镜头中心核准沟头立壁中心点,保证小区全部在摄像头录制范围内(郭明明,2016)。试验小区布设简图如图 2-3 所示。

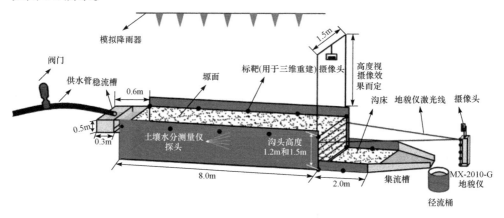

图 2-3　试验小区布设简图

部分设计未体现,如土壤水分监测等

2. 降雨强度及放水流量设计

沟头溯源多由暴雨洪水所致,黄土高原暴雨标准部分数据见表 2-1(张汉雄等,1982)。

表 2-1　黄土高原暴雨标准

降雨历时/min	降雨量/mm	降雨强度/(mm/min)
5	3.9	0.78
10	5.5	0.55
15	6.7	0.45
20	7.7	0.39
30	9.5	0.32
45	11.6	0.26
60	13.4	0.22

注:相同降雨历时条件下,降雨量或降雨强度不低于表中暴雨标准的降雨均为暴雨。

张汉雄等(1982)统计了黄土高原的暴雨频率,在 24 年统计资料的基础上发现,甘肃省庆阳市西峰区年平均暴雨次数为 4 次,降雨历时≤60min 的暴雨次数可达到统计暴雨场次的一半。因此，试验过程中将降雨历时设计为 180min，连续降雨场次设计为 4 场，每场 45min。降雨强度设计为历时 30min 对应的暴雨雨强标准为 0.32mm/min，该标准不低于 45min 历时条件下的降雨强度(0.26mm/min)。

　　放水流量根据典型暴雨事件降雨强度、上方汇水面积及径流系数计算。其中，车小力(2012)调查了董志塬塬面汇水面积，董志塬塬边沟沿线以下基本处于垂直状态，塬面汇水沿沟沿线跌落，造成沟头前进。经调查，塬面汇水面积在 0.14～8.65km²，90%左右的沟头汇水面积集中在 0.15～3.00km²，平均汇水面积为 1.50km²，中值汇水面积为 0.80km²，汇水面积统计特征见图 2-4。同时，调查可得各汇水面积对应的汇水面长度为 0.94～3.98km，从而算出各个汇水面对应沟沿线的平均长度为 0.04～2.70km。径流系数根据现有研究资料确定。夏军等(2007)研究发现，黄土高塬沟壑区岔巴沟流域，降雨强度从 20mm/h 增至 80mm/h，裸地和草地的径流系数呈线性增加，分别为 0.4～0.5 和 0.1～0.3。邢天佑等(1991)对西峰区 1988 年 7 月 23 日暴雨事件灾害研究发现，王家湾在 1.9mm/min 的雨强下，塬面平均径流系数为 52.2%，位于南小河沟小流域(雨强为 0.6mm/min)的路堡村塬面麦茬地径流系数为 35.6%。试验采用暴雨雨强为 0.32mm/min，最终径流系数设计为 0.3。

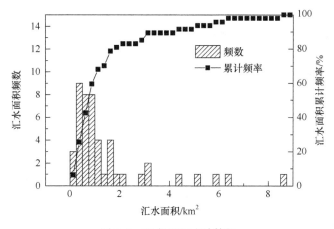

图 2-4　汇水面积统计特征

　　计算求得沟头单宽流量变化范围为 5.386～22.942m³/h，平均单宽流量为 10.380m³/h。1.5m 长沟沿线沟头对应的流量范围为 8.079～34.413m³/h，平均流量为 15.569m³/h，为了便于操作和计算，最终设计恒定放水流量为 16m³/h，设计变流量为 8m³/h、11m³/h、14m³/h、17m³/h、20m³/h 和 23m³/h。

3. 试验过程与数据采集

　　试验前先率定降雨强度，用遮雨布将试验小区全部覆盖，将口径为 20cm 的 6 个容器按照 S 形摆放于小区之上，接取一定时段的降雨，计算单位时间降雨量，获取降雨强度(mm/min)。多次率定雨强，保证降雨的准确性与均匀性，确保实际雨强与设计雨强相对误差在 5%以内且降雨均匀度在 85%以上。雨强率定达到设计要求后快速掀开遮雨布。当塬面将要产流时，进行放水流量率定，打开控制阀门，调节放水流量，直到电磁流量计读数与设计流量基本一致且稳定后，将放水管道置于稳流槽进水槽内，当径流流经集流槽口时开始计时，同时打开摄像头，录制整个试验过程。指标测量过程如下。

1) 径流、泥沙指标测定

① 塬面径流含沙量测定。产流开始后，每隔 5min，采用自制取样勺在沟头上游附近断面舀取泥沙样。试验结束后通过 104 ℃烘箱烘干法计算塬面径流含沙量。②沟头径流率、径流含沙量测定。塬面径流泥沙取样的同时，在沟头下游集流口处用径流桶采集径流泥沙样并记录采样时间。试验结束后采用烘干法测定泥沙质量，后进行径流率、径流含沙量的计算。

2) 水动力学指标测定

① 流速 V：在 8.0m 长度小区上，自小区顶部起沿沟头方向 1.0m 处设置第一个观测断面，之后每隔 1.5m 取一观测断面，共 6 个观测断面。采用高锰酸钾溶液颜色示踪法测量流速，产流后每隔 5min 在各个坡段测量 1 次。由于试验过程中，沟头不断发生前进，每次测定其他坡段流速的同时，测定沟头上游附近 1.0m 内的流速。②径流深度 h：采用薄钢尺测定沟头上游附近 1.0m 内的径流深度，在该坡段测量 3～5 次，最后取平均值。③流宽 d：测量流速的同时，用薄钢尺测定相应断面上的水流流宽。④水温 t：每次试验前将温度计置入供水箱中，试验前、中、后各观测 1 次，最后取平均值。

3) 重力侵蚀特征监测

采用人工记录与视频记录结合的方法进行重力侵蚀事件的监测，主要获取以

下重力侵蚀指标。①各次重力侵蚀发生的时间。每次重力侵蚀事件发生时，人工记录其发生的大致时间，试验结束后，观看视频回放，结合试验过程中记录的重力侵蚀事件发生的大致时间，在视频资料上获取精准的重力侵蚀发生时间。②重力侵蚀发生位置。在垂直方向上，将沟头立壁划分为 3 个面积等大的部位，定义为沟头上、中、下部；水平方向上，同样划分为 3 个面积等大的部位，定义为左、中、右位置。两个方向上的 3 个位置叠加后形成 9 个面积等大的区域(图 2-5)，按照从左至右，从上到

图 2-5　重力侵蚀发生位置记录标准

下的位置进行编号，序号为 1～9，如 3 号代表

沟头上部右侧位置。③重力侵蚀发生次数。每场试验结束后，统计重力侵蚀发生的次数。④重力侵蚀块体长度估算。试验后观看视频回放，截取重力侵蚀发生前、发生中和发生后的视频图片。通过 Photoshop 软件，根据沟头高度、宽度标准长度，估算重力侵蚀块体的大致长度，获取单次重力侵蚀强度特征。

4) 沟头形态演化过程监测

试验过程中，沟头产流后每隔 5min，采用薄钢尺测定沟沿线所处位置，记录沟头前进距离，同时测定沟沿线下游附近沟道深度。试验结束后，待坡面及沟道水流完全下渗后，摆放标靶(图 2-3)，使用 50mm 定焦镜头的 Canon5300 相机收集试验小区照片，导入 PhotoScan 软件进行小区三维立体模型建立，并获取小区 DEM，最后通过 ArcGIS 提取沟头形态特征。沟头形态监测主要过程如图 2-6 所示。

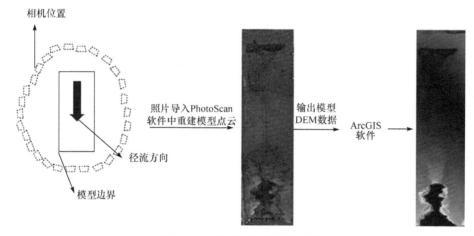

图 2-6　沟头形态监测主要过程

由于沟头形态较为复杂，且拍照时相机位置难以调整到最佳，每场试验结束后，为了较为精准地获取小区各个部位的地形特征，围绕小区进行较为密集的照片采集，原则为相邻 2 张照片的取景要保证 60%以上的重叠度。根据沟头形态的复杂情况，每个小区每次试验结束后采集照片数量在 100~200 张，照片保存为.JPG 格式，小区沟头部位部分照片见图 2-7。

将同一个小区试验结束后拍摄的照片导入 PhotoScan 软件中，点击"工具—标记—检测标记"，对检测到的各个标靶进行坐标标定，标定前建立一套自定义坐标体系，如图 2-8 所示。摆放在小区特定位置的标靶坐标可通过几何计算获取，为了增加精确度，使用全站仪对各个标靶的坐标进行校正。各标靶坐标输入后，点击"工作流程"，分别执行"对齐照片—建立密集点云—生成网格—生成纹理—生成 DEM"，之后点击"文件"，执行"导出数字高程模型"，导出文件保存为

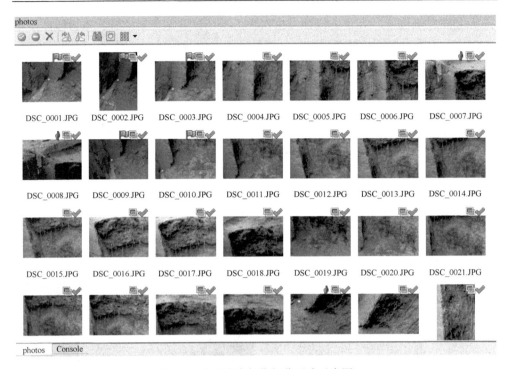

图 2-7 小区沟头部位部分照片示意图

"Arc/Info ASCII Grid (*.asc)"格式,导出的文件可直接加载到 ArcGIS 中进行 DEM
制图及相关分析。

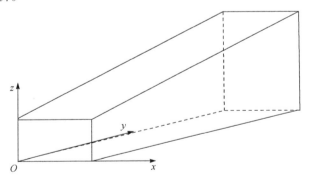

图 2-8 试验小区坐标系统定义

4. 土壤理化性质和根系特征参数测定

1) 土壤理化性质测定
本书选取的土壤理化性质包括土壤机械组成、土壤容重、土壤孔隙度、渗透
系数、崩解速率、水稳性团聚体含量和土壤有机质含量等。待测土样均取自沟头

溯源侵蚀试验小区沟头部位(8.0m×1.5m×1.2m)，试验前分别在沟头部位不同深度土层取样，取样土层深度分别为 0～10cm、10～20cm、20～40cm、40～60cm、60～90cm 和 90～120cm，取样结束后将沟头立壁剖平准备溯源侵蚀试验。

土壤容重和孔隙度测量采用环刀法，用 200cm³ 环刀，按照不同土层深度，在沟头立壁部位进行取样，烘干后称重，通过式(2-1)和式(2-2)计算沟头土体不同土层上的土壤容重和土壤孔隙度。

$$\gamma_s = \frac{m_d}{V_c} \tag{2-1}$$

$$\varepsilon = 1 - \frac{\gamma_s}{\rho_s} \tag{2-2}$$

式中，γ_s 为土壤容重(g/cm³)；m_d 为土样干土重(g)；V_c 为环刀体积(cm³)；ε 为土壤孔隙度；ρ_s 为土壤颗粒密度，为 2.65g/cm³。

土壤机械组成采用马尔文激光粒度仪测定，将土壤颗粒粒径分为 11 个径级(粒径级别)，分别为<0.001mm、0.001～0.002mm、0.002～0.005mm、0.005～0.01mm、0.01～0.02mm、0.02～0.05mm、0.05～0.1mm、0.1～0.2mm、0.2～0.5mm、0.5～1mm 和 1～2mm，其中，黏粒径级<0.002mm，粉粒径级为 0.002～0.05mm，砂粒径级>0.05mm，土壤机械组成用质量分数(%)表示。

土壤渗透性基于常水头试验原理，采用环刀法进行测定，试验前将土样浸水12h 左右，使其充分吸水饱和，注意浸水时保持水面与环刀上口平齐，但勿使水淹到环刀上口的土面。饱和土壤的渗透系数为入渗稳定时单位时间单位面积土壤通过的水量，单位为 mm/min。

土壤崩解速率(soil disintegration，SD)基于蒋定生等(1995)设计的浮筒法原理，采用改进的崩解试验装置测定(陈东等，2013)，崩解试验装置主要包括崩解盒、崩解盆与电子秤。崩解时间为 30min，采用式(2-3)计算。

$$SD = \frac{M_o - M_e}{t_e} \tag{2-3}$$

式中，SD 为单位时间内土壤样品在静水中崩解的质量(g/min)；M_o 为土壤样品浸入水中时电子秤的起始读数(g)；M_e 为崩解完全或第 30min 时电子秤读数(g)；t_e 为土样完全崩解时对应的时间或者是崩解持续到 30min 的时间。

土壤有机质采用重铬酸钾容量法-外加热法测定，单位为 g/kg。

土壤水稳性团聚体采用湿筛法测定，筛分级别为<0.25mm、0.25～0.5mm、0.5～1.0mm、1.0～2.0mm、2.0～5.0mm、>5.0mm；用质量分数(%)表示。

2) 土壤根系特征参数测定

由于溯源侵蚀试验小区规格为三维立体形态，长×宽×高为 8.0m×1.5m×1.2m，将取样规格定为 30cm×20cm×120cm，各次取样重复 2 次。将根系冲洗干净后自然阴干，通过游标卡尺测定根径，对根径进行分级，之后按照根径分级将处于相同径级的根系集中。根系分为多个径级 i，按照根直径>2mm (i=1)、1～2mm(i=2)、0.5～1mm(i=3)及<0.5mm(i=4)进行分级，统计各径级根系数量，并用薄钢尺测定每条根的长度，然后将同一径级的根系置于 80℃烘箱中烘干至恒重，用电子秤称重，获取不同径级根系干物质生物量(g)。各径级根系密度 RD(条/100cm²)、根长密度 RLD(m/m³)和根系生物量 RB(kg/m³)分别采用式(2-4)～式(2-6)计算。

$$RD = \frac{N}{L \cdot W} \tag{2-4}$$

$$RLD = \frac{\sum_{i=1}^{n} L_i}{L \cdot W \cdot H} \tag{2-5}$$

$$RB = \frac{M_r}{L \cdot W \cdot H} \tag{2-6}$$

式中，N 为取样器中根系数目(条)；L、W、H 分别为取样长、宽、高(m)；M_r 为根系烘干质量(kg)；L_i 某个径级为 i 时根的长度；n 为径级为 i 时的根数量。

各小区沟头土体 0～120cm 不区分径级的根系密度、根长密度和根系生物量由各径级对应的数值相加得到。

5. 数据处理

雷诺数是水流紊动强度的重要判断指标，无量纲，是水流惯性力与黏滞力的比值。对于明渠流，Re<500 时，水流为层流，$Re \geqslant 500$ 时，水流为紊流，Re 计算式如下：

$$Re = \frac{V \times R}{\upsilon}, \quad \upsilon = \frac{1.775 \times 10^{-6}}{1 + 0.0337T + 0.000221T^2} \tag{2-7}$$

式中，Re 为雷诺数；V 为过水断面径流流速(m/s)；R 为水力半径(m)，$R = A/\chi$，A 为过水断面面积(m²)，χ 为湿周(m)；υ 为水流黏滞性系数(m²/s)；T 为水温(℃)。

弗劳德数也是表征水流流态的参数，无量纲，为水流惯性力和重力的比值，其计算式如下：

$$Fr = \frac{V}{\sqrt{g \cdot h}} \tag{2-8}$$

式中，Fr 为弗劳德数；h 为径流深度(m)；g 为重力加速度(m/s²)。Fr>1 时，惯性力作用大于重力作用，惯性力对水流起主导作用，水流为急流；Fr<1 时，重力作用大于惯性力作用，重力对水流起主导作用，水流为缓流；Fr=1 时，惯性力与重

力作用相等，水流为临界流。

坡面流阻力是指径流在向下流动过程中受到来自水土界面阻滞水流的摩擦力及水流内部质点混掺和携带泥沙产生的阻滞水流运动阻力的总称。达西阻力系数 f 可用于衡量径流受坡面阻力作用的大小，其计算式为

$$f = \frac{8g \cdot R \cdot J}{V^2} \tag{2-9}$$

式中，J 为水力坡降，近似为坡度正切值，即 $J \approx \tan S$。

径流剪切力反映径流在流动时对坡面土壤剥蚀力的大小，其计算式为

$$\tau = \rho_\text{w} \cdot g \cdot R \cdot J \tag{2-10}$$

式中，τ 为径流剪切力(N/m^2)；ρ_w 为水密度(kg/m^3)。

径流功率表征作用于单位面积的水流所消耗的功率，反映剥蚀一定量土壤所需功率，其计算式为

$$\omega = \rho_\text{w} \cdot g \cdot R \cdot J \cdot V = \tau \cdot V \tag{2-11}$$

式中，ω 为径流功率[J/(m$^2 \cdot$ s)]。

单位径流功率为坡面流流速与水力坡降的乘积，即单位质量水体势能随时间的变化率，计算式为

$$U = \frac{\text{d}y}{\text{d}t} = \frac{\text{d}y}{\text{d}x} \times \frac{\text{d}x}{\text{d}t} = V \cdot J \tag{2-12}$$

式中，U 为单位径流功率(m/s)；y 为单位水体势能(m)；x 为坡面纵向距离(m)。

断面比能是指以过水断面最低点为基准面的单位质量水体具有的动能和势能之和，采用式(2-13)计算。

$$E = \frac{\alpha V^2}{2g} + h \tag{2-13}$$

式中，E 为断面比能(m)；α 为动能校正系数，常取 α=1。

由于惯性和重力作用，坡面径流到达沟沿线转变为沟头跌水(包括射流和贴壁流)，研究射流水平出射动能及射流侵蚀能力，对水力对沟头溯源侵蚀影响的机制将会有更进一步的理解。

射流水平出射动能指坡面径流到达跌坎上沿转变为射流时的水平出射动能(Zhang et al., 2016)，采用式(2-14)计算。

$$E_\text{k} = \rho_\text{w} q V_\text{brink}^2 / 2 \tag{2-14}$$

式中，E_k 为射流水平出射动能(J/s)；q 为径流量(m^3/s)；V_brink 为射流水平出射流速(m/s)，与坡面径流流速和流态有关，计算式为

$$V_{\text{brink}} = \begin{cases} \dfrac{\sqrt[3]{q \cdot g}}{0.715}, Fr \leqslant 1 \\ V \cdot \dfrac{Fr^2 + 0.4}{Fr^2}, Fr > 1 \end{cases} \tag{2-15}$$

射流侵蚀能力表示射流对沟头下游即沟道的潜在侵蚀能力，也能代表其对重力侵蚀块体破坏侵蚀的能力，可用射流最大剪切力表示，采用式(2-16)计算。

$$\tau_{\max} = C_f \rho (2Hg + V_{\text{brink}}^2) \tag{2-16}$$

式中，H 为沟头高度(m)；C_f 为摩擦系数，采用式(2-17)计算。

$$C_f = 0.025(\upsilon / q')^{0.2} \tag{2-17}$$

式中，q' 为单宽流量(m^2/s)。

试验过程中沟头形态演变剧烈，持续前进，沟头高度 H 采用式(2-18)计算。

$$H = H_0 + L \cdot \tan G \tag{2-18}$$

式中，H_0 为初始沟头高度，H_0=1.2m 或 1.5m；L 为沟头前进距离(m)；G 为塬面坡度(°)。

沟头溯源侵蚀过程中的土壤侵蚀速率采用式(2-19)计算。

$$D_{\text{rr}} = \frac{M_s}{A \cdot T} \tag{2-19}$$

式中，D_{rr} 为沟头溯源侵蚀土壤侵蚀速率[$\text{g}/(\text{m}^2 \cdot \text{s})$]；$M_s$ 为时段 T 内的总产沙量(g)；A 为土壤侵蚀面积，指塬面面积和沟头立壁面积的总和(m^2)；T 为侵蚀时间(s)。

2.6 试 验 设 计

1) 变流量试验

研究植被盖度及放水流量对沟头溯源侵蚀的影响，并探究溯源侵蚀过程对土壤理化性质及根系分布的响应特征。试验小区设计 2 个塬面坡度(3°和 6°)，每个坡度设计 4 个盖度水平(0、20%、50%和 80%)，并以裸地为对照，共计 10 个试验小区。沟头陡坡坡度均设置为 70°，试验小区规格为 8.0m×1.5m×1.2m。试验小区塬面植被为自然生长草被，主要草被类型为冰草、藜(Chenopodium album L.)、蒺藜(Tribulus terrestris L.)、狗尾草、酸枣，并将麦冬草补植至设计盖度。基于黄土高塬沟壑区递增型暴雨过程特征，试验场次 I～VI放水流量分别设计为 8m³/h、11m³/h、14m³/h、17m³/h、20m³/h、23m³/h，按照从小到大的方式进行连续冲刷，每个流量下连续冲刷 45min。

2) 恒定流量试验

试验研究不同土地利用方式下沟头溯源侵蚀过程，并探讨其对塬面坡度与沟头高度的响应特征，试验设计如表 2-2 所示。每次试验 180min，为了获取试验过程中沟头形态的变化，每隔 45min 对试验小区拍照一次。

表 2-2 试验设计

试验设计	土地利用方式	植被类型	植被盖度/%	塬面坡度/(°)	沟头高度/m	小区地形代码
对照组	裸地	无植被	0	3	1.2	G3H1.2
				3	1.5	G3H1.5
				6	1.2	G6H1.2
				9	1.2	G9H1.2
试验组	草地	冰草、狗尾草等	60	3	1.2	G3H1.2
			66	6	1.2	G6H1.2
			84	3	1.2	G3H1.2
	灌草地	酸枣、紫苜蓿、黄蒿(Artemisia scoparia waldst. & Kit)、白羊草等	87	3	1.5	G3H1.5
			80	6	1.2	G6H1.2
			70	9	1.2	G9H1.2

2.7 试验操作图

试验操作情况及部分试验效果见图 2-9。

(a) 3°坡-CK

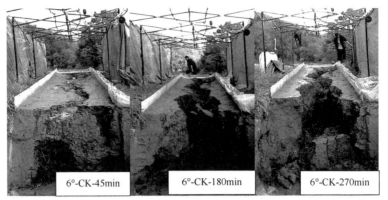

(b) 6°坡-CK

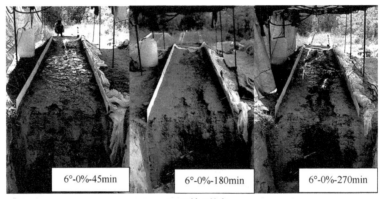

(c) 6°坡-0盖度

(d) 6°坡-50%盖度

图 2-9　试验操作情况及部分试验效果图

图中试验条件为塬面坡度-植被盖度-试验历时

第3章 董志塬沟头溯源侵蚀分布特征及其主要影响因素

3.1 董志塬沟头溯源侵蚀分布特征

3.1.1 董志塬沟头溯源侵蚀概况

董志塬塬面面积约 960.08km²,包括甘肃省庆阳市西峰区和庆城县、宁县、合水县的部分地区。其中,西峰区所占塬面面积为 484.89km²、庆城县为 168.75km²、宁县 265.08km²、合水县 41.36km²(表 3-1)。

表 3-1 董志塬各县(区)沟头溯源侵蚀状况

县(区)	行政区总面积/km²	塬面面积/km²	占行政区面积比例/%	调查沟头数	溯源侵蚀沟头数	溯源侵蚀比
西峰区	989.90	484.89	49.0	410	211	1.060
宁县	621.90	265.08	42.6	201	105	1.094
庆城县	1011.56	168.75	16.7	177	86	0.945
合水县	142.14	41.36	29.1	55	22	0.667
合计	2765.50	960.08	34.7	843	424	1.012

本次野外考察利用庆阳市 1∶10000 地形图,在图上量算沟壑长度,将董志塬所有侵蚀沟沟头距下一级主沟道距离≥1.0km 的沟头列为调查对象,共调查沟头 843 个,其中发生溯源侵蚀的沟头有 424 个,所占比例为 50.30%,处于稳定期未发生溯源侵蚀的沟头有 419 个,在选取的沟头样本中两者数目基本持平。

从发生溯源侵蚀沟头的数量上看,西峰区为 211 个、庆城县 86 个、宁县 105 个、合水县仅 22 个,西峰区发生溯源侵蚀的沟头数量远远大于其他县域,仅比其他县域总和少 2 个,可见董志塬沟头溯源侵蚀在数量上以西峰区为主。

发生溯源侵蚀的沟头占总数的 50.30%,未发生溯源侵蚀的沟头所占比例为 49.70%,因此引入溯源侵蚀比的概念,即调查区域内发生溯源侵蚀的沟头数量与未发生溯源侵蚀沟头数量的比值,反映沟头的活跃程度。董志塬总溯源侵蚀比为 1.012、庆城县为 0.945、合水县为 0.667、西峰区为 1.060、宁县为 1.094。由溯源侵蚀比可以看出，不同县区沟头活跃程度大小表现为宁县>西峰区>庆城县>合水县。

从发生溯源侵蚀的规模来看，西峰区沟头最大前进长度为 100 余米，有两处沟头溯源侵蚀超过 100m，其中一处形成宽 31m、深 28m 的沟头，另一处形成宽 8m、深 7m 的窄长型沟头；庆城县沟头前进最大长度为 50m，宽、深均为 5m；合水县最大沟头前进长度为 28m，宽 20m、深 16m；宁县沟头前进最大长度为 88m，宽和深均为 12m。

从沟头前进速率来看，董志塬沟头溯源侵蚀平均前进速率为 0.32m/a，沟头前进速率最大为 2.00m/a，最小为 0.02m/a；庆城县沟头溯源侵蚀平均前进速率为 0.24m/a，沟头前进速率最大为 1.00m/a，最小为 0.04m/a；西峰区沟头溯源侵蚀平均前进速率为 0.39m/a，沟头前进速率最大为 2.00m/a，最小为 0.04m/a；宁县沟头溯源侵蚀平均前进速率为 0.27m/a，沟头前进速率最大为 1.76m/a，最小为 0.02m/a；合水县沟头溯源侵蚀平均前进速率为 0.21m/a，沟头前进速率最大为 0.56m/a，最小为 0.04m/a。

综上所述，董志塬沟头溯源侵蚀异常严重，近 50 年沟头侵蚀平均前进速率可达 0.32m/a，而西峰区作为其塬面中心，塬面面积最大，侵蚀沟头数量最多，侵蚀状况最为严重，董志塬溯源侵蚀平均前进速率大小为西峰区>宁县>庆城县>合水县。

3.1.2 董志塬沟头溯源侵蚀强度

董志塬作为黄土高原保存最完整、面积最大的塬面，沟头溯源侵蚀异常强烈。影响溯源侵蚀的主要因素包括地形、降雨、土壤、植被和人为因素。根据沟头溯源侵蚀发展程度可将其概化为活跃期与稳定期，通过董志塬活动沟头与稳定沟头进行综合分析可知，沟头前进不仅受暴雨和汇水区域的影响，沟头的形态特征及防护措施等也是其主要影响因素。通过野外调查分析，沟头形态对溯源侵蚀的影响主要表现在：活动沟头处拥有跌水陡坎，沟壁垂直陡峭、多裂缝，沟头底部下切、沟壁掏空严重，沟底有明显的水流痕迹和较新的崩塌沉积物，沟头附近多陷穴；稳定沟头处沟壁较平缓，无跌水陡坎，沟头一般具有防护墙，沟内植被生长良好(表 3-2)。

表 3-2 董志塬活动沟头与稳定沟头的特征

活动沟头	稳定沟头
沟壁垂直	沟头处沟壁平缓
沟头跌水明显	沟头无跌水
沟头底部下切、沟壁掏空严重	有沟头防护墙

续表

活动沟头	稳定沟头
多裂缝	沟内植被良好
沟底有新沉积物	无新沉积物
水流痕迹明显	无水流痕迹
多陷穴	无陷穴

近年来,人为因素对董志塬沟头溯源侵蚀的影响愈发明显。例如,位于西峰区肖金镇肖金村的北门沟,沟头已延伸至肖金镇腹部位置,其汇水主要来自肖金镇生活污水及硬化道路排水。沟头前原先有 100 多米台阶地,生活污水和城镇排水未经处理直接排入沟道,导致沟头前进,耕地被毁。附近村民回忆,1988 年暴雨使城镇多条胡同遭遇洪灾,洪水冲断沟头前排水槽,造成沟头前进数十米,沟头延伸至台阶耕地中央,因城镇排水设施不完善,近几十年沟头已延伸至塬边陡坎,前进约 100m。2008 年左右,政府组织在沟头位置修建排水渠,长约 100m,将生活污水和道路汇流直接引入沟底。在生产活动方式上,当地村民开荒种田、陡坡地耕作、乱砍滥伐、散养放牧等,不仅破坏了植被,还造成了严重的水土流失。在能源开发上,随着经济的发展,塬区工矿企业逐年增加,尤其是石油开采,虽然促进了地方经济发展,但是对当地环境造成了严重破坏。由于大量使用地表和地下水向开采油层注水,引发水资源匮乏危机,另外,开采石油的过程中造成土体表面裸露,大量的石油开采厂地使原本渗透性较好的耕地变为硬化地面,加剧了水土流失。在城市建设上,大量基础设施建设规模宏大,城市不断拓展,硬化地面面积增加,未经处理的污水、垃圾不断增加,直接排、倾入沟道,不但造成生态环境的恶化,同时加速了水土流失。然而,不同区域的影响因素不尽相同,造成的沟头溯源侵蚀强度也有所不同,尤其表现在地形和人为因素上。据调查研究,董志塬各县(区)沟头溯源侵蚀强度为西峰区>宁县>庆城县>合水县。

1. 西峰区沟头溯源侵蚀强度特征

西峰区位于董志塬塬面中心,所占塬面面积最大,同时也是沟头溯源侵蚀最严重的区域。本次调查,在西峰区共选取沟头 410 个,其中,发生溯源侵蚀的沟头占 50.46%,共 211 个(附录 A)。该区域沟头前进速率为 0.04～2.00m/a,沟头平均前进速率为 0.39m/a,比塬区沟头溯源侵蚀平均前进速率 0.32m/a 多 21.88%。图 3-1 为西峰区沟头前进速率统计图。

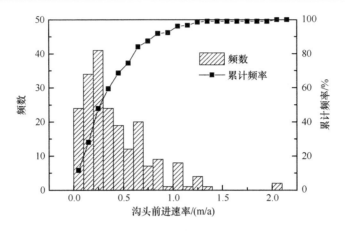

图 3-1　西峰区沟头前进速率统计图

　　分析可知，在西峰区发生溯源侵蚀的 211 个沟头中，沟头年平均前进速率<0.20m/a 的有 60 个，占总数的 28.44%，0.20m/a≤年平均侵蚀速率<0.50m/a 的有 84 个，所占比例高达 39.81%，年平均前进速率≥0.50m/a 的沟头有 67 个，其中有 2 处沟头年平均侵蚀速率达到 2.00m/a。西峰区作为庆阳市经济中心，为何会出现如此严重的水土流失，造成沟头不断前进，沟岸不断崩塌，以至完整的塬面不断被蚕食、缩小，形成沟壑纵横的现状？位于西峰区的马莲河一级支流火巷沟沟头已经伸入西峰区腹地，距市中心不足 1000m，自 1990 年沟头以 3m/a 的速率前进，给当地居民的日常生活造成了极大的不便。例如，位于西峰区肖金镇左咀村的沟掌沟，由于此处地势呈东高西低，且有胡同汇水，故沟头冲刷和沟底下切严重，呈 V 形，村民在 20 世纪 70 年代栽植的大量树木现已无法采伐。沟头前方有一胡同道路约宽 11m、深 5m，沟头以上汇水主要来自肖金镇硬化地面和大量耕地，从左咀村以西开始的塬面汇水经胡同排入沟头，沟头自 1990 年前进约100m，当地村民为防止住宅被洪水淹没，在沟头处修一约宽 3m、深 3m 的排水通道。1988 年暴雨，沟头前方胡同内蓄水深达 1m，当地有大量住宅被淹，沟头一次前进 30m 左右。

　　董志塬沟头溯源侵蚀强度差异性影响因素主要体现在地形地貌和人为因素等方面。据统计，沟头前进往往是由于几场暴雨，一般降雨不会引起沟头前进，1960年以来，西峰区暴雨情况与其他区域基本一致，因此可以排除降雨的影响。另外，董志塬各区域植被覆盖和土壤情况也一致，可见造成溯源侵蚀区域差异性的主要原因是地形地貌和人为因素。

　　地形地貌对沟头溯源侵蚀的影响主要表现在汇流面积和汇水流量，一般来讲，溯源侵蚀强度大的沟头上方，一定有非常大的汇水区域和典型的集流地形。西峰区总面积为 989.90km²，其中塬面面积为 484.89km²，占总面积的 49%。从地貌形态来看，西峰区主要为塬面和沟谷两大类，塬面面积几乎占总面积的一半；从地形上来看，该区域塬面北部地势略高于南部，东西两边地势基本相同，低于中部地势。地势高低决定水流走向，而广阔的塬面提供了大量的汇流面积，使沟头的汇水流量相应增大，加剧了沟头溯源侵蚀。该区域地面坡度变化较小，坡长且缓，塬面呈现大平小不平的现象，溯源侵蚀严重的沟头地形多呈两侧较高、中间较低的淌地，另外，簸箕状的地形也随处可见。特殊的地形和大片的汇水面积，造成西峰区沟头溯源侵蚀异常严重。

另外，人为因素也是该区域溯源侵蚀差异性的体现之一。位于西峰区董志镇北门村的沟头在 2003 年以前基本稳定，西峰区 2003 年开始修建南湖工程，将其南部路面汇水引入南湖，同时修建溢洪道将多余洪水排入附近沟道。2006 年发生一场暴雨，湖内洪水蓄满后，通过溢洪道排入沟道，造成沟头一次性前进 50 余米，沟头前水泥坝于挖湖前修筑，现沟头已前进至水泥坝处，沟右岸由于洪水冲刷，形成一条长 20 余米的支沟，对道路造成威胁，此处现为城市垃圾倾倒处，填沟有 30～40m。据调查，西峰区有相当一部分沟头是人为诱发的溯源侵蚀，由于暴雨袭击，人们为了保护厂房、住宅不受水流淹没，将洪水排在没有任何防护措施的沟头处，造成沟头及沟道剧烈侵蚀。西峰区经济发展迅速、人口密度大、城镇面积不断扩大、建筑用地比例加大、油田开采增多、道路建设发展迅速、开矿采砂严重等，造成硬化地面的增加，减少了土壤蓄水量，改变土壤结构和集流能力，大大增加了塬面汇水流量。西峰城区、周边各乡镇及一些集中建设的新农村小区，由于人口密度大，连片硬化地面面积大，再加上生产生活污水排放，加剧了沟头溯源。

无论是城市建筑的硬化地面，还是道路的硬化地面，都具有很强的集流作用，能在很短时间汇集大量雨水，使地表径流量远超正常水平，因此该区域硬化地面面积在很大程度上决定了沟头的前进速率。

除此之外，不合理的工厂选址、城镇洪水排泄工程等人为因素也会加剧沟头溯源侵蚀。例如，西峰区温泉镇齐家楼村有一砖瓦厂建在沟头附近，由于不合理取土，破坏了沟头植被，使大量黄土裸露。通过调查，沟头前土墙于 2006 年被暴雨冲垮，造成沟头一次性前进 35m，已延伸至苜蓿地中央，前进处呈细窄状，现距塬边陡坎仅 5m，沟头附近有多个陷穴形成，汇水从土墙缺口及道路排入涵洞流入沟头。

2. 宁县沟头溯源侵蚀强度特征

董志塬所属宁县区域位于其南部，该区域总面积 621.90km²，塬面面积为 265.08km²，占总面积的 42.6%，塬面海拔为 1093～1298m，平均海拔为 1204m。本次调查，在宁县共选取沟头 201 个，其中，发生溯源侵蚀的沟头共 105 个(附录 B)，占 52.24%，沟头没有变化的有 96 个。该区域沟头前进速率在 0.02～1.76m/a，沟头平均前进速率为 0.27m/a，比塬区沟头溯源侵蚀平均速率 0.32m/a 少 15.63%，比西峰区沟头溯源侵蚀平均速率小 30.77%。宁县沟头前进速率统计图如图 3-2 所示。

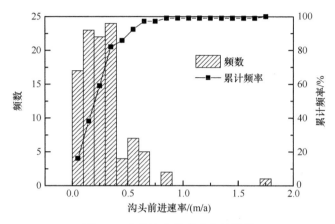

图 3-2　宁县沟头前进速率统计图

由图 3-2 可以看出，宁县沟头年平均前进速率<0.20m/a 的有 40 个，占发生侵蚀沟头的 38.10%，0.20m/a≤年平均前进速率<0.50m/a 的有 50 个，占比高达 47.62%；年平均前进速率≥0.50m/a 的沟头有 15 个，最大年平均前进速率为 1.76m/a。对比西峰区溯源前进速率统计图可以看出，宁县沟头前进速率主要集中在 0.20～0.50m/a，其侵蚀前进速率≥0.50m/a 的沟头个数及所占比例均比西峰区低。

宁县与西峰区沟头溯源侵蚀差异性主要体现在地形上，另外，人为因素也有一定的影响。从地理位置来看，宁县处于董志塬最南端，塬面平均海拔为 1204m，比西峰区平均海拔低 100m；从地形上来看，宁县塬面较西峰区平缓，地势高差小；从塬面分布来看，宁县塬面较分散，沟壑分割使塬面不连贯。综合上述几个原因可以看出，宁县塬面沟头汇水面积较西峰区小，且无明显集流地形，因此塬面较为平整，汇流多被平均分配到各个沟头，形成发生溯源侵蚀的沟头数多，但侵蚀强度反而不大。这也解释了该区域沟头溯源侵蚀高于西峰区，但溯源侵蚀速率却低于西峰区的原因。

人为因素主要表现在乱砍滥伐、毁草开荒、破坏地表植被及不合理的耕作方式，如坡耕地顺坡垄作。有研究表明，沟谷长度的增长与坡耕地面积的增长为正相关(范建容等，2006)。当地群众水土保持意识较薄弱，广种薄收，对土地资源造成极大破坏。据调查，该地区坡耕地面积所占比例较大，由于其抗侵蚀力弱，成为沟谷加速发展的主要原因。另外，该区域城镇基础设施建设等形成的硬化地面对沟头溯源侵蚀也有一定影响。例如，宁县和盛镇，城镇规模为 5km²，年产约

18 万 m³的生产、生活污水和垃圾，由于资金短缺，生产生活垃圾直接倒入沟道，城镇污水直接排放至附近沟道，对当地环境造成影响，同时加剧了沟头溯源侵蚀。由于和盛镇人口密度小，经济发展相对滞后，道路、城镇、村庄等硬化地面面积小，其影响程度明显小于西峰区。

3. 庆城县沟头溯源侵蚀强度特征

庆城县位于董志塬最北端，本次调查，在庆城县共选取沟头 177 个，其中，发生溯源侵蚀的沟头占 48.59%，共 86 个(附录 C)，沟头没有变化的有 91 个。该区域沟头前进速率为 0.04～1.00m/a，沟头平均前进速率为 0.24m/a，比塬区沟头溯源侵蚀平均前进速率(0.32m/a)小 25.00%，图 3-3 为庆城县沟头前进速率统计图。

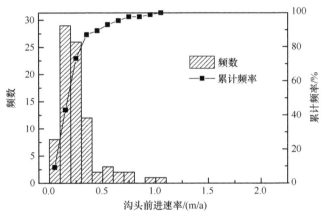

图 3-3　庆城县沟头前进速率统计图

由图 3-3 可以看出，庆城县沟头年平均前进速率<0.20m/a 的有 37 个，占发生侵蚀沟头的 43.02%，0.20m/a≤年平均前进速率<0.50m/a 的有 40 个，所占比例为 46.51%，年平均前进速率≥0.50m/a 的沟头有 9 个，最大年平均前进速率为 1.00m/a。该区域沟头溯源主要集中在小于 0.50m/a，前进速率≥0.50m/a 的沟头数较少，且沟头最大前进速率仅为西峰区的一半。

庆城县所属董志塬区域总面积为 1011.56km²，其中绝大部分为沟谷，塬面面积为 168.75km²，所占比例仅为 16.7%。该区域塬面最高海拔为 1530m，最低海拔为 1295m，平均为 1402m，比宁县平均海拔高约 200m。从地貌形态来看，该区域沟谷面积远大于塬面面积；从塬面形态来看，塬面多呈长窄型；从地形上看，该区域西北部地势略高于东南部，地势高差变化平缓。沟头前进速率决定于地势高差和上方坡面来水情况，来水则取决于汇水面积的大小。由于该区域沟头汇水面积较小，集流地形不明显，且沟壑数量众多，造成溯源侵蚀比相对较大，而溯源侵蚀速率不是很大。

4. 合水县沟头溯源侵蚀强度特征

合水县所属董志塬面积共 142.14km², 其中塬面面积为 41.36km², 所占比例为 29.10%。在合水县共选取沟头 55 个, 其中, 发生溯源侵蚀的沟头占 40.00%, 共 22 个(附录 D), 沟头没有变化的有 33 个。该区域沟头前进速率在 0.04～0.56m/a, 沟头平均前进速率为 0.21m/a, 比塬区沟头溯源侵蚀平均前进速率 0.32m/a 小 34.38%, 在董志塬四个县(区)里沟头平均前进速率最小。图 3-4 为合水县沟头前进速率统计图。

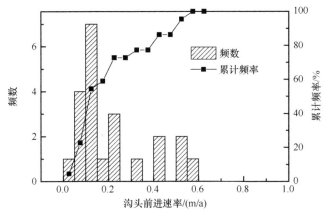

图 3-4　合水县沟头前进速率统计图

由图 3-4 可以看出, 合水县沟头年平均前进速率<0.20m/a 的有 13 个, 占发生侵蚀沟头的 59.09%, 沟头 0.20m/a≤年平均前进速率<0.50m/a 的有 6 个, 所占比例为 27.27%, 年平均前进速率≥0.50m/a 的沟头仅有 3 个, 最大年平均前进速率为 0.56m/a。该区域沟头溯源侵蚀前进速率主要集中在小于 0.20m/a, 其沟头最大前进速率约为西峰区的 1/4。

由于合水县在董志塬所属区域内面积较小, 调查选取的样本沟头也较少, 该区域塬面较分散, 塬面地势整体较低, 地势高差小。受汇水流量和塬面地形影响, 该区域沟头溯源侵蚀强度较小。

3.1.3　董志塬沟头溯源侵蚀强度分级

黄土高塬沟壑区沟谷发育以沟头溯源侵蚀、沟坡侧蚀和沟底下切为主, 其中沟头溯源侵蚀是沟谷发育的主要表现, 由于其特殊地质条件和地貌类型, 水力冲刷和重力侵蚀成为沟头溯源侵蚀的两大基本动因, 两者相互影响, 常常相伴发生, 有崩塌、滑塌和陷穴等形式。沟头溯源侵蚀的具体形式为沟头向前移动, 沟坡横向发展及沟底下切侵蚀。表 3-3 为董志塬溯源侵蚀强度分级与各强度对应的面积及占比统计。

表 3-3　董志塬溯源侵蚀强度统计

沟头溯源侵蚀强度等级	沟头前进速率/(m/a)	面积/km²	面积占比/%
微度侵蚀	0～0.1	79.596	8.3
轻度侵蚀	0.1～0.3	427.115	44.5
中度侵蚀	0.3～0.5	333.745	34.8
强度侵蚀	0.5～0.7	73.447	7.7
极强度侵蚀	>0.7	46.177	4.8
合计	—	960.08	100

　　董志塬沟头溯源侵蚀严重，通过调查塬区沟头的前进长度，计算沟头前进速率，按照沟头前进速率对塬区溯源侵蚀强度进行分区，侵蚀强度分为微度侵蚀区 79.596km²，占塬面面积的 8.3%；轻度侵蚀区 427.115km²，占塬面面积的 44.5%；中度侵蚀区 333.745km²，占塬面面积的 34.8%；强度侵蚀区 73.447km²，占塬面面积的 7.7%；极强度侵蚀区 46.177km²，占塬面面积的 4.8%。

　　根据不同沟头前进速率，可将溯源侵蚀强度分为 5 级，轻度和中度占据主要位置，两者面积之和约占总塬面面积的 80%。极强度侵蚀主要分布在西峰区，此区域塬面面积广阔，塬面连贯，塬面坡度在 2°～5°，坡长坡缓。硬化地面面积大是极强度侵蚀区的一个显著特点，西峰区城区、后官寨镇、彭原镇、温泉镇、什社乡、董志镇和肖金镇对极强度侵蚀面积的贡献率最大，同时大量的村庄和柏油路面也是主要影响因素。强度侵蚀主要分布在西峰区和宁县部分区域，此区域沟头汇流面积较大，汇水范围内主要有村庄、道路及耕地，硬化地面面积相对极强度侵蚀区较少。中度侵蚀在西峰区、宁县和庆城县均有分布，该区域汇流范围内地形较平坦，且塬面相对不连贯，汇水面积较小，硬化地面面积少，同时，侵蚀沟受到一定的人为保护，沟头植被较好，有一定坡度，沟头趋于稳定。轻度侵蚀区主要包括庆城县和宁县的大部及合水县，分布在塬区北部、东部和南部，该区域塬面汇流较分散，汇水面积小，侵蚀区内沟头数量多，汇流对单个沟头的影响较小。微度侵蚀区包括庆城县和宁县的小部分地区，该区域的显著特点是沟壑面积远大于塬面面积，由于沟头来水较少，溯源侵蚀主要以重力侵蚀为主，且沟头受人为破坏较少，大部分沟头趋于稳定。

　　由此可见，沟头溯源侵蚀主要受来水量和沟头地形，以及人为因素的影响(表 3-4)。董志塬沟头多与塬面的村庄和道路相连，道路是塬面的排水通道，来水量大，来水速度快，一次暴雨常使沟头迅速前进，前进路线也和道路的延伸方向基本一致。例如，西峰区温泉镇下庄村的一处沟头，汇水范围内主要为耕地、村庄和道路，地面纵坡向沟头为 2°～3°，沟头汇流面积大，左岸紧邻公路，沟底呈 V 形，植被盖度约 65%，沟头垂直，裂缝多，属于活动沟头，沟头原在公路边一电线杆处，1975 年一场暴雨，洪水顺路面泄入沟头，造成沟头一次性前进约 20m，左岸扩张十多米，原沟边公路为直线型，因沟岸扩张向左平移十余米，变为弯曲型。

表 3-4　溯源侵蚀强度分级

等级	汇水情况			沟头概况		分布情况
	地形条件	汇水面积	硬化地面类型	植被概况	地貌特征	
微度侵蚀	地形平坦，有道路土坝	汇水面积小、分散	村庄，人类干预少	乔、灌、草生长良好	<50°	庆城县、宁县
轻度侵蚀	地形平坦	汇水面积小、分散	村庄	乔、灌、草生长良好	<50°	庆城县、宁县、合水县
中度侵蚀	地形较平坦	汇水面积较大，但分散	村庄、一般道路	乔、灌树木成群	垂直或>70°	西峰区、庆城县、宁县
强度侵蚀	地面坡度为3°~5°	汇水面积较大	柏油路、村庄、耕地	有单株乔、灌树木	垂直节理发育	西峰区、宁县
极强度侵蚀	沟头与胡同道路及簸箕状地形连接	汇水面积大且多为硬化地面	城镇、柏油路、村庄	沟头裸露，基本无植被	垂直节理发育、有裂缝	西峰区

3.1.4　董志塬南小河沟小流域沟头溯源侵蚀特征

在南小河沟小流域共选取沟头 17 个，其中发生溯源侵蚀的为 11 个，沟头基本稳定的为 6 个，沟头前进速率最大为 0.30m/a，最小为 0.04m/a，沟头平均前进速率为 0.23m/a，比塬区沟头前进速率 0.32m/a 小 28.13%，比西峰区小 41.03%。可以看出，南小河沟小流域沟头溯源侵蚀强度较同一区域的西峰区弱。该区域地形、汇流面积及汇水范围内的硬化地面面积与西峰区相差无几，出现如此大的差异主要体现在其小流域综合治理上。

作为典型的小流域综合治理实验区，坚持"三道防线"治理模式，实行植物措施、工程措施和农业措施相结合。其塬面防治原则以工程措施为主，建设基本农田，强化基本农田保护。在塬面修建水平条田、地埂、涝池和沟头防护工程，截断径流通道，分散控制径流，节节拦蓄，保证塬面汇水不下沟，防止沟头前进和沟岸扩张。

坡面防治的原则以植物措施为主，工程措施为辅。通过截短坡长，改变地形，拦蓄坡面径流，并在坡面植树种草，发展农、林、牧相结合的治理措施，有效预防水土流失。

沟道防治的原则是固定侵蚀沟沟床和抬高侵蚀基点，防止沟床下切、崩塌、滑塌、泻溜等重力侵蚀。在沟底修建骨干坝、淤地坝、水库、种植水土保持防护林等，对干、支、毛沟同时进行治理，拦蓄径流泥沙，淤地造田，发展水产养殖。

通过实施"三道防线"治理模式,对南小河沟小流域"固沟保塬"有很明显的效果。除了上述治理措施,通过大力宣传水土保持相关法律法规,积极开展水土保持学习,提高当地群众的水土流失防治意识,对小流域水土流失治理起到一定的积极作用。南小河沟小流域成功的治理经验,对董志塬防治水土流失是一个很好的启示,在今后的生产生活中应将这种治理模式在全塬范围内大力推广,以达到"固沟保塬"的目的。

3.2　董志塬沟头溯源侵蚀诱发类型与沟头前进典型实例分析

通过野外实地考察发现,董志塬沟头溯源侵蚀主要是水力和重力作用共同影响的结果。从其形成机制来看,一为沟头上方汇集的巨大径流直接冲刷造成沟头的迅速延伸;二为径流在沟边附近的裂缝、陷穴处下渗,导致沟头崩塌、滑落与沟头前进。溯源侵蚀的发生强度异常剧烈,在黄土高原沟壑区侵蚀中占有重要的地位,是重要的侵蚀现象之一,已经对塬面的土地、农田、村庄、道路、工厂和城镇造成了严重的威胁(图3-5)。黄土高原沟壑区的沟头防护和治理工作十分重要。

(a) 火巷沟水力冲刷型溯源侵蚀

(b) 溯源侵蚀对道路的破坏

(c) 陷穴诱发型溯源侵蚀

(d) 人为诱发型溯源侵蚀

图3-5　董志塬典型沟头

调查过程中，通过当地村民的描述或者根据明显的地物特征(如窑洞的位置)确定沟头起始位置和发生溯源侵蚀的年限，然后用皮尺详细测量在此年限内沟头前进的长、宽、高，得到如表 3-5 所示的董志塬沟头溯源侵蚀规模调查表。

表 3-5 董志塬溯源侵蚀规模调查表

编号	地点	规模(长×宽×高)/ (m×m×m)	发生年代及年平均 前进速率 V/(m/a)	诱发类型	危害状况
1	西峰区董志镇北门村 小岘峒沟头	54×14×5.8	2006 年 7 月一次暴雨 形成 V=27.0	水力冲刷	威胁公路
2	西峰区陈户乡田畔村 北沟沟头 1	45.2×11.7×5.6	2006 年 7 月一次暴雨 形成 V=22.6	水力冲刷	毁坏农田
3	西峰区陈户乡田畔村 北沟沟头 2	13.2×11.3×8.6	2006 年 7 月一次暴雨 形成 V=6.6	陷穴诱发	道路向西推移 8m
4	西峰区肖金镇三不同 村砖瓦厂沟头	18.7×5.6×4.9	2006 年 7 月一次暴雨 形成 V=9.4	水力冲刷	威胁公路、毁坏 农田
5	西峰区肖金镇肖金 中学南沟沟头	60×15×20	近 40 年 V=1.5	水力冲刷	毁坏道路、威胁 学校
6	西峰区陈户乡显胜 铁楼沟头	24.7×4.8×12	近 20 年 V=1.2	陷穴诱发	道路向北推移 10.8m
7	西峰区后官寨镇路堡 村范家沟头	15.8×7.4×9.5	近 30 年 V=0.5	水力冲刷	毁坏农田
8	西峰区彭原镇上何村	16.8×38.4×17.1	近 20 年 V=0.8	陷穴诱发	毁坏道路、农田
9	西峰区寨子乡老成村 火巷沟沟头	60×35×30	近 20 年 V=3.0	水力冲刷	威胁居民小区、 工厂、果园
10	西峰区温泉镇新桥村 桥子沟沟头	6.8×8.4×7.1	近 20 年 V=0.3	水力冲刷	毁坏道路、农田
11	西峰区温泉镇米堡村 湫沟沟头	5.8×6.5×5.5	近 10 年 V=0.6	水力冲刷	毁坏农田
12	西峰区温泉镇齐家楼 村庆丰沟沟头	74×20×35	近 150 年 V=0.5	水力冲刷	毁坏道路、农田
13	西峰区什社乡李岭村 文家浅沟沟头	23×6×3.5	近 40 年 V=0.6	人为诱发	威胁公路
14	西峰区什社乡永丰村	15×18×30	2006 年 7 月一次暴雨 形成 V=7.5	水力冲刷	毁坏道路、农田

续表

编号	地点	规模(长×宽×高)/(m×m×m)	发生年代及年平均前进速率 V/(m/a)	诱发类型	危害状况
15	西峰区什社乡文安村白草沟畎	10×3×9	近 15 年 V=0.7	水力冲刷	毁坏道路、农田
16	宁县焦村镇玉村	34×26×15	近 25 年 V=1.3	水力冲刷	威胁道路
17	宁县洪洞张村	54×48×8.5	近 20 年 V=2.7	人为原因	毁坏农田
18	宁县周郭村	30×29×8	近 50 年 V=0.6	裂缝诱发	毁坏农田
19	宁县和盛镇范家村水沟沟头	61.6×12.5×10.5	近 40 年 V=1.5	水力冲刷	毁坏道路、威胁民居
20	宁县和盛镇店子沟沟头	100×3×2.5	近 40 年 V=2.5	水力冲刷	毁坏农田
21	宁县太昌镇上肖村 1	13×12.6×12	近 10 年 V=1.3	水力冲刷	毁坏道路、威胁民居
22	宁县太昌镇上肖村 2	16×3×8	近 10 年 V=1.6	裂缝诱发	毁坏道路、威胁民居
23	宁县焦村镇西卜村	43×20×8	近 30 年 V=1.4	水力冲刷	毁坏道路
24	庆城县白马乡三里店村安家咀	200×40×60	近 100 年 V=2.0	水力冲刷	毁坏道路、农田
25	庆城县驿马镇涝池村朱家咀	16×35×16	2007 年 7 月一次暴雨形成 V=8.0	水力冲刷	毁坏农田，威胁公路
26	庆城县驿马镇上关村	21×3×30	近 20 年 V=1.1	水力冲刷	毁坏道路、威胁民居

　　注：表中沟头规模中的长是指从发生沟头溯源侵蚀时到调查这段时间的沟头前进距离，宽和高是多点测量的平均值。V 为从发生沟头溯源侵蚀到调查时的年平均前进速率，调查时间为 2011 年。

　　由表 3-5 可以发现，溯源侵蚀造成的沟头年平均前进速率差别很大，次暴雨径流集中冲刷造成溯源侵蚀更为明显。沟头溯源侵蚀速率主要取决于沟道沟头附近汇流面积的大小、土壤与地貌地形条件、采取的水土保持措施、次暴雨强度、历时及每年发生的次数等。从表 3-5 数据可以明显看到近年来发生的沟头前进速率如此惊人。由于沟头前进是一个不连续、非线性状态，只有在发生较大降雨时才能产生足够大的径流，造成沟头溯源侵蚀。本书描述的沟头前进速率是指多年平均前进速率，次暴雨径流造成沟头溯源侵蚀只是突发事件，只能引起人们高度警觉，多年平均前进速率更有指导意义。因此，要确切描述一个地域沟头溯源侵蚀速率，必须依靠多年数据积累。通过调查发现沟头形态绝大多数为三面立壁，即沟头后壁及两个侧壁基本呈垂直状态，且沟底平坦，横剖面呈 U 形。从表 3-5 中也可以发现，几乎所有的沟头都危害到道路安全。道路在一定的地形条件下，如前面提到的淌地，或者长年行走形成胡同道路，久而久之道路就成为降雨径流的排流汇流通道，由于溯源侵蚀的方向就是来水方向，必然会威胁到聚落人畜安全。

3.2.1　董志塬沟头溯源侵蚀的诱发类型

综合调查结果，将董志塬沟头溯源侵蚀按照其形成机理分为以下四种类型。

1. 水力冲刷型

这是直接由暴雨产流对沟头的冲刷、下切、侧向淘蚀，并伴随着两岸沟壁的坍塌、滑塌、扩张，形成非常严重的切沟侵蚀，使得沟头发生迅猛的前进，一般情况下，一次暴雨可前进几米到几十米不等。这种侵蚀形式主要是在暴雨、急流的冲刷力下造成的沟头溯源侵蚀，也是董志塬区沟头最普遍的溯源侵蚀形式。发生地点主要集中在主沟或者支沟沟头，水力冲刷型溯源侵蚀地形如图 3-6 所示。

图 3-6　水力冲刷型溯源侵蚀地形示意图

2. 陷穴诱发型

由于董志塬特殊土质的湿陷性，在塬面沟道周围发育着很多的小水坑，进一步发育成陷穴，陷穴在多年降雨径流的连续浸泡、入渗情况下，继续下沉—扩大—再下沉，进一步发展成串珠—发生连通，形成一条很明显、距离主沟不远的深切沟，遇到暴雨产生的巨大径流后，土体会发生整体坍塌、滑塌或者崩塌，造成沟头前进或沟壁扩张。同一地面上洞穿数个陷穴的连珠陷穴，在董志塬很常见。甘肃省庆阳市西峰区陈户乡田畔村北沟沟头就是典型的陷穴诱发型溯源侵蚀，此处既有单个陷穴的侵蚀，也有连珠陷穴的发生，为沟头前进和沟壁扩张埋藏了隐患。陷穴诱发型溯源侵蚀地形如图 3-7 所示。

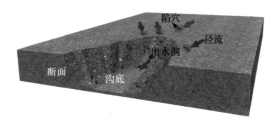

图 3-7　陷穴诱发型溯源侵蚀地形示意图

3. 裂缝诱发型

由于董志塬特殊的土质，土壤中较多垂直节理发育，降雨径流后在塬面的沟道周围发育着很多细小但长度很长的裂隙，每次降雨径流后，雨水会在裂隙处进一步下渗、灌注浸润，裂隙深度会进一步地往下延伸、扩展，久而久之就发育成宽度为 5～10mm 的裂缝，遇到暴雨产生的巨大径流后，土体会发生整体坍塌、滑塌或者崩塌，造成沟头前进或沟壁扩张。庆阳市宁县太昌镇上肖村的沟头是典型的裂缝诱发型溯源侵蚀，径流沿垂直节理下渗，最后促成沟头或沟壁土体的整体坍塌。裂缝诱发型溯源侵蚀地形如图 3-8 所示。

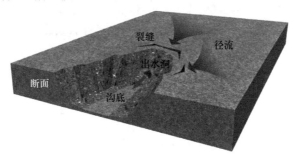

图 3-8　裂缝诱发型溯源侵蚀地形示意图

4. 人为诱发型

除自然因素诱发外，董志塬地区还有相当一部分人为诱发的沟头溯源侵蚀。由于庆阳市近几年城市和乡镇建设的迅猛发展，人们为了排泄巨大的城市雨洪，使厂房、民居、建筑免受洪水的浸泡、冲刷，将这些径流在没有任何防护措施的情况下全部排到了附近的沟里，沟壁和沟底没有任何的防护措施，从而使排泄处的沟壁发生坍塌等二次剧烈侵蚀；另外，董志塬很多工厂选址不恰当，这些工厂挖掘土方直接造成沟头前进，如宁县洪洞张村砖瓦厂、西峰区什社乡任岭村砖瓦厂，挖掘土方直接使沟头发生前进，破坏了沟坡稳定性、降低了侵蚀基准面，间接加速了沟头溯源侵蚀；或者由于厂区的硬化地面积水造成沟头发生剧烈冲刷，以西峰区后官寨乡沟畎村水厂沟头为代表。此类侵蚀在人口密集的城镇附近较为普遍。

3.2.2 董志塬沟头前进典型实例分析

3.2.1 小节已经总结出了董志塬地区沟头溯源侵蚀的不同诱发类型, 本小节选择 10 个典型沟头溯源侵蚀加以剖析。

(1) 如图 3-9 所示, 西峰区董志镇北门村沟头经过暴雨径流剧烈冲刷后, 已经和地坑院相连, 沟头自南向北延伸, 被东西走向的柏油马路隔断, 马路南侧紧连地坑院。由于柏油马路硬化地面的集流作用, 2007 年 7 月的一次降雨使得沟头处形成了一条长 10.5m、宽 1.6m、深 1.6m 的切沟, 沟头迅速前进, 两边的排水沟因沟头前进, 底部掏空被摧毁, 威胁到柏油马路路面的安全。

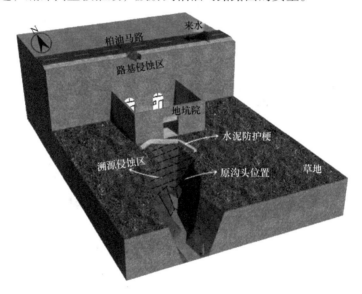

图 3-9 西峰区董志镇北门村沟头溯源侵蚀示意图

地坑院连接的沟道也有严重的冲刷和下切, 经过测量, 多年来沟道遭受侵蚀的长度为 54m, 下切深度达 15.4m, 沟宽为 5.8m。从沟壁残存的土坎上可以推断, 沟道经历 3 次大规模的下切侵蚀, 每次下切都是大暴雨形成的超渗径流引起。该地区自 20 世纪 80 年代总共有 3 次强降雨, 正好和推断的沟底下切次数吻合, 说明沟头的溯源侵蚀不是一个连续的过程, 而是在降雨径流达到一定强度时才发生。

塬面为耕地, 种植玉米、小麦等粮食作物, 从一定程度上比撂荒地径流量少, 但是由于地坑院地势较低, 加之黄土特殊的性质, 在暴雨甚至特大暴雨情况下形成的超渗径流从四面八方汇入地坑院(包括柏油马路的硬化地面集水), 在径流量很大的情况下, 沟底下切和沟头溯源侵蚀都非常严重。

当地水保部门实施了切实的水保措施，在地坑院和沟道的连接处打了一个水泥挡墙，拦截了地坑院内汇集的径流，减少其对下部沟头的剧烈冲刷，从效果来看，水泥挡墙的确起到了一定的作用，减弱了径流对沟头的侵蚀强度。现在此沟道已经和地坑院紧连，地坑院实际上已经成为新的沟头，在这种情况下，可选择合适的位置修建涝池，收集塬面、农田的集流以减缓沟头压力。

(2) 图 3-10 为西峰区陈户乡田畔村北沟沟头地形示意图。沟头自南向北延伸，沟道三面均为耕地，种植小麦和玉米，地形较为特殊，表现为东、西、北三面较高，南面地势较低。这就为沟头汇水提供了条件，且汇水面积巨大，大地呈簸箕状，形成天然的集流槽，沟头处于集流槽的出水口，每次的降雨全部汇到中间经过沟头由沟道排出，这样一来，降雨径流给沟头造成威胁，冲刷下切作用强烈，溯源侵蚀非常严重。沿沟道走向的塬面上修有水保防护工程，如排水沟，对沟头溯源侵蚀具有一定的缓解作用，但对于强降雨过程效果不明显。

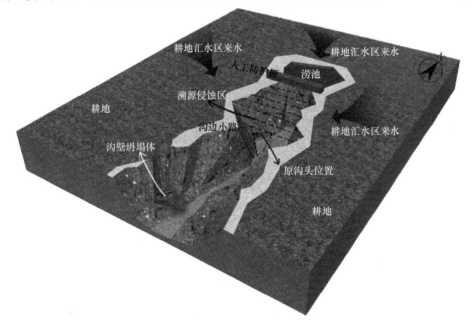

图 3-10　西峰区陈户乡田畔村北沟沟头地形示意图

沟头、沟壁和沟底植被情况较好，有冰草、刺槐、椿树等。这些草本植物和灌木对于水土保持起到一定的作用。

2006 年 7 月 1 日至 2 日，该地区有两天的强降雨过程，最大降雨量达 288mm，给沟头造成极大的危害。由于庆阳市西峰区正好处在暴雨的中心位置。雨后沟头向前延伸 45.2m，沟道下切 5.6m，平均沟宽达 11.7m，直接损毁塬面耕地 500 多平方米，破坏了农田和田边道路。沟壁也受到径流的冲刷作用，形成多处不同大小的崩塌、滑塌，最大的一处长 10m、宽 12m、深 30 多米。沟头部分底部平坦，在这次暴雨中，沟底平坦部分也有严重的侵蚀沟形成，在沟道底部形成长为 26.2m，宽 2.5m，深 4.5m 的小冲沟，可见特大暴雨的危害巨大，造成的水土流失非常严重。

沟头树木的根部已经裸露，甚至被冲倒，由于地形的特殊性，汇水面积、汇水量很大，径流冲刷力也很大，加之重力侵蚀的交互作用，使沟头前进异常剧烈。

村民为了防止沟头继续遭到流水冲刷侵蚀，在沟头上方来水方向修建了小土坝，这样的拦蓄坝对小降雨有一定的防护作用，但对于强降雨还是无能为力。

(3) 图 3-11 为西峰区北沟陈户乡田畔村北沟沟头地形示意图。此处沟壁受到比较严重的径流冲刷作用。

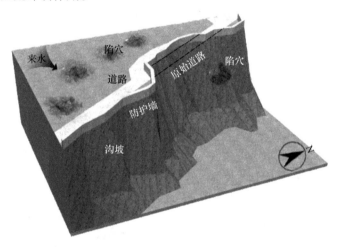

图 3-11　西峰区北沟陈户乡田畔村北沟沟头地形示意图

沟道自东南向西北延伸，沟的右岸受到严重的溯源侵蚀。沟的西南面是耕地，沟岸一侧修有沟边埂，紧靠沟边的是一条道路，此处的沟头经过强降雨已经前进了 13m 有余，直接迫使道路向西推移 13.2m，侵占大片耕地。在新道路的西侧有 5 个陷穴沿道路发育。陷穴的大小分别为长 13.2m、宽 11.3m、深 8.6m；长 5.6m、宽 3.4m、深 1.8m；长 2.9m、宽 2m、深 5m；长 4.4m、宽 2.6m、深 4.1m；长 7.8m、宽 3m、深 4m。其中，后 4 个陷穴底部已经连通，地面上由"土桥"相连，如果再遇较大的径流冲刷或者长期的重力侵蚀作用，顺着已经连通的陷穴将有可能发生大规模的整体坍塌，产生更大的塬面滑塌。

陷穴是黄土塬区侵蚀中的一种常见形式，危害性较大。陷穴在黄土阶地、塬畔和平缓的梯田上出现较多，邻近沟床下切和谷坡扩张作用比较剧烈的沟岸附近，更加活跃。阶地和塬畔一带的陷穴，常呈狭带状与沟岸平行。

陷穴是在水涮窝的基础上形成的，不在地面积水，先由地表下渗，然后在土体裂隙中汇集发生淘刷作用，在水涮窝的地方逐渐向下渗流。因此，发生陷穴的地方或其附近，必定有裂缝或者洞穴，而且这种裂缝或洞穴一定要有排除泥水，通达沟边或埂、坎等处的出口。观察证明，没有出口的裂缝和洞穴，常被带有颜色较红和质地较细的土体填充，并不会产生塌陷。

田畔村北沟陷穴的形成恰好符合上述基本条件。首先，陷穴处在塬畔位置；其次，暴雨产生的径流流到沟边位置被沟边埂阻隔，因此产生了地表积水，加上汇水面积较大，径流较大，排水不利，囤积的水下渗，由通道排到沟道，由于下渗的水分破坏了黄土结构，陷穴已经形成。如果再经过若干年若干次强降雨，极有可能使陷穴之间相互连接形成大的串珠状通道，导致大规模的坍塌破坏道路。此处陷穴的规模很大，值得引起注意，因为一旦再次有水沿陷穴下渗，下渗水就会破坏土体下部的组成使土体失稳，在重力作用下，土体坍塌也难以避免。

如果防治措施跟不上，此处的陷穴底部极有可能连通起来，发育成一条支沟，从而阻断道路，侵占耕地，给当地人民的生产生活带来损失。

防治的基本原则，主要是分散地面径流，排除积水。此外对原有侵蚀沟的固定，也起到良好的效果。

(4) 图 3-12 为庆阳市西峰区肖金镇三不同村砖瓦厂沟头地形示意图。此处为典型的人为加速沟头溯源侵蚀类型。三不同村砖瓦厂的建设地点选在沟头主冲刷槽内，为了制作大量的砖坯，就需要不断挖掘土方。厂家取土的地点起初只考虑生产的便捷，而没有考虑掏空谷坡底脚后边坡容易失稳的因素。

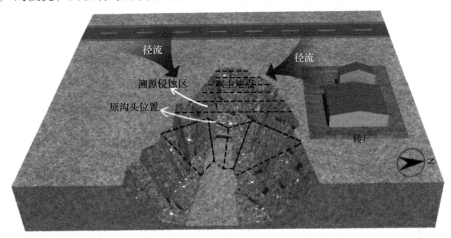

图 3-12　西峰区肖金镇三不同村砖瓦厂沟头地形示意图

此处沟道自东向西延伸，沟头上方紧接的是南北走向的柏油马路，同样是2006 年 7 月的强降雨所致，此次调查发现沟头一次性前进了 18.7m，沟道下切

5.6m，沟宽 4.9m。原沟头距离公路约 20m，现在的沟头距离柏油马路已不足 1m，很快就会破坏公路路基。径流来源主要是柏油马路硬化地面的集雨，径流量大是此次溯源侵蚀的直接原因，砖瓦厂的挖掘一方面松动了黄土，破坏了黄土的紧实程度，另一方面也使坡脚失稳。径流流经沟底更容易淘蚀坡脚，边坡很容易垮塌，从而加速了沟头的溯源侵蚀。

（5）图 3-13 为西峰区肖金镇肖金中学南沟沟头地形示意图。此处的沟道自南向北延伸，沟头已经延伸到村边，居民房屋沿沟岸所建，紧靠沟岸还有一条人们日常行走的道路。房屋屋顶和行走的道路都属于硬化地面的范畴，其集雨作用非常显著，建筑物和道路的硬化地面产流为溯源侵蚀的发生提供了条件。每逢降雨，经过硬化地面的集雨作用，径流就会经沟头或者侧壁排放到沟底。

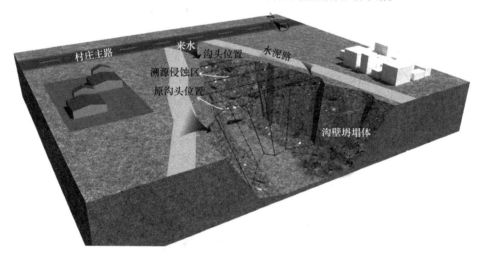

图 3-13　西峰区肖金镇肖金中学南沟沟头地形示意图

经过走访一位老居民得知，此处沟头在约 40 年的时间内前进了 60m，沟宽达 15m，深度为 20m。也就是说沟头平均以 1.5m/a 的速率蚕食着塬面，侵占居民赖以生存的土地，速度相当惊人。

沟的右岸距离道路现在已不足 7m，紧挨道路的就是西峰区肖金中学，如不及早遏制沟壁扩张的势头，势必危害学校的安全。在沟的右岸有一处坍塌体长 15m、宽 2.5m、深达 20m，为 2008 年"5·12"地震后形成。沟头上方的道路也随着沟头前进逐年向北推移。相比较而言，沟头右岸的扩张比沟头左岸扩张速度快，由于左岸有居民的活动，居民将生活垃圾、建筑废料等杂物倾倒于沟中，一定程度上减缓了径流流速，削弱了冲刷作用力，起到了缓冲地表径流的作用，将垃圾集中倾倒在沟头位置，可压稳坡脚、缓冲径流。

（6）图 3-14 为西峰区陈户乡显胜铁楼沟头地形示意图。该村为陈户乡政府所在地,村子较大,在沟头不远处是一所中学。此处的地形比较典型,沟道自南向北延伸,沟头东西两侧均为耕地,沟头上方是一条东西走向的田间道路,向北 200m是居民的居住地。居住地到沟头间有一段长约 200m 的胡同,该胡同为径流通往沟头的通道。据考察,在 20 世纪 80 年代,这条田间道路是直的,现在由于沟头的溯源侵蚀,已经冲断了原来的道路,道路只能绕过沟头呈弧形,向北位移了 15m之多。在约 20 年的时间内沟头前进了 10.8m,沟头前进处宽度为 24.7m,深度为12m。

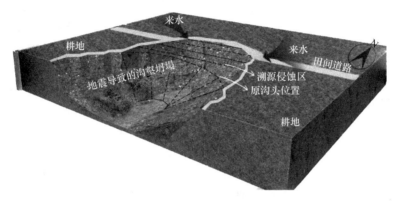

图 3-14 西峰区陈户乡显胜铁楼沟头地形示意图

每逢降雨,县级公路、中学和村庄硬化地面产生的径流大部分都经胡同流往此沟头,径流量巨大,是造成沟头迅猛前进的主要原因。

在沟头西岸还发现了直径约 1m 的陷穴,这是耕地中的积水下渗导致的,此陷穴在多次径流作用下将继续发育,发育到一定程度将促进沟壁的坍塌。此外,在 2008 年“5·12”地震作用下,沟左岸的沟壁有两处坍塌,坍塌体分别为长 22.5m、宽 1.5m、深 12m 和长 21m、宽 1.5m、深 20m。

沟头溯源侵蚀和沟壁扩张分别侵占了道路和毁坏了农田,造成的损失难以挽回,塬面土地资源十分宝贵,如不及时采取措施加以保护,那么溯源侵蚀会频繁发生,必将导致塬面土地大量减少,长此以往,后果不堪设想。

(7) 图 3-15 为庆阳市西峰区寨子乡老成村火巷沟沟头地形示意图。火巷沟的沟头前进和沟壁坍塌问题早就引起了当地水保部门及相关单位的关注,中央电视台和甘肃电视台已经多次报道,因为火巷沟已经延伸到西峰区城区,严重影响了市民的正常生活。火巷沟沟头以平均 3m/a 的速率前进,沟头部位宽度为 35m,深度为 30m,且边坡非常陡峻。

沟头自东向西延伸,沟头南岸距离果园最近处不足 80m,最远处仅有 150m,北岸距离居民小区居民楼仅 35m,按照沟头侵蚀的状况,这样的距离已经接近安

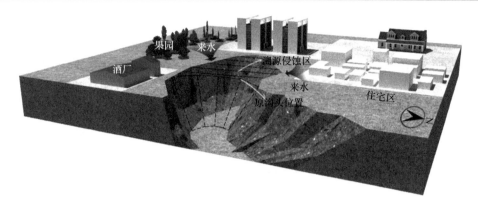

图 3-15　西峰区寨子乡老成村火巷沟沟头地形示意图

全极限，威胁到居民的安全。沟头上方距离建筑厂房仅有 60m。沟道东侧是一个老酒厂，距离沟边仅有 40m，酒厂的安全生产和经济效益受到了严重的影响。沿着沟道南岸向沟底方向还有一个饲料厂，通过人工开挖导致饲料厂周围沟壁陡直，没有加固措施，随时有滑坡的可能，有些地点已经禁止人们靠近，而且通往饲料厂的道路为土质路面，没有任何水保措施，每逢降雨，径流就会冲刷道路，雨量稍大就会无法通行，道路泥泞，这样的工厂选址和布局在一定程度上人为地加速了沟蚀过程。

沟头右侧的沟壁上有几个残存的果窖，在塬畔以下 10m 处，完整的果窖应该在沟道的侧壁，果窖前部还应有一定的空间，10m 宽的院落供人们行走或运输苹果，现在的果窖由于滑塌，深度不及原来的一半，由此可以推断侧壁扩张的严重性。

火巷沟发生如此严重的沟头溯源侵蚀和沟壁扩张是因其靠近沟头附近，西峰区街区大面积积水及生活污水的排放，集水效率很高。火巷沟附近的城区大面积积水一部分通过城市排污管道集中排向火巷沟，另一部分通过硬化地面汇水从沟头流向火巷沟。在大量急速的径流冲刷下，沟头受到严重的溯源侵蚀，沟壁不断扩张，沟底发生下切侵蚀。

现在有关部门采取了较为有效的治理措施，在塬面修建了直达沟底的排水管道，避免径流冲刷塬面、沟坡及沟底，但是还是避免不了对沟底的下切侵蚀。有关部门还积极利用建筑废料回填沟头，沟头已经回填了 30m，北岸居民小区位置已经回填了 3m。由此可见，回填的效果还是明显的，对于固体废弃物的合理堆放，可以和"固沟保塬"结合起来，达到双赢的目的。值得指出的是，为了防治沟道剧烈的下切侵蚀，可以将沟底的小湫加大规模形成淤地坝，使其蓄存较多的径流、拦截相当数量的泥沙，抬高侵蚀基准面来缓解沟底的下切。

(8) 图 3-16 为庆阳市宁县和盛镇范家村水沟沟头地形示意图。此沟头自南向北延伸到村庄内部,是庆阳市宁县和盛镇范家村危害最大的沟头,沟头上方相连的是村内主干道,道路为南北走向,与沟头右岸平行的同样为南北走向的村中道路,与主干道在沟头处交汇。

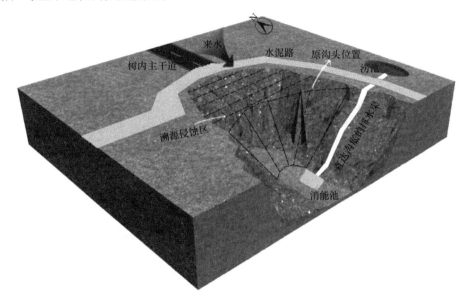

图 3-16　宁县和盛镇范家村水沟沟头地形示意图

沟头与最近的农户院墙距离仅为 18m,根据走访调查得知,沟头约 40 年内从原沟头向北前进了 61.6m,侵蚀沟宽度为 12.5m,沟深为 10.5m。延伸后的沟头还在中间残留孤立的黄土墙。根据沟壁上残留的树根可以推断,沟谷右岸的道路由于沟岸的滑塌侵蚀,已经向东推移了 5.5m。

村庄屋顶和道路的硬化地面集雨作用强,径流自沟头北面道路而来,因此在雨量多的年份沟头受到的水流冲刷力比较大,溯源侵蚀非常严重。为了阻挡径流冲刷沟头,村民们自发沿沟边修建了防护墙,防护墙长约 380m、高 1.5m、厚度约 40cm,有效阻挡了径流直接冲刷沟头和沟岸,达到了分离径流的目的。为了进一步拦蓄径流,村民还在沟头东侧塬面上修建了涝池,尽可能把径流拦蓄到塬面上,使其缓慢下渗,不至于危害沟头。但是,由于集雨面积较大,涝池难以容纳大量径流,村民又采取了进一步的措施,把涝池多余的水通过水泥渠道直接排到沟底,这样一来,径流大部分被引进涝池,通过水渠直接流到沟底,不会冲刷沟壁和沟头部位,阻止了溯源侵蚀的发生。这种较为系统的防护措施在董志塬是非常有效的水土保持工程措施,设计巧妙而且易于施工。例如,在董志塬修筑涝池时,最好离沟边 50~100m,并注意保证工程质量充分考虑储水后渗透和塌陷等情况。

(9) 如图 3-17 所示,宁县太昌镇上肖村沟头自南向北延伸至村庄内部,沟头三面被村内道路环绕，其中右岸的道路为村内的主干道，是主要的汇流通道。由于沟头溯源侵蚀严重，沟头已经侵蚀到了原来的农户住房，致使农户搬迁，且进一步破坏了北面的道路，直接威胁到北面其他农户的住房安全。

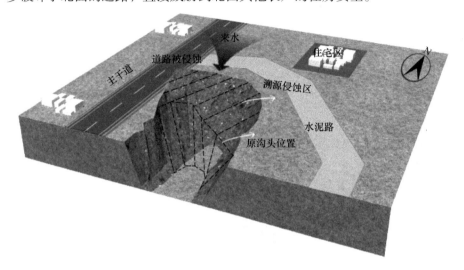

图 3-17　宁县太昌镇上肖村沟头地形示意图

据调查，沟头约 10 年内前进了 13m，前进部分宽 12.6m、深 12m，沟头平均前进速率为 1.6m/a。沟头右岸道路已经随着沟壁的扩张遭到破坏，路面损毁，路旁树木悬空，威胁到村民的正常通行和房屋院墙的安全。现在右岸的道路路面宽度不到 5m，而且沟岸距离道路以西的农户院墙仅有 6.5m，如不及时采取治理措施，沟头前进将会威胁农户院墙及房屋的安全。以这样的趋势继续下去，经过 50 年村庄就会被沟分割成两半，因此沟头防治工程的实施迫在眉睫。

特大暴雨对沟头溯源侵蚀的作用是非常明显的，2006 年 7 月 1 日至 2 日的特大暴雨，径流由村庄的主干道路汇集经沟头流入沟底，造成非常严重的坍塌，沟头底部宽 2m 有余。

目前，此处沟头还没有采取有效的治理措施，修建涝池的难度比较大，因为沟头周围直接被道路和村民住房包围，所以没有空余的地方修建涝池。这种情况下，应该在其他地方修建涝池，通过排水沟或者水渠把径流引入涝池入渗，减少沟头的径流量，减轻沟头排水负担。当然还要根据村内的实际情况，总结村民的经验和方法加以治理。

(10) 图 3-18 为宁县太昌镇上肖村沟头地形示意图。此沟头位于上肖村村庄外部，沟头自西向东延伸，沟头上方是一条通往村庄的道路，由于沟头溯源侵蚀，道路已经被沟头吞噬，路面宽度不足 2m，以致车辆无法通过。道路以东紧挨的是耕地，耕地相对路面高出将近 1m，在耕地与道路之间形成了土坎，因此想要将道路向耕地方向推移都相当困难。沟头南北两侧植被良好，分别为树林和果园。

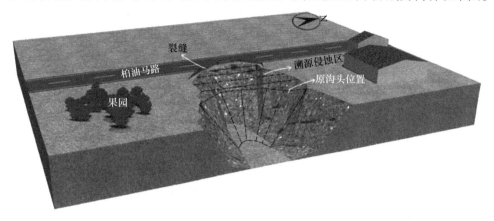

图 3-18　宁县太昌镇上肖村沟头地形示意图

　　此处的溯源侵蚀是典型的裂缝诱发型，地表径流来自沟头西面大面积耕地降雨时的超渗产流，在耕地与沟头之间有一个高差，增大了径流能量，冲刷力较强。据调查，沟头在约 10 年的时间里前进了 16m，沟头前进部分宽 3m、深8m。2000 年 7 月，沟头南岸紧靠道路的位置被冲出一条大切沟，切沟走向与道路平行，长约 30m、宽 4m、深 8m。

　　目前，此处也未采取任何防治措施，在这种情况下，沟头还未彻底将道路切断，应该及时将沟头填埋，确保村民能够方便通行。这种地形条件，不宜修建涝池等蓄水措施，应该修建水渠等排水措施将径流引走或直接排入沟底。

3.3　董志塬流域几何特征对沟头溯源侵蚀的影响

　　董志塬属于半干旱大陆气候，又受东南季风和西南季风影响，具有季风及大陆性气候的双重特点，年降雨量为 500～600mm，多年平均降雨量为 548mm。该地区气候特点多变，降水年际变化大，年内分配极不均衡，7～9 月降雨量占全年的 58.8%，且多数为暴雨，径流带有泥沙量较大。据统计，董志塬年径流量达0.96 亿 m³，平均年径流深度为 35mm，多年平均径流模数为 35000m³/(km² · a)，7～9 月的径流量占年径流总量的 61%。

　　降雨量对沟头溯源侵蚀有很大影响，相关调查表明，董志塬沟头前进往往是少数几场暴雨引起的，尤其是高强度降雨引发的洪水常常造成沟头一次性前进数米甚至数十米，一般降雨不会造成沟头前进。沟头汇水流量除与暴雨的时空分布和集水区域内土壤的前期含水量有关，还与流域自身特性，如面积大小、集水区域形状、比降、土质和植被情况等密切相关，这些因素共同影响集水区域的产汇流大小。对于董志塬不同典型沟头的集水区域，可以粗略地认为除面积大小和形状不同外，其余特性相同或相似。除了降雨量的影响，沟头集水区域的几何特征，如流域汇水面积、流域长度、流域形状系数等也会对沟头溯源侵蚀产生影响。

3.3.1 流域几何特征

1. 流域面积

流域面积指流域分水线包围的平面投影面积，在水文上也称集水面积。集水区域的空间尺度不尽相同，大的流域面积一般可达到几十万平方公里，而沟道小流域的集水面积可以小于1km^2，甚至更小(景可等，2007)。流域面积直接影响沟头来水量及径流的形成过程，对于自然条件相似的两个或者多个地区，一般流域面积越大的地区，其沟头来水量越丰富，对径流的调节作用也越大，洪水过程相对较为平缓；流域面积越小，流量也越小，如遇短时暴雨易形成陡涨陡落的洪水过程(徐宗学等，2009)。

流域面积的常规测量方法是在大比例尺地形图上依据等高线分布绘制流域分界线，然后用求积仪量算得出。本书通过 GIS 在 1∶10000 地形图上依据塬面等高线分布绘制出各个典型沟头的流域分界线,进一步生成典型沟头的流域面要素，最后对面要素进行投影变换得出典型沟头流域面积。

2. 流域长度

流域长度就是流域轴长，即流域出口断面至分水线的最大直线距离。以流域出口为中心向河源方向作一组不同半径的同心圆，在每个圆与流域分水线相交处作割线，各割线中点的连线长度即为流域长度。流域越长，水的流程就越长，径流不易集中，洪峰流量较小；反之，径流容易集中，洪水威胁大(徐宗学等，2009)。

3. 流域形状系数

一般采用流域形状系数表示其形状特征。流域面积与其长度平方的比值称为流域形状系数。

$$Ke = F \cdot L^{-2} \tag{3-1}$$

式中，Ke 为流域形状系数；F 为流域面积(km^2)；L 为流域长度(km)。

扇形流域的形状系数较大，狭长形流域的形状系数则较小。流域形状系数大时，表明流域外形接近方形，水量集中较快；流域形状系数小时，表明流域外形接近长条形，水量集中较慢(徐宗学等，2009)。流域形状主要分为狭长形，如羽毛形、竹叶形；一般形，如橘叶形；肥胖形，如扇形、梨形、圆形。

3.3.2　典型沟头流域几何特征对沟头溯源侵蚀的影响

通过对约 50 年内沟长变化大于等于 25m 的 48 个沟头进行典型分析(附录 E)，在 1∶10000 地形图上对沟头流域面积、流域长度和流域形状系数进行量取。

1. 汇水面积对沟头溯源侵蚀的影响

在董志塬地区 48 个典型的活动沟头中，沟头前进长度在 21～100m，平均前进长度为 37m，沟头汇水面积在 0.14～8.69km²。侵蚀沟的发展形成需要一定的集水区域，而集水区域面积又在一定程度上决定侵蚀沟的前进长度。沟头前进长度的影响因素是多方面的，除与暴雨的时空分布和集水区域内土壤前期含水量有关外，还与流域面积大小、集水区域形状、比降、土质和植被情况等密切相关，通过对 48 个不同典型沟头汇水面积与沟头前进长度进行相关性分析可知,沟头前进长度与集水区域的汇流面积具有较好的相关性，两者成指数函数关系，相关系数为 0.675。

$$y = 27.727e^{0.1684x} \tag{3-2}$$

图 3-19 为沟头前进长度与汇水面积关系图。可以看出，汇水面积对于沟头前进速率有很大影响，汇水面积越大，沟头来水量越充足，越容易引起沟头溯源侵蚀。汇水面积不但影响沟头来水量，还对沟头径流的形成过程有一定影响。集水区域大的沟头，一方面容易汇集大量径流对沟头造成冲刷侵蚀；另一方面，由于汇流面积大，能够对典型暴雨引起的洪水进行一定的调节，使洪水过程相对较平

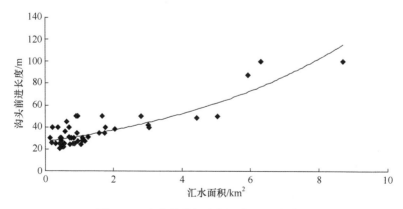

图 3-19　沟头前进长度与汇水面积关系图

缓，对沟头溯源侵蚀起到一定的抑制作用。汇水面积对沟头溯源侵蚀的促进和抑制作用是同时进行的，对于汇水面积较大的典型沟头来讲，其促进作用大于抑制作用，也就是说汇水面积大的沟头，越易引发沟头溯源侵蚀。

2. 流域长度对沟头溯源侵蚀的影响

流域长度决定了地面上的径流到达沟头所需的时间，不同流域长度对沟头溯源侵蚀具有一定影响，在面积越大的流域中越容易体现出来。通过对 48 个典型沟头的计算，分析流域长度对沟头溯源侵蚀的影响，点绘出流域长度与沟头前进长度的关系，如图 3-20 所示。流域长度与沟头前进长度之间存在临界地形的正反比关系。沟头前进最大值对应的流域长度较小，而流域长度最大值出现在沟头前进长度为 50m 左右的区域。当沟头前进长度大于 50m 时，两者成反比，当沟头前进长度小于 50m 时，两者成正比。对于比较狭长的流域，不考虑流域内其他因素，沟头来水汇流时间长、典型暴雨造成的洪峰流量较小，沟头溯源侵蚀强度较小；反之，径流容易集中，沟头来水量大，沟头溯源侵蚀强度越大。

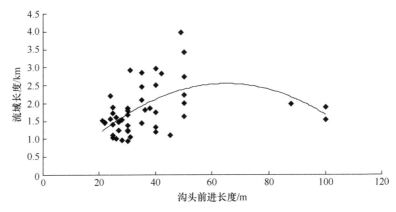

图 3-20　沟头前进长度与流域长度关系

3. 流域形状系数对沟头溯源侵蚀的影响

流域形状系数对沟头溯源侵蚀具有很大的影响。通过对 48 个不同典型沟头流域形状系数与沟头前进长度相关性分析可知，沟头前进长度与流域形状系数具有较好线性关系(图 3-21)，其关系式为 $y=27.408x+24.365$，相关系数为 0.659。

由图 3-21 可以看出，沟头前进长度随流域形状系数的增大而增大，流域形状系数大表明流域外形接近方形，容易形成簸箕形集流地形，这种流域水量集中较快，来水量也大，沟头溯源侵蚀强度大；流域形状系数小表明流域外形接近长条形，水量集中较慢，来水量也较小，溯源侵蚀强度较小。

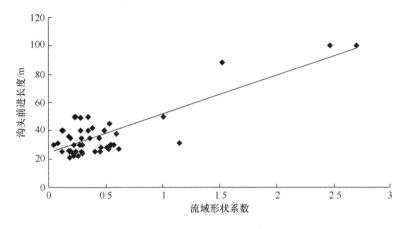

图 3-21　沟头前进长度与流域形状系数关系图

3.4　本 章 小 结

本章以黄土高塬沟壑区董志塬沟头为研究对象，采用野外实地调查与 GIS 分析结合的方法，调查沟头溯源侵蚀分布特征、沟头前进速率，归纳沟头溯源侵蚀的诱发类型，揭示沟头汇水区域的空间几何特征与溯源侵蚀的关系，探讨沟头溯源侵蚀与其影响因素的内在联系，为董志塬塬面综合治理提供科学依据。主要研究结论如下。

(1) 董志塬沟头溯源侵蚀具有典型的区域差异性，这种差异性主要体现在地形和人为因素的影响上。约 50 年内(截至 2011 年)沟头溯源侵蚀平均速率可达 0.32m/a，西峰区侵蚀沟头数量最多，侵蚀状况最为严重，董志塬溯源侵蚀强度在各县(区)的大小为西峰区>宁县>庆城县>合水县。

(2) 野外调查分析沟头形态对溯源侵蚀的影响主要表现在活动沟头处拥有跌水陡坎，沟壁垂直陡峭、多裂缝，沟头底部下切、沟壁掏空严重，沟底有明显的水流痕迹和较新的崩塌沉积物，沟头附近多陷穴；稳定沟头沟壁较平缓，无跌水陡坎，沟头一般具有防护墙，沟内植被生长良好。

(3) 基于沟头前进速率的大小，将董志塬沟头溯源侵蚀强度分为 5 级：微度侵蚀面面积 79.596km², 占塬面面积的 8.3%；轻度侵蚀面面积 427.115km², 占塬面面积的 44.5%；中度侵蚀面面积 333.745km², 占塬面面积的 34.8%；强度侵蚀面面积 73.447km², 占塬面面积的 7.7%；极强度侵蚀面面积 46.177km², 占塬面面积的 4.8%。

(4) 除了降雨量的影响，沟头汇水面积、流域长度和流域形状系数也会对沟头溯源侵蚀产生影响。汇水面积与沟头前进长度呈指数函数关系，相关系数为

0.675。汇水面积大的流域一方面汇集大量径流对沟头造成冲刷侵蚀；另一方面，能够对暴雨洪水进行一定的调节。对于典型沟头流域，汇水面积越大，越易造成沟头溯源侵蚀；集水流域长度与沟头前进长度存在临界地形的正反比关系，即沟头前进长度大于 50m 时，两者成反比，当沟头前进长度小于 50m 时，两者成正比；沟头前进长度与流域形状系数具有较好线性关系，相关系数为 0.659。沟头前进长度随流域形状系数的增大而增大，流域形状系数大时，水量集中较快，来水量也大，沟头溯源侵蚀强度大。

第4章 沟头土体理化性质变化及根系分布特征

4.1 沟头土体理化性质变化

4.1.1 不同植被盖度退耕地沟头土体理化性质变化

各试验小区土壤类型相同、地理条件相似，然而随着退耕年限及退耕植被的恢复，土壤容重、孔隙度、颗粒组成、水稳性团聚体、崩解速率、入渗系数、有机质含量等土壤理化性质及土壤中根系密度均产生了较大的变化(郭明明等，2016)。

1. 土壤颗粒组成、容重及孔隙度变化

图 4-1 为塬面(FAL 处理)和沟头(CAL 处理)不同盖度小区土壤颗粒组成情况，FAL 处理样地砂粒(粒径为 0.05~2mm)含量为 9.98%~21.40%，粉粒(粒径为 0.002~0.05mm)含量为 67.79%~74.72%，黏粒(粒径<0.002mm)含量为 10.81%~17.01%。与裸地相比，FAL 处理退耕地砂粒增大 0.085~1.140 倍，粉粒和黏粒分别减少 0.24%~0.72%和 8.95%~36.42%。对于 CAL 处理，砂粒、粉粒、黏粒变化分别为 5.15%~11.34%、72.16%~75.70%和 15.53%~19.14%。CAL 处理砂粒含量较 FAL 处理平均降低 29.63%，粉粒和黏粒则平均增加 1.69%和 19.30%。可能是在相同径流条件下，退耕地植被地上部分使径流流速减缓，植被根系及腐殖质的作用使土壤抗蚀性增强，同条件下的径流挟沙能力就会大大降低，只能剥离搬运更为细小的颗粒，因此退耕地表层土壤粉粒和黏粒含量相对减小。

图 4-2 为不同盖度小区土壤容重(bulk density，BD)和土壤孔隙度(soil porosity，SP)变化特征。由图可知，FAL 和 CAL 处理土壤容重分别为 1.157~1.331g/cm³、1.161~1.342g/cm³，均随植被盖度增大而减小。与裸地相比，两种处理各样地土壤容重分别减小 1.84%~13.07%和 1.67%~13.49%，可能是由于退耕后人为扰动减少，根系的理化作用促进了大团聚体形成，使土壤孔隙度增加。统计分析表明，与裸地相比，盖度增至最大时土壤容重显著减小($P<0.05$)。李强等(2013)对丘陵沟壑区研究表明不同撂荒年限土壤容重差异不显著，但显著小于裸地，与本小节结果存在一定差异，这可能与撂荒时间及土壤物质组成有关。土壤孔隙度与容重相反，FAL 和 CAL 处理土壤孔隙度分别为 49.77%~56.34%、49.35%~56.18%，均随植被盖度增大而增大，与裸地相比，两种处理土壤孔隙度分别增加 0.69%~

13.20%和 0.95%～13.84%。与裸地相比，盖度最大(V)时土壤孔隙度显著增大($P<0.05$)。

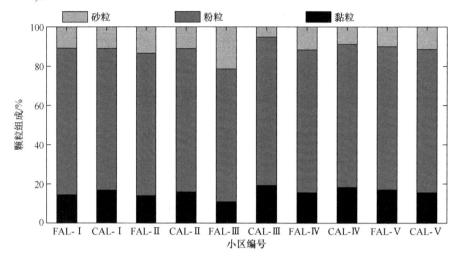

图 4-1 不同盖度小区土壤颗粒组成

Ⅰ、Ⅱ、Ⅲ、Ⅳ、Ⅴ分别表示裸地、0、20%、50%及 80%盖度退耕地

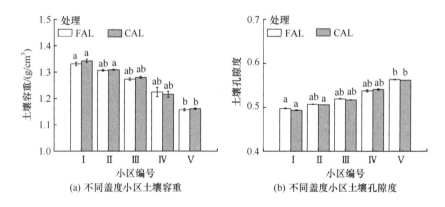

图 4-2 不同盖度小区土壤容重和土壤孔隙度

2. 土壤入渗性能的变化

土壤入渗性能是土壤基本物理性质之一。图 4-3 为 FAL 和 CAL 处理不同盖度土壤渗透系数。整体上，各土壤入渗过程呈持续降低后稳定的趋势，入渗过程符合 Horton 入渗模型 $f = f_s + (f_0 - f_s)\exp(-t)$，其中 f_s 为稳渗率，f_0 为初始渗透率，t 为入渗时间(min)，稳渗率又称渗透系数。土壤入渗过程拟合模型参数如表 4-1 所示，各土壤拟合入渗方程决定系数 $R^2 \geqslant 0.67$，$P<0.05$。对于两个处理，各样地

初始渗透率为 2.26～3.84mm/min 和 2.09～3.55mm/min；稳渗率为 0.99～2.45mm/min 和 0.79～1.95mm/min，随着盖度的增大而增大。与裸地相比，FAL 处理稳渗率增大 0.60～1.47 倍，CAL 处理稳渗率增大 21.52%～146.84%。

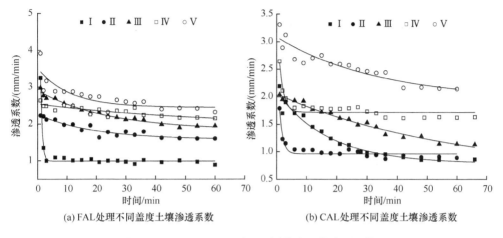

(a) FAL 处理不同盖度土壤渗透系数　　　　(b) CAL 处理不同盖度土壤渗透系数

图 4-3　FAL 和 CAL 处理不同盖度土壤渗透系数

表 4-1　Horton 入渗方程参数统计

参数	FAL					CAL				
	I	II	III	IV	V	I	II	III	IV	V
f_s	0.99	1.58	1.84	1.95	2.45	0.79	0.96	1.04	1.32	1.95
f_0	3.84	2.26	2.91	2.55	3.51	2.09	3.01	2.05	3.55	3.09
λ	1.88	0.052	0.043	0.018	0.091	0.059	0.92	0.17	0.71	0.03
R^2	0.97	0.89	0.97	0.67	0.71	0.96	0.92	0.98	0.88	0.85

3. 土壤崩解速率的变化

土壤崩解性能是指土壤在静水中发生分散、破碎、塌落和强度减弱的现象，是评价土壤侵蚀严重程度的一项重要指标(李喜安等，2009)。土壤崩解性能用土壤崩解速率(soil disintegration，SD)表示，土壤崩解速率越大，土壤在水中越易被分散破碎，更多分散土壤颗粒被径流侵蚀搬运，崩解速率主要受土壤颗粒组成、孔隙和裂隙结构及颗粒团聚状况的影响(李强等，2013；蒋定生等，1995)。不同盖度小区土壤崩解速率如图 4-4 所示。随着退耕地盖度增大，FAL 和 CAL 土壤崩解速率呈阶梯式显著降低($P<0.05$)，与裸地相比，分别减少 31.93%～79.16%和 14.31%～70.65%。这是由于随着植被盖度的增加，植物根系密度增加，土壤结构、养分及酶活性等均不同程度增加，尤其是根系的网络串联、根土黏结和根系生物化学作用越明显，从而使土壤结构性能得到加强(Abdi et al., 2010; Zhou et al., 2010;

Gyssels et al., 2005)。

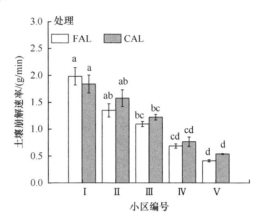

图 4-4 不同盖度小区土壤崩解速率

4. 土壤团聚体含量变化

土壤团聚体团聚作用的强弱影响着土壤颗粒间黏聚力的大小，也影响着土壤抵抗径流冲刷破坏的能力(陈安强等，2011)。表 4-2 为不同 FAL 和 CAL 处理各盖度小区样地土壤团聚体含量。FAL 处理>5mm 团聚体含量随盖度增大而增大，2～5mm、1～2mm 和 0.5～1mm 团聚体则变化不大，0.25～0.5mm 和<0.25mm 团聚体与盖度呈线性关系(P<0.05)。与裸地相比，>5mm 和 2～5mm 团聚体含量分别平均增大 3.64 倍和 0.14 倍，其余粒径级别(由大到小)平均减小 0.45%、3.13%、2.79%、32.65%。CAL 处理>5mm 团聚体含量随着盖度增大而增大，2～5mm 和 1～2mm 团聚体无显著性变化，其余粒径级别团聚体含量均随盖度增大以线性方式减小(P<0.05)。与裸地相比，退耕地>5mm 团聚体含量增大 3.82～6.83 倍，其余粒径级别团聚体则分别平均降低 1.28%、23.43%、42.93%、37.36%及 27.75%。

表 4-2   各盖度小区样地土壤团聚体含量 (单位：%)

粒径级别	FAL					CAL				
/mm	I	II	III	IV	V	I	II	III	IV	V
>5	5.22	14.25	18.76	26.23	37.49	5.14	24.79	30.87	33.72	40.25
2～5	8.15	6.91	9.43	10.65	10.07	7.81	8.53	8.35	6.85	7.13
1～2	8.55	9.41	8.85	8.47	7.32	9.43	6.88	7.80	7.54	6.66
0.5～1	9.54	10.28	11.59	8.09	7.00	14.43	9.16	8.63	7.74	7.42
0.25～0.5	8.83	10.29	9.96	8.20	5.87	12.73	10.75	6.83	7.90	6.40
<0.25	59.72	48.87	41.42	38.37	32.25	50.45	39.89	37.52	36.25	32.14

粒径≥0.25mm 的水稳性团聚体含量反映土壤抵抗水力分散的能力，是土壤抗

侵蚀性的评价指标之一(李强等，2013)。不同盖度小区水稳性团聚体含量如图 4-5 所示。退耕后土壤水稳性团聚体含量显著增加($P<0.05$)，随着植被盖度增加团聚体含量缓慢增加。FAL 和 CAL 处理各盖度样地土壤团聚体含量均与裸地显著不同($P<0.05$)，对于 FAL 退耕地，Ⅳ和Ⅴ样地≥0.25mm 的水稳性团聚体含量与Ⅰ和Ⅱ样地差异显著($P<0.05$)，CAL 处理只有最大盖度与Ⅰ和Ⅱ样地有显著差异($P<0.05$)。与裸地相比，FAL 和 CAL 处理水稳性土壤团聚体含量平均增加 27.24%和 50.48%。FAL 和 CAL 处理团聚体分形维数随盖度增大而减小，变化分别为 2.65～2.79 和 2.66～2.76，平均重量直径 MWD 则随盖度增大而增大，分别为 0.93～2.49mm 和 0.95～2.52mm(表 4-3)。这也表明随着盖度增大，根系改良土壤结构性作用更为明显，使得土壤团聚作用加强，团聚体粒径逐渐变大。

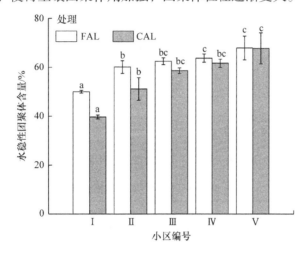

图 4-5　不同盖度小区水稳性团聚体含量

表 4-3　各盖度小区样地土壤水稳性团聚体指标统计

参数	FAL					CAL				
	Ⅰ	Ⅱ	Ⅲ	Ⅳ	Ⅴ	Ⅰ	Ⅱ	Ⅲ	Ⅳ	Ⅴ
分形维数	2.79	2.77	2.74	2.72	2.65	2.76	2.75	2.74	2.73	2.66
平均重量直径/mm	0.93	1.33	1.63	2.00	2.49	0.95	1.85	2.14	2.22	2.52

5. 土壤根系分布特征及有机质含量变化

随着植被盖度的增加，土壤中根系积累越多，根系网络串联、根土黏结和生物化学作用就越强(李强等，2013)。不同盖度小区根系密度和生物量如图 4-6 所示。随盖度的增加，根系生物量和根系密度增加，对于 FAL 和 CAL 处理，根系生物量为 1.02～9.62kg/m³、0.42～8.53kg/m³。与 0 盖度相比，FAL 和 CAL 根系生物

量分别增加 1.84～8.42 倍和 4.78～19.16 倍;两个处理根系密度分别为 7.10～63.05
条/100cm²、5.90～58.40 条/100cm²,根系密度分别增加 1.96～7.88 倍和 2.85～8.90
倍。FAL 和 CAL 处理有机质含量分别为 3.00～9.67g/kg、3.13～9.22g/kg(表 4-4)。
与裸地相比, Ⅱ样地有机质含量增加 26.88%和 15.36%,但未达到统计学显著差
异水平($P>0.05$)。随着盖度增大,土壤表层枯落物及根系含量增加使土壤中有机
质含量显著增加($P<0.05$),增幅分别为 70.12%～222.70%和 59.20%～194.88%。

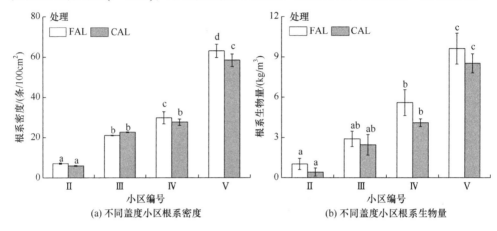

(a) 不同盖度小区根系密度　　　　　　(b) 不同盖度小区根系生物量

图 4-6　不同盖度小区根系密度和生物量

表 4-4　各盖度小区样地土壤有机质含量　　　　　　(单位: g/kg)

试验处理	小区编号				
	Ⅰ	Ⅱ	Ⅲ	Ⅳ	Ⅴ
FAL	3.00±0.32a	3.80±0.72a	5.10±0.28b	6.15±0.17b	9.67±0.40c
CAL	3.13±0.09a	3.61±0.13a	4.98±0.12ab	7.09±0.59bc	9.22±1.03c

6. 退耕地土壤抗冲性变化

土壤抗冲性系数及根系增强系数如图 4-7 所示。土壤抗冲性是指土壤抵抗外
应力机械破坏作用的能力,是土壤抗侵蚀性能的重要方面(De Baets et al., 2007)。
如图 4-7(a)所示,对于 FAL 处理,各盖度小区抗冲性系数为 0.033～0.280L/g,0
盖度退耕地土壤抗冲性与裸地无显著差异($P>0.05$),可能是由于撂荒时间过短,
抗冲性未明显提高。随着盖度的增加,抗冲性显著增大($P<0.05$),增幅可达 2.31～
7.57 倍。CAL 处理各样地土壤抗冲性系数分别为 0.028～0.230L/g,随盖度增加显
著增加($P<0.05$),与裸地相比,分别增加 0.99 倍、2.06 倍、3.27 倍和 7.12 倍。出
现以上结果的原因有三个:第一,退耕后植物根系在土壤中穿插、缠绕形成根系
网,通过网络串联作用固结土壤(李强等, 2013),从而提高抗径流冲刷能力。第
二,随着植被枯落物及根系在土壤中的积累,根系促进土壤颗粒的团聚作用,使

土壤水稳性团聚体增加，增强了土壤水稳性。团聚体的形成使土壤孔隙度增加，土壤容重减小，渗透性提高，从而提高土壤抗冲性(Liu et al., 2001; Pierce et al., 1983)。第三，植物根系在撂荒过程中产生的分泌物、多糖等大分子胶结物质，通过这种生物化学作用能够增加土壤微生物活性，提高土壤抗崩解能力及有机质含量，改善土壤的理化性质，创造较为稳定的土体构型，进一步提高土壤抗冲性(Zhou et al., 2010, 2005; Gyssels et al., 2005)。总之，随着植被盖度的增加，根系的物理固结效应、网络串联效应、根土黏结效应和生物化学效应得到显著加强，从而使土壤的抗冲性显著提升。

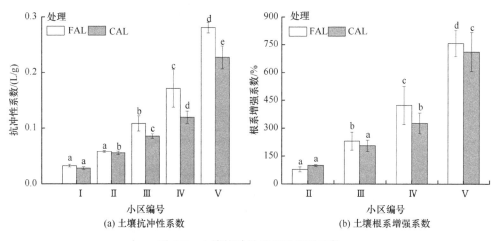

图 4-7　土壤抗冲性及根系增强系数

植物根系对土壤抗冲性的增强效应主要通过根系提高土壤抗冲力，增进土壤渗透性，建造抗冲性土体构型的物理性质(周维等, 2006)。图 4-7(b)为两种处理各样地土壤根系增强系数的变化。FAL 和 CAL 处理根系增强系数分别为 78.24%～759.21%和 99.43%～716.16%，随着盖度增加，根系增强系数显著增大($P<0.05$)。除 0 盖度样地外，其余盖度条件下 FAL 根系增强作用均较 CAL 处理高。这也表明，植被根系的固结、网络串联、根土黏结和生物化学效应削弱了径流冲刷土壤的能力，表现为根系丰富的坡面提高土壤抗冲性的效果显著(吕刚等, 2014)。

4.1.2　不同土地利用方式下沟头土体理化性质变化

1. 土壤颗粒组成特征

图 4-8 为裸地、草地和灌草地沟头土体 0～120cm 层不同土层黏粒(粒径<0.002mm)、粉粒(粒径为 0.002～0.05mm)及砂粒(粒径为 0.05～2mm)的土壤颗粒组成，图 4-9 为不同土地利用方式下沟头土体 0～120cm 层土壤颗粒组成。

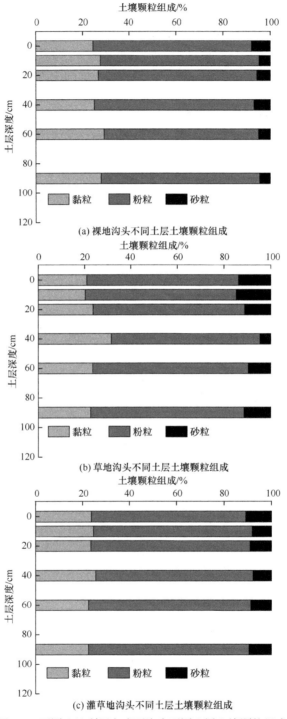

(a) 裸地沟头不同土层土壤颗粒组成

(b) 草地沟头不同土层土壤颗粒组成

(c) 灌草地沟头不同土层土壤颗粒组成

图 4-8　不同土地利用方式下沟头不同土层土壤颗粒组成

　　裸地黏粒含量变化范围为 24.42%～29.11%，粉粒含量变化范围为 65.96%～68.17%，砂粒含量变化范围 4.43%～7.88%；草地和灌草地黏粒、粉粒、砂粒含量变化范围分别为 20.25%～31.58% 和 22.51%～25.60%、63.78%～67.00% 和 65.34%～68.80%、4.65%～14.75% 和 7.85%～10.90%。根据国际土壤分级标准可知，裸地、草地及灌草地沟头土体土壤质地均属于粉砂质壤土或粉砂质黏壤土(黏粒含量为 15%～25%/25%～45%，粉粒含量为 45%～75%/45%～85%，砂粒含量为 0～40%/30%)。由图 4-8 可知，随土层深度的增大，裸地黏粒、粉粒含量具有先减后增的变化趋势，草地和灌草地黏粒、粉粒含量均表现为先增后减的趋势。相应地，裸地砂粒含量随土层深度的增加变化，草地、灌草地砂粒含量则表现为先减后增的趋势。裸地黏粒、粉粒含量均在 0～10cm 层最小，分别为 24.42%、65.96%，砂粒含量在 0～10cm 层达到最大，为 7.88%；草地和灌草地，黏粒、粉粒含量均在 40～60cm 层达到最大，相应地，砂粒含量在 40～60cm 土层处最小。由图 4-9 可知，与裸地相比，草地和灌草地的黏粒、粉粒含量均有所降低，降幅分别为 11.3% 和 11.1%、10.9% 和 9.6%；砂粒含量增加了 18.1% 和 16.8%。草地的颗粒组成变化幅度均比灌草地稍大。可见，草地、灌草地土壤黏性均有所降低。

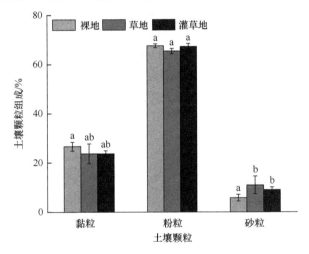

图 4-9　不同土地利用方式下沟头土壤颗粒组成

2. 土壤容重及孔隙度特征

　　图 4-10 为不同土地利用方式下沟头 0～120cm 土层内土壤容重及土壤孔隙度随土层深度的变化过程及平均值特征。

　　裸地沟头土体土壤容重变化范围为 1.16～1.43g/cm³，草地和灌草地容重变化范围分别为 1.27～1.34g/cm³ 和 1.21～1.27g/cm³。裸地沟头土体土壤孔隙度为 46.1%～56.2%，草地、灌草地土壤孔隙度分别为 49.4%～52.1%、51.4%～54.3%。

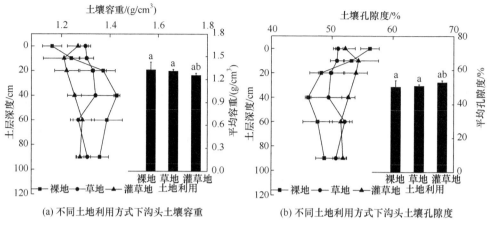

(a) 不同土地利用方式下沟头土壤容重　　　　(b) 不同土地利用方式下沟头土壤孔隙度

图 4-10　不同土地利用方式下沟头土壤容重及土壤孔隙度

由图 4-10 可知，随土层深度的增大，裸地土壤容重呈先增大后减小的趋势，且表层的土壤容重最小，这与耕作活动密切相关，同时，表层对应最大土壤孔隙度为 56.2%。草地、灌草地土壤容重随土层深度的变化过程较为复杂，土壤容重与根系随土层深度的分布特征存在紧密联系。当土层深度 ≥20cm 时，裸地容重均大于草地和灌草地。孔隙度随土层深度的变化与容重完全相反。就沟头土体平均容重而言，裸地平均容重最大，为 1.32g/cm³，平均孔隙度最小，为 50.0%。草地和灌草地沟头平均土壤容重降低，降幅为 1.2% 和 5.4%；相应地，草地和灌草地沟头土壤平均孔隙度增加，增幅为 1.2% 和 5.4%。分析发现不同土地利用方式下的土壤容重、孔隙度差异性均不显著。

3. 土壤渗透系数特征

图 4-11 为不同土地利用方式下沟头土体渗透系数随土层深度的变化过程及平均值特征。由图 4-11 可以看出，裸地沟头土体渗透系数随土层加深表现为先减小后保持稳定的变化趋势；草地和灌草地沟头土体则表现为先增大后减小的趋势。裸地沟头土体土壤渗透系数变化范围为 15.80～34.55mm/h，最大渗透系数出现在裸地表土层 0～10cm，与裸地表层土体松散，土壤孔隙度大有关，最小渗透系数出现在 20～40cm 土层，该土层已接近或到达犁底层。草地和灌草地土体渗透系数变化范围分别为 24.55～48.59mm/h 和 32.16～51.53mm/h，最大渗透系数均出现在 10～20cm 土层，这与草地和灌草地根系在 10～20cm 土层的密集分布特征相关，随着土层的加深，土体内根系含量降低，土壤渗透系数才表现出降低趋势。不同土地利用方式下裸地沟头土体平均渗透系数最小，为 26.36mm/h；草地居中，为 33.93mm/h；灌草地最大，为 42.13mm/h。相对裸地沟头土体而言，草地和灌草地沟头土体平均渗透系数分别增加了 28.72% 和 59.83%。

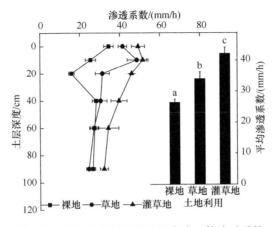

图 4-11　不同土地利用方式下沟头土体渗透系数

4. 土壤崩解速率特征

图 4-12 为不同土地利用方式下沟头土体崩解速率随土层深度的变化过程及平均值。由图 4-12 可以看出，裸地沟头土体崩解速率随土层加深表现为先减小后增加趋势；草地、灌草地则均表现为波动性增大的趋势。裸地沟头土体土壤崩解速率变化范围为 1.63～2.52g/s，最大崩解速率出现在裸地表土层 0～10cm，最小崩解速率出现在 40～60cm 土层。草地和灌草地土体崩解速率变化范围分别为 0.18～1.00g/s 和 0.10～1.64g/s。草地崩解速率在 60～90cm 土层达到最大，灌草地最大崩解速率出现在 90～120cm 土层。不同土地利用方式下裸地沟头土体平均崩解速率最大，为 2.05g/s；灌草地居中，为 0.74g/s；草地沟头土体平均崩解速率最小，为 0.54g/s。相对裸地沟头土体而言，灌草地沟头土体平均崩解速率降低了 63.90%，草地沟头土体平均崩解速率则降低了 73.66%。

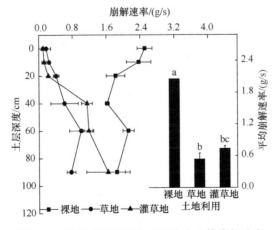

图 4-12　不同土地利用方式下沟头土体崩解速率

5. 土壤团聚体含量特征

图4-13为不同土地利用方式下沟头土体土壤各径级(<0.25mm、0.25～0.5mm、0.5～1mm、1～2mm、2～5mm、>5mm)团聚体含量随土层深度的变化。由图4-13可以看出，裸地沟头土体土壤团聚体均以径级<0.25mm的微团聚体为主，其含量变化范围为52.20%～66.69%，径级>5mm的水稳性团聚体含量最小，变化范围为1.00%～3.60%；随土层深度的增大，各径级土壤团聚体含量整体变化不大，基本保持稳定趋势。草地、灌草地沟头土体径级<0.25mm的团聚体含量随土层深度的增加均表现为先减小后增大的趋势，径级>5mm的水稳性团聚体含量随土层加深先增大后减小，变化范围为0.62%～33.01%，并分别在土层深度为20cm和10cm处达到最大。在沟头土体40～120cm土层，草地、灌草地径级>5mm的水稳性团聚体含量与裸地基本一致，变化范围为0.62%～3.81%。其他径级水稳性团聚体含量随土层加深变化并不明显。

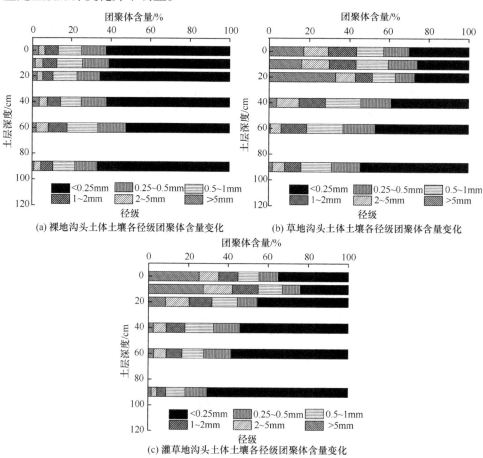

图4-13　不同土地利用方式下沟头土体土壤各径级团聚体含量随土层深度的变化

不同土地利用方式下沟头土体各径级土壤团聚体含量如图 4-14 所示。裸地、草地及灌草地沟头土体均以径级<0.25mm 的微团聚体为主，裸地上径级>5mm 的水稳性团聚体含量最小，草地和灌草地上径级 2～5mm 的水稳性团聚体含量最低。径级为>5mm、2～5mm、1～2mm 的水稳性团聚体含量均表现为草地沟头土体最大，裸地最小。草地和灌草地径级>5mm、2～5mm 与 1～2mm 的水稳性团聚体含量较裸地分别增加了 4.36 倍和 4.03 倍、1.37 倍和 1.11 倍与 0.67 倍和 0.33 倍。径级为 0.5～1mm、0.25～0.5mm 的水稳性团聚体含量表现为草地沟头土体最大，灌草地最小，3 种土地利用方式下沟头土体变化范围为 11.8%～15.5%、11.1%～13.9%。径级<0.25mm 的微团聚体含量表现为裸地沟头土体最大，灌草地居中，草地最小，草地和灌草地沟头土体径级<0.25mm 的微团聚体含量较裸地分别降低 39.79%和 22.59%。统计发现，裸地、草地和灌草地沟头土体径级≥0.25mm 的水稳性团聚体含量分别为 38.29%、62.84%和 52.23%，较裸地沟头而言，草地和灌草地沟头径级≥0.25mm 的水稳性团聚体含量显著增加，增幅可达 36.41%～64.12%。

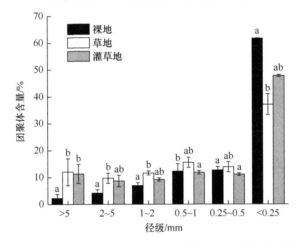

图 4-14 不同土地利用方式下沟头土体各径级土壤团聚体含量

6. 土壤有机质含量特征

图 4-15 为不同土地利用方式下沟头土体有机质含量随土层深度的变化过程和平均值。由图 4-15 可知，裸地沟头土体有机质含量变化范围为 0.42～3.52g/kg，随土层深度增大先减小后保持稳定；草地、灌草地沟头土体有机质含量变化范围分别为 4.28～12.33g/kg、7.56～14.55g/kg，二者土壤有机质含量随土层深度的增大均表现为先增大后减小的趋势，草地沟头最大有机质含量出现在 10～20cm 层，灌草地沟头土体最大有机质含量出现在 20～40cm 层。草地、灌草地沟头土体有

机质含量最小值均出现在 90～120cm 层，即取样的最深土层。裸地沟头土体平均有机质含量最低，为 1.32g/kg，草地平均有机质含量居中，为 8.65g/kg，灌草地平均有机质含量最大，为 11.89g/kg。草地和灌草地沟头土体平均有机质含量较裸地分别增大了 5.55 倍和 8.01 倍。

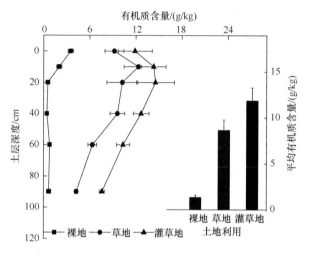

图 4-15　不同土地利用方式下沟头土体有机质含量

4.2　沟头土体根系分布特征

4.2.1　不同植被盖度沟头土体根系分布特征

1. 地上生物量变化

图 4-16 为 3°坡和 6°坡各小区植被地上生物量，由图可知不同盖度小区之间差异显著($P<0.05$)，3°坡 20%盖度小区地上生物量为 0.42kg/m²，略小于 6°坡，50%和 80%盖度小区地上生物量分别为 1.03kg/m² 和 2.14 kg/m²，均高于 6°坡。回归分析表明两坡度地上生物量与盖度之间均呈极显著线性关系(R^2 为 0.97 和 0.98，$P<0.01$)。

2. 根系在不同土层的分布

根系在土层中的分布情况决定不同深度土壤抗侵蚀能力，沟头溯源过程中 0～20cm 土层先被侵蚀形成台阶，然后逐渐下切和溯源形成沟道。因此，将 0～20cm 和 20～120cm 土层根系分布状况进行分析，研究其对沟头溯源的影响。

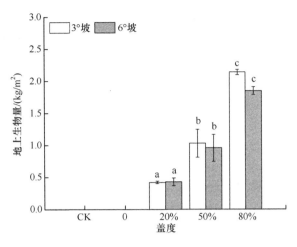

图 4-16　不同盖度小区地上生物量

表 4-5 和表 4-6 分别为不同盖度小区 0～20cm 和 20～120cm 土层的根系特征参数。

表 4-5　不同盖度小区 0～20cm 土层的根系特征参数

盖度/%	3°坡			6°坡		
	根系密度 /(10^3 条/m^3)	生物量 /(kg/m^3)	根长密度 /(m/m^3)	根系密度 /(10^3 条/m^3)	生物量 /(kg/m^3)	根长密度 /(m/m^3)
0	16.58±2.59a	2.15±0.05a	2582±101a	10.25±4.59a	1.53±0.35a	1960±198a
20	32.29±11.25b	4.87±1.14a	6189±1107b	37.08±2.83b	7.37±0.06b	7858±56b
50	54.71±21.04b	10.34±1.74b	12628±685b	59.88±15.62c	9.82±0.24bc	11461±697bc
80	131.25±39.95c	16.45±1.2c	26073±2356c	71.67±12.37c	11.09±2.24c	13204±1407c

表 4-6　不同盖度小区 20～120cm 土层的根系特征参数

盖度/%	3°坡			6°坡		
	根系密度 /(10^3 条/m^3)	生物量 /(kg/m^3)	根长密度 /(m/m^3)	根系密度 /(10^3 条/m^3)	生物量 /(kg/m^3)	根长密度 /(m/m^3)
0	6.13±1.61a	1.80±0.96a	862±44a	3.68±2.65a	0.78±0.51a	744±595a
20	5.80±3.46a	1.17±0.34a	802±362a	7.27±0.8b	1.61±0.32b	1216±84ab
50	10.23±0.13a	1.94±0.14a	2077±638b	11.23±4.18bc	2.01±0.87bc	1689±43b
80	7.15±707a	1.46±0.59a	1498±313ab	13.52±6.41c	2.30±0.43c	2276±382c

　　对于 0～20cm 土层，3°坡和 6°坡根系密度为 16.58×10^3～131.25×10^3 条/m^3 和 10.25×10^3～71.67×10^3 条/m^3，3°坡 20%和 50%盖度小区根系密度差异不显著，但

与 0 和 80%盖度小区差异显著。随盖度增加，6°坡小区根系密度之间差异性减弱，但均随盖度增大而增大，二者线性关系极显著($P<0.01$)。盖度越大根系生物量之间差异性越大，两坡度各小区生物量分别为 2.15～16.45kg/m³ 和 1.53～11.09kg/m³，3°坡 50%和 80%盖度小区生物量显著高于其他小区。除 20%盖度小区外，6°坡其余小区生物量均小于 3°坡。比较根长密度发现，3°坡 0～50%盖度小区根长密度是 6°坡的 0.79～1.32 倍。3°坡和 6°坡 20%～80%盖度小区根长密度与 0 盖度小区差异显著，分别是其 2.40～10.10 倍和 4.01～6.74 倍。

对于 20～120cm 土层，3°坡各小区根系密度之间无显著差异($P>0.05$)，6°坡各盖度之间有显著差异($P<0.05$)。同样，3°坡各小区根系生物量为 1.17～1.94kg/m³，随盖度变化不显著($P>0.05$)，6°坡则呈现一定的差异性，生物量随盖度增大而增大。3°坡和 6°坡小区根长密度分别为 862～2077m/m³ 和 744～2276m/m³，3°坡各小区之间差异基本不显著($P>0.05$)，而 6°坡各小区之间差异达显著水平($P<0.05$)，且根长密度与盖度之间线性关系为极显著($P<0.01$)。

3. 不同直径根系在土层中的分布

根系主要通过根系的网络、固结及其分泌物等与土壤之间发生多种物理化学反应提高土壤抗侵蚀能力，从而改变土壤理化性质和土体构造。不同直径的根系对土壤抗冲性的影响不同，刘国彬(1998)认为 0.1～0.4mm 直径的根系表面积可以反映土壤抗冲性，李勇等(1998)认为单位面积上直径≤1mm 的根系数量与土壤抗冲性关系最密切，Zhou 等(2005)认为单位土体根系总表面积是表征土体稳定性的优选指标。因此，本书将根系直径分为>2mm、1～2mm、0.5～1mm 及<0.5mm 4 个径级，研究其在不同土层中的根系密度、生物量及根长密度的变化及其对径流产沙的影响。表 4-7 和表 4-8 分别为 3°坡和 6°坡不同盖度小区 0～20cm 和 20～120cm 土层中不同径级根系密度。

表 4-7　0～20cm 土层各小区不同径级根系密度　　　　　　　　　(单位: 10³ 条/m²)

径级/mm	3°坡				6°坡			
	0	20%	50%	80%	0	20%	50%	80%
>2	0.25±0.12aA	1.25±0.4aAB	1.96±0.4aAB	2.71±1.47aB	0.21±0.06aA	2.04±0.18aB	1.58±0.9aAB	1.83±0.47aB
1～2	1.88±0.18bA	10.20±0.3bcAB	18.04±4bAB	26.38±15.1cB	1.75±0.12bA	12.21±10.0bB	17.38±9.96bB	17.46±4.18bB
0.5～1	1.83±0.71bA	6.96±0.53bAB	4.13±2.89aA	12.29±4.18bB	1.17±0.82bA	12.58±2.36bB	5.46±1.71aA	6.00±2.36aA
<0.5	12.36±2.18cA	13.92±1.44cA	30.58±13.3cA	89.88±19.2dB	7.13±3.71cA	10.25±1.3bA	35.46±3.0cB	46.38±5.36cC

注: 不同小写字母表示不同根系径级之间差异显著，不同大写字母表示不同盖度之间差异显著，表 4-8～表 4-12 同。

表 4-8　20～120cm 土层各小区不同径级根系密度　　　　　　（单位：10³ 条/m³）

径级/mm	3°坡				6°坡			
	0	20%	50%	80%	0	20%	50%	80%
>2	0.44±0.34aA	0.22±0.02aA	0.35±0.14aA	0.47±0.09aA	0.13±0.05aA	0.32±0.12aA	0.42±0.4aAB	0.73±0.26aB
1～2	0.43±0.05aA	0.39±0.18aA	0.78±0.08aB	0.58±0.1aAB	0.27±0.24aA	0.74±0.2aAB	0.63±0.1aAB	1.43±0.89aB
0.5～1	0.68±0.05aAB	0.46±0.06aA	0.75±0.21aAB	0.83±0.09aB	0.49±0.44aA	0.56±0.22aA	0.89±0.46aA	1.45±0.59aB
<0.5	4.57±1.27bA	4.73±3.21bA	8.35±0.14bA	5.28±0.79bA	2.78±1.93bA	5.65±0.9bAB	9.29±3.64bB	9.91±4.68bB

由表 4-7 可知，3°坡和 6°坡各个小区 0～20cm 土层中根系密度并未随根径的减小而增大，<0.5mm 和 1～2mm 径级根系密度最大。对于 3°坡，盖度越大根系密度越大，但 0、20%及 50%盖度之间差异却不显著($P>0.05$)，80%盖度小区各级根系密度只与 0 盖度小区差异显著($P<0.05$)；对于 6°坡，1～2mm 和<0.5mm 径级根系密度随盖度增大而增大；>2mm 和 0.5～1mm 径级根系密度随盖度变化不明显，在盖度为 20%时最大。

由表 4-8 可知，整体上，两坡度各小区根系密度随根系直径减小而增大，比较相同小区不同根系直径根系密度之间差异性发现，所有小区 20～120cm 土层中>2mm、1～2mm 及 0.5～1mm 径级根系密度之间差异均不显著($P>0.05$)，它们与<0.5mm 径级根系密度之间差异尤为显著($P<0.05$)。对于 3°坡，0 盖度小区各径级根系密度均大于 6°坡，而 20%～80%盖度小区根系密度大多小于 6°坡。比较同一径级不同盖度小区根系密度之间差异性发现，对于 3°坡，整体上各个盖度之间差异不明显。对于 6°坡，各个径级根系密度随盖度增大显著增大($P<0.05$)，其中 80%盖度小区 1～2mm 和<0.5mm 径级根系密度与 0 盖度小区差异显著($P<0.05$)；对于 0.5～1mm 径级根系直径，80%盖度小区与 0～50%盖度小区之间差异显著；对于>2mm 直径根系，0～50%盖度小区之间差异不显著($P>0.05$)，80%与 0 和 20%盖度小区之间差异显著($P<0.05$)。

表 4-9 和表 4-10 分别为 3°坡和 6°坡各小区 0～20cm 和 20～120cm 土层中不同径级根系生物量。对于 0～20cm 土层，坡度为 3°时，生物量随根系直径的减小呈先增大后减小的趋势，所有小区 1～2mm 根系生物量最大，分别为 0.63kg/m³、2.37kg/m³、5.28kg/m³ 和 7.02kg/m³，>2mm 和 1～2mm 径级根系生物量差异不显著($P>0.05$)，0.5～1mm 和<0.5mm 径级根系生物量差异不显著，但 1～2mm 径级根系生物量与 0.5～1mm 和<0.5mm 均存在显著性差异($P<0.05$)。

表 4-9　0～20cm 土层各小区不同径级根系生物量　　　　　　　（单位：kg/m³）

径级 /mm	3°坡				6°坡			
	0	20%	50%	80%	0	20%	50%	80%
>2	0.54±0.02abA	1.13±0.58abA	3.46±0.8bB	4.45±0.6bB	0.36±0.1abA	1.76±0.3aB	2.74±0.3bBC	3.34±0.69bC
1～2	0.63±0.05bA	2.37±0.76bA	5.28±1.48bB	7.02±0.53bB	0.59±0.1bA	2.85±0.2bB	4.85±0.04cC	5.20±1.34cC
0.5～1	0.50±0.05aA	0.84±0.07aA	0.86±0.36aA	2.72±0.04aB	0.32±0.1abA	1.51±0.3aB	1.30±0.02aB	1.38±0.1abB
<0.5	0.48±0.01aA	0.53±0.12aA	0.75±0.18aA	2.26±0.02aB	0.26±0.1aA	1.25±0.2aB	0.93±0.08aB	1.17±0.11aB

表 4-10　20～120cm 土层各小区不同径级根系生物量　　　　　　（单位：kg/m³）

径级 /mm	3°坡				6°坡			
	0	20%	50%	80%	0	20%	50%	80%
>2	1.35±0.94bA	0.76±0.24bA	1.07±0.15bA	1.01±0.62bA	0.51±0.29bA	0.97±0.27bAB	1.18±0.42bB	1.37±0.05bB
1～2	0.18±0.01aAB	0.16±0.03aA	0.50±0.23aB	0.19±0.03aAB	0.11±0.1aA	0.31±0.01aAB	0.41±0.25aB	0.48±0.3aB
0.5～1	0.12±0.01aA	0.11±0.02aA	0.15±0.04aA	0.11±0.01aA	0.08±0.07aA	0.14±0.02aA	0.18±0.08aA	0.18±0.08aA
<0.5	0.14±0.03aA	0.14±0.05aA	0.22±0.02aA	0.14±0.01aA	0.08±0.06aA	0.19±0.03aA	0.24±0.11aA	0.26±0.1aA

　　分析不同盖度小区根系生物量之间的差异性，坡度为 3°时对于>2mm 和 1～2mm 径级根系，50%和 80%盖度小区与 0 和 20%盖度小区之间差异显著($P<0.05$)；对于 0.5～1mm 和<0.5mm 径级根系，0、20%及 50%盖度小区之间差异均不显著($P>0.05$)，但与 80%盖度小区差异显著($P<0.05$)。坡度为 6°时，1～2mm 径级根系生物量显著高于其他径级；<0.5mm 径级根系生物量最小，盖度为 0 和 20%时，只与 1～2mm 径级根系生物量有显著差异($P<0.05$)，盖度为 50%和 80%时，只与 0.5～1mm 径级根系生物量差异不显著($P>0.05$)。整体上，盖度越大，各直径根系生物量越大，0 盖度各径级生物量与其他盖度之间差异显著($P<0.05$)。

　　对于 20～120cm 土层，坡度为 3°时，>2mm 径级根系生物量最大，0.5～1mm 径级根系生物量最小，1～2mm、0.5～1.0mm 及<0.5mm 径级之间差异不显著($P>0.05$)，但>2mm 径级根系差异显著($P<0.05$)，各覆盖小区>2mm 根系生物量是其他径级根系生物量的 7.5～11.3 倍、4.8～6.9 倍、2.1～7.1 倍和 5.3～9.2 倍。除 50%与 20%盖度 1～2mm 径级根系生物量之间差异显著外，其余均不显著。坡度为 6°时，1～2mm、0.5～1mm 及<0.5mm 径级根系生物量之间无显著差异($P>0.05$)，但与>2mm 径级根系生物量之间差异显著($P<0.05$)。对于>2mm 径级根系，0 盖度与其他小区之间差异显著($P<0.05$)，但各盖度 0.5～1mm 和<0.5mm 径级根系生物量之间差异均不显著($P>0.05$)。

　　表 4-11 和表 4-12 分别为 3°坡和 6°坡不同盖度小区 0～20cm 和 20～120cm 土层中不同径级根系根长密度。对于 0～20cm 土层，坡度为 3°时，0～80%盖度小

区>2mm 径级根系根长密度与其余直径存在显著差异($P<0.05$)，0 盖度小区 1～2mm 和 0.5～1mm 径级根长密度无显著差异($P>0.05$)，50%和 80%盖度小区不同径级根系之间差异显著($P<0.05$)。整体上，大多数径级的根系根长密度随盖度增大而增大，80%盖度各直径根长密度与 0 和 20%盖度之间存在显著差异($P<0.05$)。坡度为 6°时，50%和 80%盖度小区各径级根系根长密度差异均显著($P<0.05$)，比较不同盖度之间的差异性发现，除<0.5mm 直径根系根长密度随盖度增大而增大外，其余直径根系随盖度变化不明显。0 盖度>2mm、1～2mm 及 0.5～1mm 径级根系根长密度与其他盖度差异显著($P<0.05$)。

表 4-11　0～20cm 土层各小区不同径级根系根长密度　　　(单位: m/m³)

径级 /mm	3°坡				6°坡			
	0	20%	50%	80%	0	20%	50%	80%
>2	22±9aA	165±62aB	357±118aC	366±222aC	30±13aA	259±21aB	207±142aB	227±66aB
1～2	446±65bA	2107±548bAB	3335±1256cB	5379±2699cC	386±78bA	2487±127bcB	3267±1544cC	3184±2cC
0.5～1	450±74bA	2035±342bB	1034±687bA	3305±1203bC	321±236bA	3394±662cC	1519±553bB	1454±567bB
<0.5	1664±29cA	1882±1375bA	7904±766dB	17024±1139dC	1223±103cA	1718±574bA	6469±445dB	8339±640dC

表 4-12　20～120cm 土层各小区不同径级根系根长密度　　　(单位: m/m³)

径级 /mm	3°坡				6°坡			
	0	20%	50%	80%	0	20%	50%	80%
>2	152±139aAB	84±6aA	155±48aAB	178±33ab	49±19aA	129±54aB	156±10aB	282±99aC
1～2	133±27aA	138±32aA	157±56aA	142±17aA	77±84aA	218±64aB	166±16aAB	422±216aC
0.5～1	163±23aAB	108±50aA	186±61aB	173±38aB	110±96aA	128±58aA	204±85aB	323±87aC
<0.5	414±99bA	473±287bA	1580±682bC	1006±92bB	508±396bA	742±37bB	1164±102bC	1250±20bC

对于 20～120cm 土层，2 个坡度各小区<0.5mm 径级根系的根长密度显著高于其他根系径级，分别是其他径级根系的 2.54～10.19 倍和 2.96～10.37 倍。比较各盖度之间根长密度差异性发现，对于 3°坡，不同盖度小区>2mm、1～2mm 及 0.5～1mm 径级根长密度之间整体上均不显著，20%～80%盖度<0.5mm 径级根长密度差异显著($P<0.05$)。对于 6°坡，80%盖度小区>2mm、1～2mm 及 0.5～1mm 径级根长密度与其他小区存在显著差异，0 和 20%盖度小区<0.5mm 径级根长密度差异不大，但与 50%和 80%盖度小区差异均显著($P<0.05$)。

4.2.2　不同土地利用方式下沟头土体根系分布特征

不同土地利用方式小区塬面地上生物量见表 4-13。由表 4-13 可知，草地沟头地上生物量在 1.0kg/m² 附近变动，而灌草地沟头地上生物量均大于 1.0kg/m²。灌草地沟头地上生物量较草地提高了 45.76%，首先，灌草地上植被盖度较草地高，其次，灌草地上分布有酸枣等灌木植物，其干重远大于禾本科植被。

表 4-13　不同土地利用方式小区塬面地上生物量　　　（单位：kg/m²）

土地利用方式	样方 1	样方 2	样方 3	样方 4	平均值
裸地	—	—	—	—	—
草地	0.987	1.060	1.120	0.996	1.041
灌草地	1.543	1.522	1.486	1.517	1.517

不同土地利用方式下，不同径级根系密度、根系生物量及根长密度分别见表 4-14～表 4-16。

表 4-14　不同径级根系密度　　　（单位：10³ 条/m³）

土地利用方式	>2mm	1～2mm	0.5～1mm	<0.5mm
裸地	—	—	—	—
草地	0.35±0.04a	0.47±0.07a	1.05±0.13a	7.93±0.32a
灌草地	1.28±0.16b	0.54±0.11a	0.67±0.12b	4.78±0.47b

注：裸地沟头也分布有少量根系，但在测定根系特征参数时并未对其进行根径分级处理。

表 4-15　不同径级根系生物量　　　（单位：kg/m³）

土地利用方式	>2mm	1～2mm	0.5～1mm	<0.5mm
裸地	—	—	—	—
草地	0.69±0.06a	0.43±0.01a	0.26±0.07a	0.38±0.02a
灌草地	1.13±0.11b	0.47±0.13a	0.17±0.05b	0.22±0.02b

表 4-16　不同径级根系根长密度　　　（单位：m/m³）

土地利用方式	>2mm	1～2mm	0.5～1mm	<0.5mm
裸地	—	—	—	—
草地	257±22a	193±43a	212±62a	1459±326a
灌草地	463±74b	207±18a	117±29b	693±187b

由表 4-14 可知，草地沟头土体中 0.5～1mm 径级和<0.5mm 径级根系密度分别是灌草地相同径级根系密度的 1.57 倍和 1.66 倍，而>2mm 和 1～2mm 径级的根系密度是灌草地的 27.34% 和 87.04%。草地沟头土体径级<0.5mm 根系密度最大，径级>2mm 根系密度最小；灌草地沟头土体径级<0.5mm 根系密度最大，径级 1～

2mm 根系密度最小。由表 4-15 可知，灌草地沟头土体中径级>2mm 和 1～2mm 的根系生物量分别是草地的 1.64 倍和 1.09 倍；0.5～1mm 径级和<0.5mm 径级根系生物量分别是草地相同径级根系生物量的 65.38%和 57.89%。草地、灌草地沟头土体均以径级>2mm 根系生物量最大，0.5～1mm 径级根系的生物量最小。由表 4-16 可知，草地沟头土体中 0.5～1mm 径级和<0.5mm 径级根长密度分别是灌草地相同径级根长密度的 1.81 倍和 2.11 倍，>2mm 和 1～2mm 径级的根长密度是灌草地的 55.51%和 93.24%。草地沟头土体径级<0.5mm 根长密度最大，径级 1～2mm 根长密度最小；灌草地沟头土体径级<0.5mm 根长密度最大，径级 0.5～1mm 根长密度最小。

不同土地利用方式下沟头 0～120cm 层土体中的根系特征参数见表 4-17。由表 4-17 可知，草地沟头土体根系密度大于灌草地，较灌草地增大 33.97%，这与草地沟头土体中细根(径级<1mm)密度较大密切相关；灌草地沟头土体根系生物量大于草地，较草地增大 13.22%。草地沟头土体根长密度大于灌草地，较灌草地增大 69.02%。

表 4-17　不同土地利用方式下沟头根系特征参数

土地利用方式	根系密度/(10³ 条/m³)	生物量/(kg/m³)	根长密度/(m/m³)
裸地	0.77±0.08a	0.16±0.03a	97±13a
草地	9.82±0.14b	1.74±0.12b	1893±433b
灌草地	7.33±0.19b	1.97±0.26b	1120±225b

4.3　本章小结

本章研究了沟头土体理化性质及根系分布特征，得到以下几点结论。

(1) 3°坡和 6°坡各盖度小区地上生物量之间差异显著($P<0.05$)，与盖度之间呈增长的线性关系($P<0.01$)。不考虑根系分级时，在 0～20cm 土层中，3°坡和 6°坡根系密度、生物量及根长密度均随盖度增大而增大。在 20～120cm 土层中，3°坡各盖度小区根系密度、生物量及根长密度之间均无显著差异($P>0.05$)；6°坡各盖度小区根系密度、生物量及根长密度之间存在显著差异($P<0.05$)，且与盖度之间线性关系为极显著($P<0.01$)。

(2) 根系直径分级统计结果表明，在 2 个土层中，所有小区<0.5mm 径级根系密度均显著高于其他径级根系；0～20cm 土层 1～2mm 径级根系生物量最大，20～

120cm 土层>2mm 径级根系生物量显著高于其他径级；0～20cm 土层中>2mm 径级根长密度显著小于其余径级，20～120cm 土层中<0.5mm 径级根系根长密度最大，其余径级根长密度之间无显著差异。

(3) 与裸地相比，草地和灌草地沟头土体中黏粒、粉粒含量均有所降低，降幅分别为 11.3%和 11.1%、10.9%和 9.6%；砂粒含量增加了 18.1%和 16.8%。裸地沟头土体容重为 1.32g/cm^3，孔隙度 50.0%，草地和灌草地沟头土体容重较裸地沟头降低 1.2%和 5.4%，相应地孔隙度分别增加 1.2%和 5.4%。

(4) 裸地、草地和灌草地沟头土体平均渗透系数分别为 26.36mm/h、33.93mm/h 和 42.13mm/h。草地和灌草地沟头土体平均渗透系数较裸地沟头分别增加了 28.72%和 59.83%。

(5) 裸地、草地和灌草地沟头土体崩解速率分别为 2.05g/s、0.54g/s 和 0.74g/s；草地和灌草地沟头土体崩解速率分别较裸地降低了 73.66%和 63.90%。

(6) 裸地、草地及灌草地沟头土体均以<0.25mm 微团聚体为主，>5mm、2～5mm、1～2mm 团聚体含量均以草地沟头土体最大，裸地最小。裸地、草地和灌草地沟头土体≥0.25mm 水稳性团聚体含量分别为 38.29%、62.84%和 52.23%，草地和灌草地沟头≥0.25mm 水稳性团聚体含量较裸地沟头显著增加，增幅可达 36.41%～64.12%。

(7) 裸地、草地和灌草地沟头土体有机质含量分别为 1.32g/kg、8.65g/kg 和 11.89g/kg，草地和灌草地沟头土体有机质含量较裸地沟头分别增大了 5.55 倍和 8.01 倍。

(8) 草地沟头土体根系密度、根长密度均大于灌草地，较灌草地分别增大了 33.97%、69.02%；灌草地沟头土体根系生物量大于草地，较草地增大了 13.22%；草地、灌草地沟头土体<0.5mm 径级根系密度及根长密度均最大，而>2mm 径级根系生物量最大。

第5章 沟头溯源侵蚀产流产沙及泥沙颗粒变化特征

5.1 沟头溯源侵蚀产流特征

5.1.1 产流过程

1. 不同植被覆盖下的产流过程

图 5-1 为 3°坡不同盖度小区在 8~23m³/h 放水流量(分别对应第Ⅰ~Ⅵ场试验)下径流率随时间的变化,表 5-1 为 3°坡不同盖度小区径流特征值变化,统计各次试验径流率最大值、最小值(Max、Min)和变异系数(Cv)。整体上,各次试验径流率均随放水流量的增大而增大。由表 5-1 可知,对照小区各次试验径流率变化分别为 5.59~8.51m³/h、7.62~10.20m³/h、9.97~12.97m³/h、13.44~18.48m³/h、12.84~23.15m³/h 和 18.06~25.92m³/h,除第Ⅱ、Ⅲ场试验外,其余场次试验径流率最大值均超过放水流量。0 盖度径流率分别为 4.88~12.62m³/h、8.68~13.05m³/h、6.46~15.27m³/h、12.79~18.52m³/h、14.93~21.21m³/h 和 15.48~26.61m³/h,径流率最大值均超过放水流量,这说明试验过程中发生的重力崩塌滞流作用显著,崩塌发生时径流被暂时阻挡,当沟口阻挡土体被径流冲开后,单位时间内径流量突然加大。对于 20%~80% 盖度小区,由于植被的阻流作用,径流率最大值小于放水流量。20%盖度径流率最大值分别为 8.53m³/h、9.74m³/h、13.23m³/h、16.50m³/h、20.25m³/h 和 22.46m³/h;50% 盖度径流率最大值为 7.60m³/h、9.28m³/h、12.12m³/h、16.71m³/h、20.97m³/h 和 21.79m³/h;80%盖度径流率最大值分别为 7.48m³/h、9.92m³/h、11.48m³/h、18.25m³/h、18.31m³/h 和 21.63m³/h。随着盖度的增大,径流率最大值表现为降低趋势。

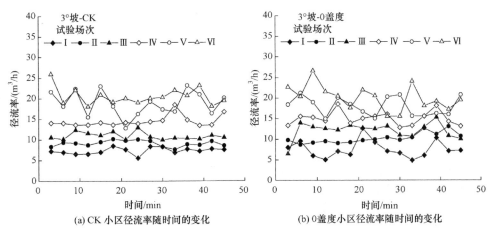

(a) CK 小区径流率随时间的变化　　　(b) 0盖度小区径流率随时间的变化

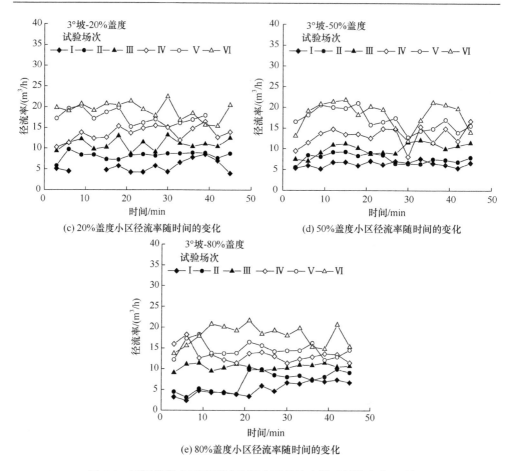

(c) 20%盖度小区径流率随时间的变化 (d) 50%盖度小区径流率随时间的变化

(e) 80%盖度小区径流率随时间的变化

图 5-1　不同盖度小区不同试验场次下径流率随时间的变化(3°坡)

表 5-1　3°坡不同盖度小区径流特征值变化

流量 /(m³/h)	CK			0			20%			50%			80%		
	Max /(m³/h)	Min /(m³/h)	Cv	Max /(m³/h)	Min /(m³/h)	Cv	Max /(m³/h)	Min /(m³/h)	Cv	Max /(m³/h)	Min /(m³/h)	Cv	Max /(m³/h)	Min /(m³/h)	Cv
8	8.51	5.59	0.79	12.62	4.88	2.09	8.53	3.98	1.48	7.60	5.17	0.69	7.48	2.37	1.66
11	10.20	7.62	0.74	13.05	8.68	1.25	9.74	5.85	0.92	9.28	5.58	1.16	9.92	3.10	2.45
14	12.97	9.97	0.91	15.27	6.46	2.06	13.23	8.72	1.39	12.12	7.05	1.56	11.48	9.07	0.72
17	18.48	13.44	1.38	18.52	12.79	1.69	16.50	10.28	1.75	16.71	8.08	2.32	18.25	11.36	1.81
20	23.15	12.84	3.04	21.21	14.93	2.33	20.25	15.06	1.69	20.97	12.78	2.52	18.31	12.14	1.81
23	25.92	18.06	2.08	26.61	15.48	3.08	22.46	15.42	2.04	21.79	11.92	3.24	21.63	13.64	2.50

从径流变异程度上看，由图 5-1 及表 5-1 可知，流量越大径流率变化越剧烈，且第Ⅰ场放水试验波动性较高,这是由于首次试验陡坡面土壤易被径流冲刷破坏,试验过程中径流波动性变化较为剧烈。第Ⅰ、Ⅱ场试验后，径流率变异系数随着

放水流量的增大表现出增大趋势，径流率变化越来越剧烈。对于 CK 处理，Cv 由 0.74 增大至 3.04，0～80%盖度处理变异系数分别为 1.25～3.08、0.92～2.04、0.69～3.24、0.72～2.50。由统计数值看出，各次试验径流率变异程度均在中等变异(Cv>0.1)以上。

图 5-2 为 6°坡不同盖度小区在 8～23m³/h 放水流量条件下径流率随时间的变化，表 5-2 为 6°坡不同盖度小区径流特征值变化。整体上，径流率随时间呈波动式变化，各次试验平均径流率均随放水流量的增大而增大。由表 5-2 可知，对照小区各次试验径流率变化分别为 3.67～8.50m³/h、6.90～10.81m³/h、7.43～12.97m³/h、9.43～13.78m³/h、14.71～23.89m³/h 和 13.49～50.19m³/h，第 I 、 V 、 VI 场试验径流率最大值均超过放水流量，第 VI 场试验最大值(50.19m³/h)是放水流量的 2.18 倍，这是由于沟头在试验第 7～15min 连续崩塌 5 次造成的。对于 0 盖度，第Ⅲ、Ⅵ次试验径流率最大值超过放水流量 7.71%～31.36%，随着盖度增大至 20%、50%和 80%，崩塌的规模大大减小，滞流时间缩短，因此径流蓄积时间相对缩短，径流率最大值也逐渐降低。

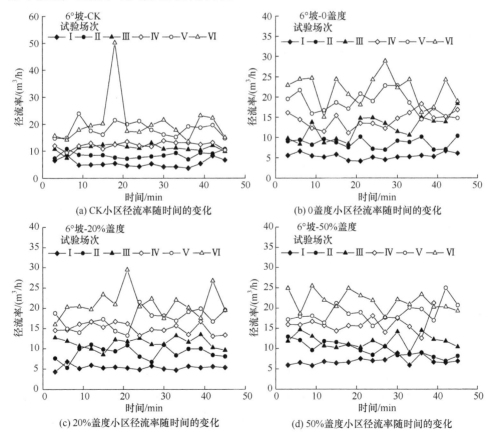

(a) CK小区径流率随时间的变化

(b) 0盖度小区径流率随时间的变化

(c) 20%盖度小区径流率随时间的变化

(d) 50%盖度小区径流率随时间的变化

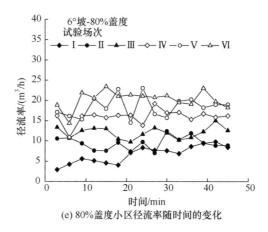

(e) 80%盖度小区径流率随时间的变化

图 5-2　不同盖度小区径流率随时间的变化(6°坡)

表 5-2　6°坡不同盖度小区径流特征值变化

流量/(m³/h)	CK			0			20%			50%			80%		
	Max/(m³/h)	Min/(m³/h)	Cv	Max/(m³/h)	Min/(m³/h)	Cv	Max/(m³/h)	Min/(m³/h)	Cv	Max/(m³/h)	Min/(m³/h)	Cv	Max/(m³/h)	Min/(m³/h)	Cv
8	8.50	3.67	1.44	6.69	4.18	0.73	6.77	4.29	0.58	8.92	5.77	0.94	9.80	2.92	2.13
11	10.81	6.90	1.18	10.38	6.96	1.22	10.94	5.27	1.64	12.92	6.92	1.78	12.41	6.98	1.62
14	12.97	7.43	1.33	18.39	8.35	3.02	13.43	8.49	1.40	14.66	8.96	1.71	15.02	9.72	1.46
17	13.78	9.43	1.21	18.31	11.12	2.06	16.69	13.02	1.32	21.25	12.54	2.12	19.17	10.89	1.78
20	23.89	14.71	2.82	22.84	14.53	2.78	21.49	13.22	2.38	24.96	15.55	2.34	22.98	14.52	2.56
23	50.19	13.49	8.76	28.87	15.03	3.88	29.46	16.01	3.46	25.46	17.70	2.34	23.43	14.40	2.17

从径流变异程度上看，由图 5-2 及表 5-2 可知，除 0、20%和 50%盖度第Ⅰ次试验外，其余试验 Cv 均大于 1，达到强变异水平。与对照小区相比，第Ⅰ、Ⅴ、Ⅵ场试验 0~80%盖度小区径流率波动性分别降低 1.38%~55.77%、15.67%~60.49%、16.93%~73.26%及 9.28%~75.21%，而其他场次试验波动性增大，这是由于植被小区陡坡面崩塌规模虽然减小，但崩塌次数增多，整个试验过程中波动性相对较为剧烈。

2. 不同土地利用方式下沟头径流过程

图 5-3 为不同土地利用方式沟头溯源侵蚀径流率变化过程。由图 5-3 可知，整体上，3 种土地利用方式下径流率随试验历时均表现为先增大，后持续波动的变化趋势。由 4.1.2 小节可知，灌草地沟头土体渗透系数最大，而裸地渗透系数最

小，沟头溯源侵蚀过程中，同一测量时段不同土地利用方式下的径流率整体上表现为裸地>草地>灌草地，但是也存在灌草地(草地)径流率大于裸地的现象，在G3H1.2 小区上，25～30min 出现了草地径流率大于裸地的现象，并在多个时段出现灌草地径流率大于草地的现象。在 G6H1.2 小区上，草地径流率大于裸地出现的次数增至 5 次，试验过程中也观察到灌草地径流率大于裸地的现象。例如，在105～110min，裸地沟头径流率为 10.19m³/h，而灌草地沟头径流率为 11.29m³/h，较裸地增大了 10.79%。在 G9H1.2 小区上，灌草地径流率大于裸地的次数增加至2 次，分别出现于 80～85min 和 85～90min。在 G3H1.5 小区上，试验过程中灌草地径流率大于裸地的次数增加至 4 次，均出现于 135～180min。可见，随着堨面坡度和沟头高度的增加，出现以上变异现象的次数有增大趋势。就径流率的波动特征而言，G9H1.2 小区 45～90min，裸地和灌草地沟头均出现径流率持续降低的现象，这是由 60～75min 2 种土地利用方式下沟头持续崩塌造成的。G9H1.2 小区120～150min 裸地和灌草地沟头径流率均呈剧烈减小后又大幅增加的现象，G3H1.5 小区裸地沟头径流率在 135～180min 呈现出的突增突降特征，均与几次较大规模的重力侵蚀有关。

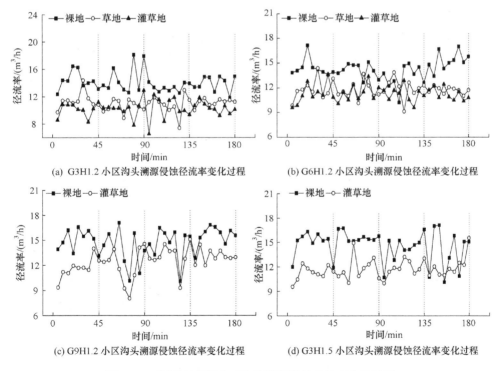

图 5-3 不同土地利用方式沟头溯源侵蚀径流率变化过程

不同土地利用方式下径流率的变化及其波动性均与溯源侵蚀过程中的崩塌、

滑塌等重力侵蚀现象有关。重力侵蚀发生时，失稳土体跌落沟底，一方面阻碍径流流动，并在一定范围内形成一道围壁，堵塞部分径流流动，改变径流流路，或发生径流蓄积，最终导致径流率明显降低。重力侵蚀导致径流含沙量显著增加，径流能量更多用于挟沙，流动过程受到一定的影响，也会使径流率有所降低。另一方面，沟头跌水持续冲击沟底土体，破坏并冲走跌落在沟道的土体，从而使蓄积的水流流出，径流率可瞬间增大。不同土地利用方式下，虽然土壤入渗特征存在显著差异，但是重力侵蚀事件的发生，使得径流过程发生了重大变化。

5.1.2　各因素对径流量的影响

1. 放水流量对径流量的影响

图 5-4 为不同盖度小区(3°坡和 6°坡)各场次试验径流量变化。3°坡各小区径流量随流量的增大呈阶梯式增大，对照小区径流量为 5.49～15.40m³，0～80%盖度小区分别为 5.65～15.03m³、3.65～14.39m³、4.75～13.65m³ 和 3.92～13.54m³。各盖度小区各场次试验径流量(Q)均与放水流量(q)呈极显著的线性关系($R^2 \geqslant 0.97$，$P < 0.01$)(表 5-3)。坡度为 6°时，各小区径流量分别为 5.01～15.20m³、5.17～16.26m³、4.05～16.35m³、3.99～15.81m³ 和 4.09～15.22m³。径流量与放水流量线性关系极显著($R^2 \geqslant 0.96$，$P < 0.01$)，植被覆盖拟合方程的斜率均大于 3°坡，这也表明坡度越大径流率越大，试验径流量也越大。相同条件下，6°坡各小区 6 次试验总径流量较 3°坡增大–0.02%～12.24%(盖度为 0 时，6°坡总径流量较 3°坡小)。

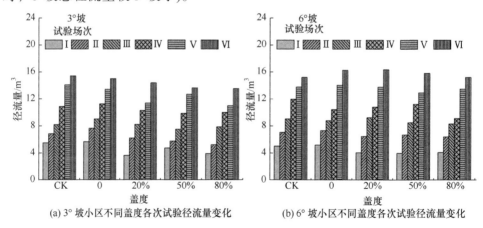

(a) 3° 坡小区不同盖度各次试验径流量变化　　　(b) 6° 坡小区不同盖度各次试验径流量变化

图 5-4　不同盖度小区(3°坡和 6°坡)各次试验径流量变化

表 5-3　不同盖度小区各次试验径流量与放水流量的关系

盖度	3°坡			6°坡		
	方程	R^2	P	方程	R^2	P
CK	$Q=0.71q-0.79$	0.98	<0.01	$Q=0.71q-0.59$	0.99	<0.01
0	$Q=0.63q+0.53$	0.99	<0.01	$Q=0.74q-1.09$	0.98	<0.01
20%	$Q=0.68q-1.50$	0.98	<0.01	$Q=0.81q-2.43$	0.99	<0.01
50%	$Q=0.65q-0.95$	0.97	<0.01	$Q=0.77q-2.04$	0.99	<0.01
80%	$Q=0.64q-1.39$	0.98	<0.01	$Q=0.74q-2.06$	0.96	<0.01

2. 盖度对径流量的影响

由图 5-4 可知，对于 3°坡，放水流量为 8~17m³/h 时，0 盖度径流量最大，高于对照 2.84%~12.08%，当放水流量>17m³/h 时，对照小区径流量最大。这是由于对照小区在流量为 20m³/h 和 23m³/h 时，沟道发育稳定，无明显崩塌发生，水流不断被集中流速加快，直接沿稳定的沟道流出小区，径流量稍大于 0 盖度。随着盖度的增大，表层根系较多，土壤中大孔隙也较多，与 0 盖度小区相比，地上部分对水流也有一定的阻滞作用，入渗量增加，径流量减小。对于 6°坡，除 14m³/h 和 17m³/h 放水流量外，0 盖度径流量高于对照 2.07%~7.00%，原因是坡度较大，对照小区在第Ⅲ~Ⅳ场试验沟道形成中无较大崩塌发生，当流量大于 17m³/h 时，尤其是第Ⅵ场试验，沟壁在第 7~15min 连续崩塌 5 次，造成径流被阻滞。

从整体上看，径流量随着盖度增大呈波动式下降趋势，对照小区既无覆盖也无根系，在进行方程拟合时，对照小区的盖度水平不能设置为 0，因此选择其余 4 个盖度进行拟合，结果如表 5-4 所示。除流量为 23m³/h 时，径流量与盖度(CD)线性关系显著外($R^2=0.90$，$P<0.05$)，其余均不显著。这是由于试验着重研究连续放水条件下沟道发育，各次试验起始地形条件均不一致，每场试验放水流量和盖度的相互作用对径流量的影响不同，这也是径流量随盖度变化不明显的原因。对 3°坡和 6°坡各次试验径流量与放水流量和盖度关系进行逐步回归分析，结果如式(5-1)和式(5-2)所示，径流量与二者关系均呈极显著线性关系($R^2≥0.98$，$P<0.01$)。

表 5-4　不同放水流量条件下小区各次试验径流量与盖度的关系

放水流量 /(m³/h)	3°坡			6°坡		
	方程	R^2	P	方程	R^2	P
8	$Q=-1.35CD+5.0$	0.27	0.475	$Q=-1.12CD+4.74$	0.45	0.31
11	$Q=-2.76CD+7.24$	0.86	0.072	$Q=-0.88CD+7.04$	0.55	0.26
14	$Q=-1.50CD+8.71$	0.64	0.198	$Q=-0.88CD+9.05$	0.57	0.25
17	$Q=-1.45CD+10.87$	0.66	0.187	$Q=-1.42CD+10.92$	0.30	0.46
20	$Q=-2.08CD+12.91$	0.41	0.361	$Q=-0.88CD+13.91$	0.42	0.35
23	$Q=-1.89CD+14.86$	0.91	0.05	$Q=-1.40CD+16.43$	0.90	0.05

$$Q = 0.65q - 1.84\text{CD} - 0.14, R^2 = 0.98, P < 0.01 \tag{5-1}$$

$$Q = 0.76q - 0.63\text{CD} - 1.30, R^2 = 0.99, P < 0.01 \tag{5-2}$$

3. 土壤理化性质对径流量的影响

径流是引起土壤侵蚀的动力条件，径流量除与盖度和放水流量关系密切外，土壤属性也是决定径流侵蚀状况的因素，由于各次试验除放水流量相同外，地形条件均不同，为了统一比较条件，将各个小区 6 次试验径流量作为研究基准分析其与土壤理化性质的相关关系。

表 5-5 为各小区径流量与土壤理化性质相关性。由表可知，径流量与砂粒、粉粒及黏粒之间无相关关系($P>0.05$)，与崩解速率(DR)和容重(BD)之间相关性达到极显著($P<0.01$)，与渗透系数 IC、有机质含量(MC)及 2～5mm 团聚体含量(WSA$_{2\sim5\text{mm}}$)之间相关性达到显著水平($P<0.05$)。为了进一步明确径流量与各个因素的关系，绘制如图 5-5 所示径流量与土壤理化性质之间的最优拟合关系。由图可知，径流量随崩解速率的增大而增大，二者呈极显著的对数函数关系($R^2=0.58$，$P=0.004$)；径流量随土壤容重增大以线性方式增大($R^2=0.59$，$P=0.001$)；径流量与有机质含量呈递减的线性关系($R^2=0.56$，$P=0.012$)。这表明植被盖度越大，土壤得到改良，土壤中有机质含量显著增大，容重变小，孔隙度增大，使渗透性得到提升，因此径流量随渗透系数增大而减小，二者呈显著的线性关系($R^2=0.53$，$P=0.018$)。植被改良土壤结构实质是改变不同粒径土壤团聚体分布状况，相关分析表明，径流量只与 2～5mm 水稳性团聚体含量相关，并且随其含量增大以线性方式减小($R^2=0.48$，$P=0.027$)。从拟合优劣程度来看，容重对径流量影响较大。对径流量与各因素进行逐步回归分析，结果如式(5-3)所示，崩解速率和 2～5mm 水稳性团聚体含量被引入方程，其余因素被剔除。

$$Q = 4.59\text{DR} - 151.02\text{WSA}_{2\sim5\text{mm}} + 65.71, R^2 = 0.85, P < 0.01 \tag{5-3}$$

表 5-5　各小区径流量与土壤理化性质的相关性

	黏粒	粉粒	砂粒	渗透系数	崩解速率	容重	有机质含量	团聚体/mm >5	2～5	1～2	0.5～1	0.25～0.5	<0.25
黏粒	1	—	—	—	—	—	—	—	—	—	—	—	—
粉粒	0.74*	1	—	—	—	—	—	—	—	—	—	—	—
砂粒	−0.94**	−0.92**	1	—	—	—	—	—	—	—	—	—	—
渗透系数	0.23	−0.02	−0.12	1	—	—	—	—	—	—	—	—	—
崩解速率	−0.15	0.13	0.02	−0.97**	1	—	—	—	—	—	—	—	—

		黏粒	粉粒	砂粒	渗透系数	崩解速率	容重	有机质含量	团聚体/mm					
									>5	2~5	1~2	0.5~1	0.25~0.5	<0.25
容重		−0.20	0.02	0.11	−0.97**	0.96**	1	—	—	—	—	—	—	—
有机质含量		0.24	−0.02	−0.13	0.95**	−0.94**	−0.99**	1	—	—	—	—	—	—
团聚体/mm	>5	0.40	0.15	−0.30	0.85**	−0.88**	−0.89**	0.87**	1	—	—	—	—	—
	2~5	−0.16	−0.21	0.20	0.17	−0.29	−0.22	0.18	0.12	1	—	—	—	—
	1~2	−0.40	−0.31	0.38	−0.52	0.51	0.64*	−0.63*	−0.82**	0.00	1	—	—	—
	0.5~1	−0.34	−0.43	0.41	−0.75*	0.70*	0.76*	−0.71*	−0.81**	−0.14	0.75*	1	—	—
	0.25~0.5	−0.36	−0.38	0.40	−0.79**	0.74*	0.81**	−0.80**	−0.80**	−0.19	0.63	0.88**	1	—
	<0.25	−0.34	0.06	0.16	−0.80**	0.88**	0.84**	−0.83**	−0.95**	−0.23	0.72*	0.62	0.62	1
径流量		0.22	0.41	−0.33	−0.73*	0.78**	0.77**	−0.75*	−0.53	−0.69*	0.26	0.43	0.57	0.58
产沙量		−0.09	0.15	−0.12	−0.73*	0.80**	0.70*	−0.63	−0.77**	−0.23	0.48	0.72*	0.62	0.74*

注：*表示相关程度显著(P<0.05)，**表示相关程度极显著(P<0.01)，样本数为10。

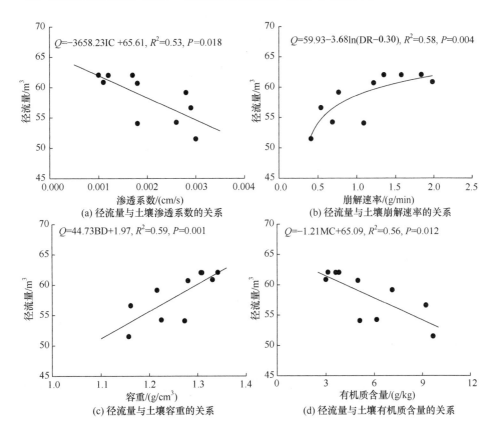

(a) 径流量与土壤渗透系数的关系　　(b) 径流量与土壤崩解速率的关系

(c) 径流量与土壤容重的关系　　(d) 径流量与土壤有机质含量的关系

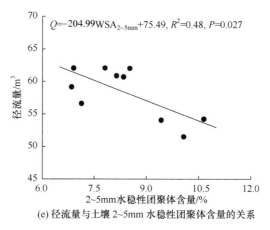

$Q=-204.99WSA_{2\sim5mm}+75.49$, $R^2=0.48$, $P=0.027$

(e) 径流量与土壤 2~5mm 水稳性团聚体含量的关系

图 5-5　径流量与土壤理化性质的最优拟合关系

4. 根系对径流量的影响

图 5-6 为各小区 6 次试验径流量与 0～120cm 土层中根系特征参数的最优拟合关系。径流量随根系密度增大而减小，二者线性关系为极显著($P<0.01$)，且临界根系密度为 200.42×10^3 条/m^3。同样，径流量与根系生物量之间线性关系也达显著水平($P=0.014$)，随着生物量的增大而减小，临界生物量为 $34.56kg/m^3$。径流量与根长密度的关系达到极显著水平($P<0.01$)，根长密度越大，径流量越小，临界根长密度为 $3.77\times10^4m/m^3$。从拟合效果上看，径流量与根长密度关系最优。

图 5-7 为径流量与 0～120cm 土层中不同直径根系特征参数的关系。>2mm、1～2mm、0.5～1mm 及<0.5mm 径级根系密度均与径流量呈显著的线性关系($P\leqslant0.041$)，拟合方程的临界根系密度分别为 3.61×10^3 条/m^3、23.39×10^3 条/m^3、10.41×10^3 条/m^3、81.72×10^3 条/m^3，与 1～2mm 根系密度拟合效果最好。径流量与>2mm 径级根系生物量之间线性关系不显著($P=0.072$)，与其余三个径级之间线性关系显著($P<0.05$)，1～2mm、0.5～1mm 和<0.5mm 径级根系临界生物量分别为 $6.78kg/m^3$、$1.97kg/m^3$ 和 $1.92kg/m^3$，与 1～2mm 径级根系生物量拟合效果最优。径流量与>2mm 和 0.5～1mm 根系根长密度之间关系不显著(P 为 0.063 和 0.054)，与 1～2mm 和<0.5mm 根系根长密度线性关系显著，与<0.5mm 直径根系拟合效果最优。

由于试验中植被小区在侵蚀过程中靠近沟口一段距离内 0～20cm 土层首先被侵蚀，形成了一定规模的侵蚀台阶，具有典型的侵蚀分层现象。因此将 0～20cm 和 20～120cm 土层中根系进行直径分级。图 5-8 为径流量与 0～20cm 和 20～120cm 土层中不同直径根系特征参数的关系。由图可知，径流量与 20～120cm 土

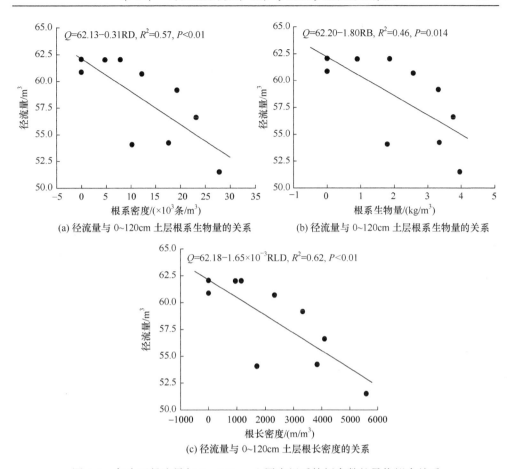

(a) 径流量与 0~120cm 土层根系生物量的关系　　(b) 径流量与 0~120cm 土层根系生物量的关系

(c) 径流量与 0~120cm 土层根长密度的关系

图 5-6　各小区径流量与 0～120cm 土层中根系特征参数的最优拟合关系

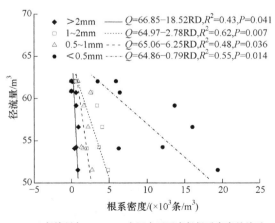

(a) 径流量与0～120cm土层中不同直径根系密度的关系

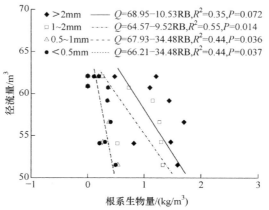

(b) 径流量与0～120cm土层中不同直径根系生物量的关系

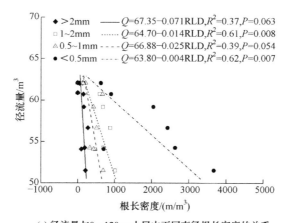

(c) 径流量与0～120cm土层中不同直径根长密度的关系

图 5-7　径流量与 0～120cm 土层中不同直径根系特征参数的关系

层不同直径根系特征参数关系均不显著。对于 0～20cm 土层,径流量与 0.5～1mm 根系密度之间线性关系不显著(P=0.076),与 1～2mm 根系密度之间函数关系极显著(P=0.003);径流量与 4 个直径根系生物量关系均达到显著水平,与 1～2mm 根系生物量关系优(P=0.005),径流量与 0.5～1mm 根长密度关系不显著(P=0.077),与 1～2mm 根长密度关系最优。

综上所述,在不考虑根系分级和土壤分层条件下,根长密度是影响径流量的最优指标,当对根系进行分级时,径流量与不同根径的根系密度、根长密度及根系生物量关系中 1～2mm 径级拟合效果最优,且根长密度拟合参数(R^2=0.61,P=0.008)≈根系密度拟合参数(R^2=0.62,P=0.007)>根系生物量拟合参数(R^2=0.55,P-0.014);当对土壤进行分层时,径流量只与 0～20cm 土层各项根系分布特征存在显著关系,其中与1～2mm根系拟合参数最相关,且根长密度拟合参数($R^2=0.69$,$P=0.003$)>根系密度拟合参数($R^2=0.68$,$P=0.003$)>生物量拟合参数($R^2=0.65$,$P=0.005$)。

5. 土地利用方式对径流量的影响

表 5-6 为 G3H1.2 小区各次试验下沟头径流率最大值(Max)、最小值(Min)、极差(Max-Min)、均值(Average)和变异系数(Cv)变化特征。由表 5-6 可知,0～180min,裸地径流率变化范围为 11.81～18.13m^3/h,均值为 14.06m^3/h,变异系数为 0.10。其中,最大值、最大极差、最大均值及最大变异系数均出现在 45～90min。草地

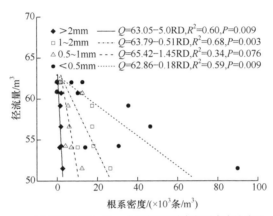

(a) 径流量与0～20cm土层中不同直径根系密度的关系

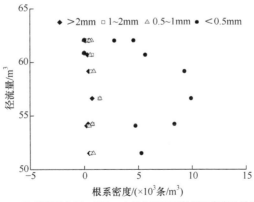

(b) 径流量与20～120cm土层中不同直径根系密度的关系

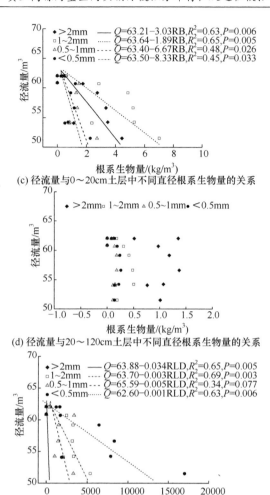

(c) 径流量与0～20cm土层中不同直径根系生物量的关系

(d) 径流量与20～120cm土层中不同直径根系生物量的关系

(e) 径流量与0～20cm土层中不同直径根长密度的关系

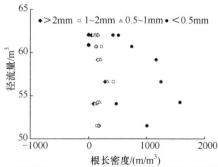

(f) 径流量与20～120cm土层中不同直径根长密度的关系

图 5-8　径流量与 0～20cm 和 20～120cm 土层中不同直径根系特征参数的关系

径流率变化范围为 7.41～14.37m³/h，均值为 10.98m³/h，变异系数为 0.10，与裸地相比，草地最大径流率降低 20.78%，最小径流率降低 37.27%，平均径流率降低 21.91%，而变异系数基本一致。灌草地径流率变化范围为 6.54～12.90m³/h，均值为 10.21m³/h，变异系数为 0.12，与裸地相比，灌草地最大径流率降低 28.84%，最小径流率降低 44.62%，平均径流率降低 27.38%，变异系数较裸地增加了 19.42%。草地、灌草地的最大极差均出现在 90～135min，并对应着最大变异系数。裸地、草地和灌草地 0～180min 径流率变化的极差分别为 6.33m³/h、6.96m³/h 和 6.36m³/h，占放水流量(16.00m³/h)的 39.54%～43.50%，说明径流率波动幅度较大，并表现出草地上的极差最大而裸地最小，这与重力侵蚀发生的时空特征紧密相关。

表 5-6　G3H1.2 小区不同土地利用方式下沟头径流率变化特征

土地利用方式	历时/min	Max/(m³/h)	Min/(m³/h)	Max-Min/(m³/h)	Average/(m³/h)	Cv
裸地	0～45	16.46	12.36	4.10	14.31	0.09
	45～90	18.13	12.61	5.52	14.65	0.15
	90～135	14.13	12.52	1.61	13.36	0.04
	135～180	14.95	11.81	3.14	13.91	0.08
	0～180	18.13	11.81	6.33	14.06	0.10
草地	0～45	14.37	9.73	4.64	11.40	0.11
	45～90	11.62	8.87	2.75	10.56	0.09
	90～135	12.95	7.41	5.54	10.83	0.14
	135～180	11.76	9.98	1.78	11.13	0.05
	0～180	14.37	7.41	6.96	10.98	0.10
灌草地	0～45	11.16	8.28	2.88	10.07	0.10
	45～90	12.90	7.80	5.10	10.32	0.13
	90～135	12.28	6.54	5.74	10.12	0.19
	135～180	11.81	9.20	2.61	10.34	0.08
	0～180	12.90	6.54	6.36	10.21	0.12

表 5-7 为 G6H1.2 小区不同土地利用方式下沟头径流率最大值、最小值、极差、均值和变异系数变化特征。由表 5-7 可知，0～180min，裸地径流率变化范围为 10.19～17.14m³/h，均值为 14.27m³/h，变异系数为 0.09。其中，最大值出现在 15～20min，这是 14.63min 的一次较大程度的崩塌导致的，崩塌体体长约为 60cm。最大极差与最大变异系数均出现在 90～135min，而最大均值出现在 135～180min，

这是因为随着径流冲刷的进行，沟头逐渐溯源后退，径流入渗面大大降低，土壤入渗量减少，径流率增加。草地径流率变化范围为 9.12～14.37m³/h，均值为 11.77m³/h，变异系数为 0.09，与裸地相比，草地最大径流率降低 16.20%，最小径流率降低 10.46%，平均径流率降低 17.50%，变异系数相同。灌草地径流率变化范围为 9.57～13.63m³/h，均值 11.26m³/h，变异系数为 0.09，与裸地相比，灌草地最大径流率降低 20.49%，最小径流率降低 6.11%，平均径流率降低 21.06%，变异系数降低 6.45%。草地、灌草地的最大变异系数均出现在 0～45min。裸地、草地和灌草地 0～180min 径流率变化的极差分别为 6.95m³/h、5.25m³/h 和 4.06m³/h，表现为裸地上的极差最大而灌草地上的极差最小。

表 5-7　G6H1.2 小区不同土地利用方式下沟头径流率变化特征

土地利用方式	历时/min	Max/(m³/h)	Min/(m³/h)	Max−Min/(m³/h)	Average/(m³/h)	Cv
裸地	0~45	17.14	13.58	3.56	14.41	0.07
	45~90	15.11	12.64	2.47	14.12	0.06
	90~135	14.95	10.19	4.76	13.26	0.11
	135~180	17.02	13.41	3.61	15.28	0.07
	0~180	17.14	10.19	6.95	14.27	0.09
草地	0~45	14.37	9.83	4.54	11.85	0.11
	45~90	13.68	10.12	3.56	11.60	0.09
	90~135	13.86	9.12	4.74	11.93	0.10
	135~180	12.29	11.01	1.28	11.69	0.03
	0~180	14.37	9.12	5.25	11.77	0.09
灌草地	0~45	13.63	9.57	4.06	11.24	0.12
	45~90	13.38	10.06	3.32	11.39	0.09
	90~135	12.87	9.57	3.30	11.19	0.08
	135~180	12.41	10.38	2.03	11.23	0.07
	0~180	13.63	9.57	4.06	11.26	0.09

表 5-8 为 G9H1.2 小区不同土地利用方式下沟头径流率最大值、最小值、极差、均值和变异系数变化特征。

表 5-8　G9H1.2 小区不同土地利用方式下沟头径流率变化特征

土地利用方式	历时/min	Max/(m³/h)	Min/(m³/h)	Max−Min/(m³/h)	Average/(m³/h)	Cv
裸地	0~45	16.60	13.11	3.49	14.98	0.09
	45~90	17.11	10.14	6.97	13.83	0.17
	90~135	16.49	10.11	6.38	14.66	0.13
	135~180	16.85	12.86	3.99	15.54	0.08
	0~180	17.11	10.11	7.00	14.75	0.12

土地利用 方式	历时/min	Max/(m³/h)	Min/(m³/h)	Max–Min/(m³/h)	Average/(m³/h)	Cv
	0~45	14.00	9.36	4.64	11.66	0.11
	45~90	14.55	8.07	6.48	11.92	0.19
灌草地	90~135	15.10	9.30	5.80	13.06	0.13
	135~180	14.46	11.99	2.47	13.06	0.06
	0~180	15.10	8.07	7.03	12.42	0.13

由表 5-8 可知，0~180min，裸地径流率变化范围为 10.11~17.11m³/h，均值为 14.75m³/h，变异系数为 0.12。其中，最大值、最大极差和最大变异系数均出现在 45~90min，而最大均值则出现在 135~180min，这一现象发生的原因与 G6H1.2 小区一致。灌草地径流率变化范围为 8.07~15.10m³/h，均值为 12.42m³/h，变异系数为 0.13，与裸地相比，灌草地最大径流率降低 11.76%，最小径流率降低 20.17%，平均径流率降低 15.77%，而变异系数较裸地增加了 9.17%。灌草地的最大极差及最大变异系数均出现在 45~90min，而最大值和最大均值则均出现在 90~135min。裸地和灌草地 0~180min 径流率变化的极差分别为 7.00m³/h 和 7.03m³/h，表明裸地与灌草地上的极差基本一致。

表 5-9 为 G3H1.5 小区不同土地利用方式下沟头径流率最大值、最小值、极差、均值和变异系数变化特征。由表 5-9 可知，0~180min，裸地径流率变化范围为 10.12~17.10m³/h，均值为 14.64m³/h，变异系数为 0.13。其中，最大值、最小值、最大极差和最大变异系数均出现在 135~180min。最大均值出现在 45~90min，理论上说，随着径流冲刷的进行，沟头逐渐溯源，导致径流入渗面大大降低，土壤入渗量减少，因此冲刷时间越长，径流率应表现为增大趋势。出现以上现象的原因与接样时间和重力侵蚀发生时间的前后关系相关，由于接样时间是固定的，而重力侵蚀发生的时间是随机的，接取的泥沙样可能在重力侵蚀发生之前，或在重力侵蚀发生过程中，也可能在重力侵蚀发生后。即使是在重力侵蚀发生后接样，也分为阻塞径流阶段或释放径流阶段，径流或减小或增大。因此，试验中的径流率也不能完全代表整个试验过程中各时段的平均径流率。灌草地径流率变化范围为 9.57~15.53m³/h，均值 11.73m³/h，变异系数为 0.10，与裸地相比，灌草地最大径流率降低 9.22%，最小径流率降低 5.49%，平均径流率降低 19.91%，变异系数降低 19.38%。裸地和灌草地 0~180min 径流率变化的极差分别为 6.98m³/h 和 5.96m³/h，裸地上的径流率极差较灌草地高 17.11%。

表 5-9　G3H1.5 小区不同土地利用方式下沟头径流率变化特征

土地利用方式	历时/min	Max/(m³/h)	Min/(m³/h)	Max−Min/(m³/h)	Average/(m³/h)	Cv
裸地	0~45	16.32	11.92	4.40	14.75	0.11
	45~90	16.74	15.17	1.57	15.68	0.04
	90~135	16.58	10.70	5.88	14.26	0.12
	135~180	17.10	10.12	6.98	13.88	0.20
	0~180	17.10	10.12	6.98	14.64	0.13
灌草地	0~45	12.42	9.57	2.85	11.25	0.08
	45~90	14.92	10.04	4.88	11.75	0.13
	90~135	13.22	9.98	3.24	11.87	0.09
	135~180	15.53	10.94	4.59	12.04	0.12
	0~180	15.53	9.57	5.96	11.73	0.10

6. 塬面坡度对径流量的影响

表 5-10 统计了不同土地利用方式下不同塬面坡度沟头径流率在 0~180min 的变化特征，由表 5-10 可知，不同塬面坡度下沟头溯源侵蚀径流率变化特征存在一定差异。对于裸地而言，塬面坡度增大，最大径流率和最小径流率均有降低的趋势，出现这种现象与裸地重力崩塌的发生有关，由于重力崩塌的时空条件和剧烈程度均具有随机性，沟道内崩塌体对沟头径流蓄积作用的强弱影响着最小径流率的大小。来自沟头的径流将沟道内崩塌体冲垮后将导致径流率瞬间增大，增大的幅度也取决于沟道崩塌体自身的特征。随着塬面坡度的增大，径流率极差、变异系数和平均径流率存在增大的趋势，表明径流率的波动剧烈程度随坡度的增大而增大。另外，坡度增大，流速增加，不利于地面入渗，从而增强了地表径流强度，9°坡和 6°坡小区沟头径流率较 3°坡小区分别增加了 4.91%和 1.47%，坡度较低，且变化梯度较小，因此径流率增加幅度较小。对于草地，最小径流率和平均径流率均随坡度的增大而增大，6°坡小区最小径流率和平均径流率分别较 3°坡小区增加了 23.19%和 7.19%，草地沟头径流率极差表现为降低趋势。对于灌草地，坡度增大，最大径流率和平均径流率均表现出增加趋势，9°坡、6°坡小区的最大径流率和平均径流率较 3°坡小区分别增加了 17.04%和 21.67%、5.63%和 10.28%。草地和灌草地沟头平均径流率均随坡度的增大而增大，体现出坡度越大，入渗量越少，而径流强度越大的特征。比较不同土地利用方式下 6°坡平均径流率较 3°坡的增幅，裸地、草地和灌草地径流率增幅分别为 1.47%、7.19%和 10.82%，可见坡度增大，对灌草地和草地径流率的影响较裸地更为明显，符合坡度越大渗透系数越大，对径流的增强作用越明显的特点，即渗透系数越大，坡度对土壤渗透系数的影响更为强烈。

表 5-10　不同土地利用方式下不同塬面坡度沟头径流率变化特征

土地利用方式	塬面坡度/(°)	Max/(m³/h)	Min/(m³/h)	Max-Min /(m³/h)	Average /(m³/h)	Cv
裸地	3	18.13	11.81	6.32	14.06	0.10
	6	17.14	10.19	6.95	14.27	0.09
	9	17.11	10.11	7.00	14.75	0.12
草地	3	14.37	7.41	6.96	10.98	0.10
	6	14.37	9.12	5.25	11.77	0.09
灌草地	3	12.90	6.54	6.36	10.21	0.12
	6	13.63	9.57	4.06	11.26	0.09
	9	15.10	8.07	7.03	12.42	0.13

7. 沟头高度对径流量的影响

图 5-9 为不同土地利用方式下不同高度沟头溯源侵蚀径流率分布特征。对于裸地，沟头高度为 1.5m 时，平均径流率为 14.64m³/h，较沟头高度为 1.2m 时增加 4.13%，这是因为随着沟头溯源，入渗面积大大减小，而 1.5m 沟头较 1.2m 沟头前进速率更大，前进距离更远，因此入渗面积减少更多，径流率较 1.2m 沟头增加。1.5m 沟头最大径流率较 1.2m 沟头低 5.67%，最小径流率较 1.2m 沟头低 14.25%，异常值的出现进一步说明重力崩塌对径流率大小的影响，1.2m 沟头径流率异常值均较大，而 1.5m 沟头的异常值较小，这说明沟道重力崩塌体对 1.2m 沟头径流起到集中疏导的作用，而对 1.5m 沟头径流起到阻塞蓄积的作用。1.5m 沟头径流率中位数、上下四分位数较 1.2m 沟头均增大，增幅分别为 10.07%、7.77% 和 7.64%，三者的增幅均大于平均径流率的增加幅度。从分布特征来看，1.2m 沟头径流率呈偏左态分布，而 1.5m 沟头径流率呈偏右态分布。对于灌草地，沟头高度为 1.5m 时的平均径流率为 11.73m³/h，较沟头高度为 1.2m 时增加了 14.86%，原因之一在于，1.5m 沟头较 1.2m 沟头前进速率大，前进距离远，入渗面积小；另外，沟头高度较高时，跌水击溅作用增强，能够快速破坏沟道堆积的崩塌土体，减弱其对径流的阻塞作用，因此测定的径流率值整体上较 1.2m 沟头高。1.5m 沟头最大径流率较 1.2m 沟头增加 20.34%，最小径流率较 1.2m 沟头增加 46.33%，1.2m 沟头径流率异常值较小，而 1.5m 沟头的异常值相对较大，与裸地相反，这说明在灌草地沟头，沟道重力崩塌体对 1.5m 沟头径流起到集中疏导的作用，而对 1.2m 沟头径流起到阻塞蓄积的作用。1.5m 沟头径流率中位数、上下四分位数较 1.2m 沟头均增大，增幅分别为 12.45%、13.67% 和 12.17%，三者的增幅均小于平均径流率的增加幅度。

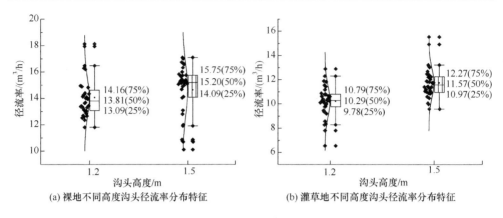

(a) 裸地不同高度沟头径流率分布特征　　　　(b) 灌草地不同高度沟头径流率分布特征

图 5-9　不同土地利用方式下不同高度沟头径流率分布特征

5.2　沟头溯源侵蚀产沙特征

5.2.1　产沙过程

1. 不同植被覆盖下的产沙过程

图 5-10 为 3°坡不同盖度小区在 8～23m³/h 放水流量条件下侵蚀速率随时间的变化，表 5-11 为 3°坡各次试验侵蚀速率最大值、最小值和变异系数统计。从侵蚀过程波动性分析，各次试验侵蚀速率呈现多峰多谷的现象，变异系数均大于 1，均属强烈变异。对照小区连续 6 次试验沟头溯源、沟壁拓宽一直在进行，重力崩塌规模较大，崩塌土体的暂时沉积使得侵蚀速率复杂多变。对于植被小区，植被固土效应显著，沟头溯源侵蚀速率较慢，崩塌主要来自沟头立壁陡坡面土体崩塌，这是侵蚀速率呈现波动性的原因。放水流量由 8m³/h 增大至 23m³/h

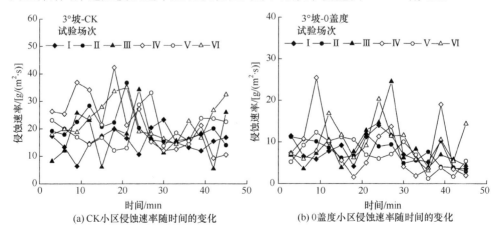

(a)CK小区侵蚀速率随时间的变化　　　　(b)0盖度小区侵蚀速率随时间的变化

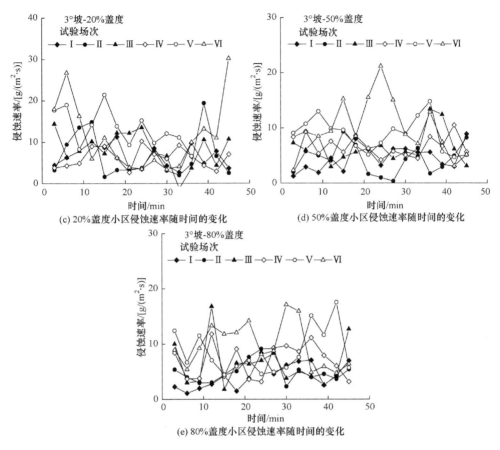

图 5-10 不同盖度小区侵蚀速率随时间的变化(3°坡)

过程中，0、20%、50%和 80%盖度小区侵蚀速率变异系数较 CK 分别减小 21.16%~51.36%、8.14%~76.34%(第Ⅵ场除外)、24.00%~81.19%和 32.18%~ 69.50%。从崩塌频次来看，植被覆盖小区陡坡崩塌较为频繁，但是崩塌规模较小，而对照小区虽然崩塌频次较少，但是各次崩塌量较大，对侵蚀过程的影响时间较长，因此整体波动性也较植被小区剧烈。

表 5-11 不同盖度小区侵蚀速率最大值、最小值和变异系数(3°坡)

放水流量 /(m³/h)	CK			0			20%			50%			80%		
	Max	Min	Cv	Max	Min	Cv	Max	Min	Cv	Max	Min	Cv	Max	Min	Cv
8	23.29	6.42	4.16	13.98	3.60	3.28	11.28	2.66	2.80	8.87	4.59	2.26	8.33	1.10	2.29
11	36.79	14.06	5.90	11.87	2.93	2.87	19.38	1.61	5.42	9.30	4.31	2.69	9.14	2.31	2.08
14	34.31	5.46	7.99	24.55	3.61	5.49	14.41	3.28	3.57	13.40	6.55	2.97	16.78	1.79	4.14

续表

放水流量 /(m³/h)	CK			0			20%			50%			80%		
	Max	Min	Cv	Max	Min	Cv	Max	Min	Cv	Max	Min	Cv	Max	Min	Cv
17	42.30	9.32	10.1	25.45	1.59	6.89	10.21	2.67	2.39	10.51	6.78	1.90	11.78	3.17	3.08
20	33.12	12.16	6.06	12.31	1.26	3.38	21.39	6.55	4.55	14.80	8.85	3.08	17.52	4.40	4.11
23	35.07	14.43	6.75	20.33	3.13	4.70	30.20	3.39	8.40	21.19	9.97	5.13	17.09	4.72	4.08

注：侵蚀速率单位为 g/(cm²·s)，表 5-12 同。

从侵蚀速率最大值、最小值、极差、均值角度分析，对照小区各次试验侵蚀速率极差为 16.87～32.98g/(m²·s)，0～80%植被覆盖小区侵蚀速率极差分别为 8.94～23.86g/(m²·s)、7.54～26.81g/(m²·s)、3.73～11.22g/(m²·s)和 6.83～14.99g/(m²·s)，均小于对照小区。对照小区各次试验侵蚀速率最大值和最小值分别为 23.29～42.30g/(m²·s)和 5.46～14.43g/(m²·s)，相同流量条件下，侵蚀速率最大值分别是各盖度小区的 1.40～3.10 倍、1.16～4.14 倍、1.66～4.03 倍和 1.89～4.03 倍，侵蚀速率最小值分别是各盖度小区的 1.51～9.65 倍、1.66～8.73 倍、0.83～3.26 倍和 2.76～6.09 倍。除 80%盖度外，其余小区侵蚀速率并未随放水流量的增大而增大，对照小区平均侵蚀速率高于其他小区 0.98～1.74 倍、0.50～2.57 倍、1.62～3.69 倍和 1.32～3.01 倍。对照小区最大值、最小值、极差及均值均高于植被覆盖小区，这表明植被恢复可有效减少土壤侵蚀和降低侵蚀活跃程度。

图 5-11 为 6°坡不同盖度小区在 8～23m³/h 放水流量条件下侵蚀速率随时间的变化，表 5-12 为 6°坡各次试验侵蚀速率最大值、最小值和变异系数统计。从侵蚀过程波动性分析，各次试验侵蚀速率也呈现多峰多谷的现象，且均属强烈变异(Cv>1)，强烈波动的原因与 3°坡一致。对照小区各次试验变异系数为 4.10～21.72，0 盖度小区第Ⅳ场、20%小区第Ⅳ场和Ⅴ场试验过程中出现几次较大崩塌使得整

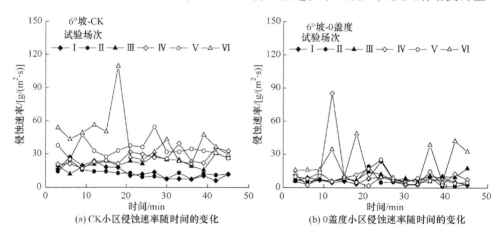

(a) CK小区侵蚀速率随时间的变化　　　　(b) 0盖度小区侵蚀速率随时间的变化

个侵蚀过程波动性强于对照小区，其余条件下 0～80%盖度小区波动性分别较对照小区降低21.71%～29.09%、2.94%～72.64%、3.31%～91.36%和6.56%～70.63%。

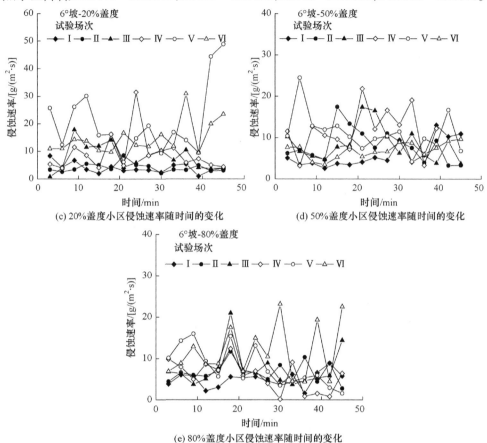

图 5-11 不同盖度退耕草地侵蚀速率随时间的变化(6°坡)

表 5-12 不同盖度小区侵蚀速率最大值、最小值和变异系数(6°坡)

放水流量 /(m³/h)	CK			0			20%			50%			80%		
	Max	Min	Cv	Max	Min	Cv	Max	Min	Cv	Max	Min	Cv	Max	Min	Cv
8	27.19	6.14	6.33	23.88	2.47	4.96	8.40	1.02	1.87	13.00	2.56	3.27	8.86	1.56	1.86
11	24.63	7.34	4.10	18.93	1.19	4.40	8.58	2.11	1.61	17.45	3.26	3.97	11.67	2.75	2.41
14	30.78	12.08	4.89	17.36	2.75	3.87	17.87	0.78	4.75	17.38	3.68	4.15	20.95	3.70	4.57
17	39.53	17.13	6.26	85.11	1.69	20.60	31.47	3.92	7.07	21.80	3.18	5.42	12.34	0.16	3.68
20	54.64	25.20	7.69	25.17	4.01	5.57	48.87	6.20	12.5	24.50	4.19	4.71	15.95	1.58	4.76
23	109.58	21.23	21.72	48.81	3.14	15.4	30.90	9.50	5.94	9.66	3.45	1.88	23.14	4.33	6.46

从侵蚀速率最大值、最小值、极差、均值角度分析,对照小区各次试验侵蚀速率最大值和最小值分别为 27.19～109.58g/($m^2 \cdot s$)和 6.14～25.20g/($m^2 \cdot s$),相同流量条件下,最大值分别是各植被小区的 0.46～2.24 倍、1.12～3.55 倍、1.41～11.34 倍和 1.47～4.74 倍,最小值分别是 0～80%盖度小区的 2.49～10.14 倍、2.23～15.49 倍、2.25～6.15 倍和 2.67～107.06 倍。对照小区各次试验侵蚀速率极差为 17.29～88.37g/($m^2 \cdot s$),0～80%盖度小区侵蚀速率极差分别为 14.61～83.42g/($m^2 \cdot s$)、6.47～42.67g/($m^2 \cdot s$)、6.21～20.31g/($m^2 \cdot s$)和 7.30～18.81g/($m^2 \cdot s$),均小于对照小区。除 80%盖度小区外,其余小区平均侵蚀速率并未随放水流量的增大而增大,对照小区平均侵蚀速率高于其他小区 0.83～2.66 倍、0.68～2.54 倍、0.59～5.20 倍和 0.95～3.57 倍。

2. 不同土地利用方式下沟头产沙过程

图 5-12 为 G3H1.2 小区(塬面坡度为 3°,沟头高度为 1.2m)不同土地利用方式下的沟头径流含沙量变化过程。表 5-13 为 G3H1.2 小区不同土地利用方式下沟头径流含沙量变化特征。由图 5-12 可知,各土地利用方式下沟头径流含沙量均呈波动性变化,整体上波峰显著,且波峰出现的数量多于波谷数量,沟头径流含沙量的大小受重力侵蚀的影响较显著,重力侵蚀发生时,在失稳块体和沟头土体之间存在软弱面,块体失稳过程中,软弱面被径流冲刷侵蚀,在一定程度上增加了径流含沙量。更为关键的是,失稳块体掉落沟底,或保持完整或由于地面撞击而破碎,沟头跌水对失稳块体进行冲击破坏,径流冲刷和射流冲击作用共同发生,泥沙叠加,径流含沙量大幅增加。裸地、草地和灌草地沟头径流含沙量变化范围分别为 0.033～0.087g/mL、0.008～0.039g/mL 和 0.005～0.048g/mL,裸地沟头径流含沙量在整个试验过程中普遍高于草地和灌草地沟头,因此植被覆盖可以显著降低径流含沙量。然而,在 95～105min,灌草地沟头径流含沙量与裸地沟头基本一致,分别为 0.038～0.048g/mL 和 0.424～0.052g/mL,甚至在 95～100min 存在裸地沟头径流含沙量(0.044g/mL)较灌草地沟头径流含沙量(0.046g/mL)偏小的现象,进一步证明了重力侵蚀在沟头溯源产沙中的重要作用。草地和灌草地沟头径流含沙量在试验前期 0～70min 差异并不明显,但在 70min 后的某些时段表现为灌草地沟头径流含沙量远高于草地沟头,这与灌草地沟头在试验 70min 后的几次崩塌密切相关。

由表 5-13 可知,裸地、草地和灌草地沟头最大径流含沙量分别出现在 0～45min、45～90min 和 90～135min,从裸地到灌草地沟头,含沙量最大值出现时间逐渐推迟,从某种程度上说明了 3 种土地利用方式下沟头重力侵蚀发生发展的快慢程度。最大极差出现的时间分别为 45～90min(0.049g/mL)、45～90min(0.028g/mL)和 90～135min(0.036g/mL),最大变异系数出现的时间分别为 45～90min(0.279)、45～90min(0.452)和 135～180min(0.544),与最大极差出现时间相

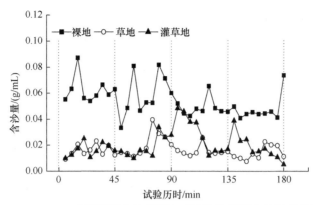

图 5-12　G3H1.2 小区不同土地利用方式下沟头径流含沙量变化过程

表 5-13　G3H1.2 小区不同土地利用方式下沟头径流含沙量变化特征

土地利用方式	试验历时/min	Max/(g/mL)	Min/(g/mL)	Max−Min/(g/mL)	Average/(g/mL)	Cv
裸地	0～45	0.087	0.054	0.033	0.062	0.163
	45～90	0.082	0.033	0.049	0.059	0.279
	90～135	0.065	0.042	0.023	0.049	0.140
	135～180	0.074	0.041	0.033	0.048	0.213
	0～180	0.087	0.033	0.054	0.054	0.233
草地	0～45	0.023	0.009	0.014	0.016	0.289
	45～90	0.039	0.011	0.028	0.021	0.452
	90～135	0.026	0.012	0.014	0.015	0.260
	135～180	0.023	0.008	0.015	0.014	0.386
	0～180	0.039	0.008	0.031	0.016	0.391
灌草地	0～45	0.025	0.010	0.015	0.016	0.312
	45～90	0.034	0.010	0.024	0.019	0.452
	90～135	0.048	0.012	0.036	0.028	0.505
	135～180	0.039	0.005	0.034	0.018	0.544
	0～180	0.048	0.005	0.043	0.020	0.522

近。3 种土地利用方式下沟头在 0～180min 的极差分别为 0.054g/mL、0.031g/mL 和 0.043g/mL，表明裸地沟头径流含沙量波动幅度最大，而草地沟头最小。从变异系数上来说，裸地、草地和灌草地沟头径流含沙量在 0～180min 的变异系数分别为 0.233、0.391 和 0.522，可见灌草地沟头径流含沙量变异程度最高，其次是草地，二者变异系数较裸地分别增加了 124.03%和 67.81%，由此说明，重力侵蚀对灌草地沟头溯源侵蚀产沙过程的影响比草地更为剧烈。从 0～180min 的含

沙量均值上来看，裸地沟头径流含沙量呈下降趋势，由 0.062g/mL 降至 0.048g/mL，这与裸地沟头前进程度密切相关，随着沟头的前进，径流流线变短，沟头径流流速降低，冲刷能力减弱，侵蚀能力下降。0～180min，草地和灌草地沟头径流含沙量最大值、最小值、极差、均值均较裸地降低，降幅分别为 55.17%、75.76%、42.59%、70.37%和 44.83%、84.85%、20.37%、62.96%。

图 5-13 为 G6H1.2 小区(塬面坡度为 6°，沟头高度 1.2m)不同土地利用方式下的沟头径流含沙量变化过程。表 5-14 为 G6H1.2 小区不同土地利用方式下沟头径流含沙量变化特征。裸地、草地和灌草地沟头径流含沙量变化过程中存在多个波峰，3种土地利用方式对应的波峰分别为 5 个(20min、50min、120min、140min 和 170min)、2 个(110min 和 135min)和 5 个(35min、55min、65min、85min 和 125min)。裸地、草地和灌草地沟头径流含沙量变化范围分别为 0.039～0.105g/mL、0.009～0.045g/mL 和 0.011～0.046g/mL，裸地沟头径流含沙量大多高于草地和灌草地沟头，但在草地、灌草地径流含沙量曲线部分波峰处对应的含沙量与裸地沟头基本相等。草地和灌草地沟头径流含沙量在试验前期 0～25min 基本一致，25min 之后，灌草地沟头径流含沙量开始波动变化，而草地持续保持稳定趋势。

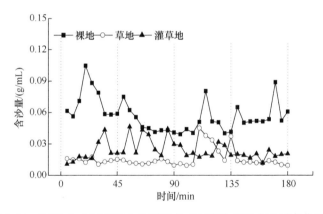

图 5-13　G6H1.2 小区不同土地利用方式下沟头径流含沙量变化过程

表 5-14　G6H1.2 小区不同土地利用方式下沟头径流含沙量变化特征

土地利用方式	试验历时/min	Max/(g/mL)	Min/(g/mL)	Max−Min/(g/mL)	Average/(g/mL)	Cv
裸地	0～45	0.105	0.056	0.049	0.071	0.239
	45～90	0.075	0.041	0.034	0.050	0.234
	90～135	0.080	0.039	0.041	0.049	0.265
	135～180	0.089	0.050	0.039	0.058	0.215
	0～180	0.105	0.039	0.066	0.057	0.277

续表

土地利用方式	试验历时/min	Max/(g/mL)	Min/(g/mL)	Max-Min/(g/mL)	Average/(g/mL)	Cv
草地	0~45	0.017	0.011	0.006	0.014	0.151
	45~90	0.016	0.010	0.006	0.012	0.156
	90~135	0.045	0.009	0.036	0.025	0.566
	135~180	0.014	0.009	0.005	0.012	0.129
	0~180	0.045	0.009	0.036	0.016	0.541
灌草地	0~45	0.043	0.011	0.032	0.021	0.480
	45~90	0.046	0.019	0.027	0.032	0.344
	90~135	0.032	0.017	0.015	0.023	0.236
	135~180	0.024	0.012	0.012	0.019	0.179
	0~180	0.046	0.011	0.035	0.024	0.391

由表 5-14 可知，裸地、草地和灌草地沟头径流最大含沙量分别出现在 0~45min、90~135min 和 45~90min，从裸地到灌草地再到草地沟头，含沙量最大值出现时间逐渐推迟，草地和灌草地最大径流含沙量均较裸地降低。裸地、草地和灌草地最大极差出现在 0~45min(0.049g/mL)、90~135min(0.036g/mL)和 0~45min(0.032g/mL)，最大变异系数出现在 90~135min(0.265)、90~135min(0.566)和 0~45min(0.480)，基本与最大极差出现时间相对应。3 种土地利用方式下沟头在 0~180min 的极差分别为 0.066g/mL、0.036g/mL 和 0.035g/mL，表明裸地沟头径流含沙量波动幅度较草地和灌草地沟头大。从变异系数上来说，裸地、草地和灌草地沟头径流含沙量在 0~180min 变化的变异系数分别为 0.277、0.541 和 0.391，可见草地沟头径流含沙量变异系数最大，变异程度最高，其次是灌草地，二者变异系数较裸地分别增加 95.31%和 41.16%。0~180min 裸地沟头径流含沙量均值为 0.057g/mL，草地和灌草地沟头径流含沙量较裸地显著降低，降幅分别为 71.93%和 57.89%。草地和灌草地沟头径流含沙量最大值、最小值、极差均较裸地降低，降幅分别为 57.14%、76.92%、45.45%和 56.19%、71.79%、46.97%。

图 5-14 为 G9H1.2 小区(塬面坡度为 9°，沟头高度为 1.2m)不同土地利用方式下的沟头径流含沙量变化过程，表 5-15 为 G9H1.2 小区相同条件不同土地利用方式下径流含沙量的变化特征。0~180min 裸地沟头径流含沙量变化范围为 0.062~0.114g/mL，均显著高于灌草地沟头(0.011~0.058g/mL)，裸地相对灌草地的含沙量增幅可达 54.86%~649.52%，最大增幅出现在试验起始阶段 0~5min，而最小增幅出现在 75~80min。部分时段径流含沙量显著增加后存在较小的下降幅度，

之后又在原含沙量的基础上有所增加，如裸地沟头 110～130min，这与重力侵蚀的发生关系密切，前一次重力侵蚀块体还没有被搬运完，紧接着又发生一次重力侵蚀，导致径流含沙量在前一次重力侵蚀的基础上进一步增大。裸地沟头最大含沙量、最大极差、最大均值均出现在 45～90min，灌草地沟头最大含沙量和最大均值出现在 90～135min，最大极差出现在 45～180min，灌草地沟头最大值、最大极差及最大均值出现的时间均较裸地沟头推迟。就变异系数来看，灌草地沟头含沙量变化的变异系数为裸地沟头的 2.4 倍，变异程度远大于裸地。0～180min，灌草地沟头径流含沙量最大值、最小值、极差和均值均较裸地降低，降幅分别为49.12%、82.26%、9.62%和61.04%。

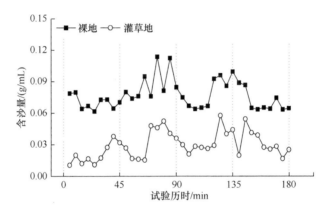

图 5-14　G9H1.2 小区不同土地利用方式下沟头径流含沙量变化过程

表 5-15　G9H1.2 小区不同土地利用方式下沟头径流含沙量变化特征

土地利用方式	试验历时 /min	Max/(g/mL)	Min/(g/mL)	Max−Min /(g/mL)	Average /(g/mL)	Cv
裸地	0～45	0.080	0.062	0.018	0.070	0.091
	45～90	0.114	0.074	0.040	0.088	0.175
	90～135	0.100	0.064	0.036	0.079	0.183
	135～180	0.089	0.063	0.026	0.071	0.146
	0～180	0.114	0.062	0.052	0.077	0.180
灌草地	0～45	0.038	0.011	0.027	0.021	0.477
	45～90	0.052	0.015	0.037	0.033	0.444
	90～135	0.058	0.021	0.037	0.034	0.340
	135～180	0.054	0.017	0.037	0.031	0.385
	0～180	0.058	0.011	0.047	0.030	0.432

图 5-15 为 G3H1.5 小区(塬面坡度为 3°，沟头高度 1.5m)不同土地利用方式下的沟头径流含沙量变化过程。表 5-16 为 G3H1.5 小区不同土地利用方式下沟头径流含沙量变化特征。裸地和灌草地沟头径流含沙量在 0~45min 基本稳定，变异系数分别为 0.039 和 0.082，属弱变异，这是因为在 0~45min 重力侵蚀并未参与或较少参与 2 个小区沟头的土壤侵蚀过程。其他场次含沙量均存在大幅波动现象。裸地和灌草地沟头含沙量变化波峰分别出现 6 次(50min、85min、110min、135min、155min 和 170min)和 6 次(60min、95min、115min、135min、160min 和 180min)，灌草地径流含沙量波峰位置较裸地均向后延迟了 0~10min。在试验 95min 左右，灌草地沟头径流含沙量与裸地沟头基本相等。0~180min 裸地和灌草地沟头径流含沙量变化范围分别为 0.052~0.115g/mL 和 0.015~0.064g/mL，裸地最大径流含沙量出现在 45~90min，而灌草地沟头最大径流含沙量出现的场次推迟到 90~135min。此外，其他变量随试验场次均未表现出明显的变化趋势，这与重力侵蚀发生的时空特征和侵蚀程度的随机性紧密相关。就变异系数而言，0~180min，灌草地沟头径流含沙量变异系数是裸地的 2.56 倍。0~180min，灌草地沟头径流含沙量最大值、最小值、极差和均值均较裸地降低，降幅分别为 44.35%、71.15%、22.22%和 56.58%。

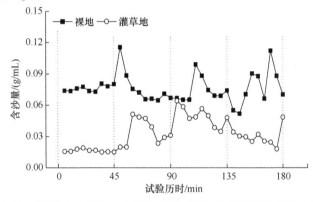

图 5-15　G3H1.5 小区不同土地利用方式下沟头径流含沙量变化过程

表 5-16　G3H1.5 小区不同土地利用方式下沟头径流含沙量变化特征

土地利用方式	试验历时/min	Max/(g/mL)	Min/(g/mL)	Max−Min/(g/mL)	Average/(g/mL)	Cv
裸地	0~45	0.081	0.073	0.008	0.076	0.039
	45~90	0.115	0.065	0.050	0.076	0.217
	90~135	0.099	0.065	0.034	0.074	0.157
	135~180	0.112	0.052	0.060	0.077	0.251
	0~180	0.115	0.052	0.063	0.076	0.177

续表

土地利用方式	试验历时/min	Max/(g/mL)	Min/(g/mL)	Max-Min/(g/mL)	Average/(g/mL)	Cv
灌草地	0～45	0.019	0.015	0.004	0.016	0.082
	45～90	0.051	0.020	0.031	0.034	0.364
	90～135	0.064	0.035	0.029	0.050	0.187
	135～180	0.049	0.018	0.031	0.030	0.288
	0～180	0.064	0.015	0.049	0.033	0.453

5.2.2　各因素对产沙量的影响

1. 产沙量随放水流量和盖度的变化

图 5-16 为不同盖度小区(3°坡和 6°坡)各次试验产沙量。坡度为 3°时，各小区产沙量随流量的增大呈波动式增大，对照小区(CK)各次试验产沙量为 502.23～742.19kg，0～80%盖度小区产沙量分别为 253.64～318.72kg、170.49～364.60kg、148.74～323.00kg 和 138.36～316.11kg。第 I～VI场实验放水流量分别为 8m³/h、11m³/h、14m³/h、17m³/h、20m³/h 和 23m³/h。同一放水流量条件下产沙量整体随盖度增大而减小，但存在一定波动现象。放水流量相同时，对照小区的产沙量最大。相同流量条件下 0～80%盖度小区减沙效益分别为 49.50%～63.56%、49.42%～71.97%、55.16%～78.66%和 56.98%～75.05%。如表 5-17 所示，20%～80%盖度小区次试验产沙量与流量呈显著的线性或指数函数关系($R^2 \geqslant 0.73$，$P \leqslant 0.030$)，而对照小区和 0 盖度小区在置信度 95%条件下关系不显著($P>0.05$)。这是由于对照小区在第 II 场试验时出现 3 次陡坡崩塌造成一段时间内侵蚀量剧增，在第 IV 场试验时，缓坡面跌坎在第 22min 连通后水流突然聚集，流路变得狭窄，侵蚀加剧，因此造成侵蚀量随放水流量的增大而波动的现象。

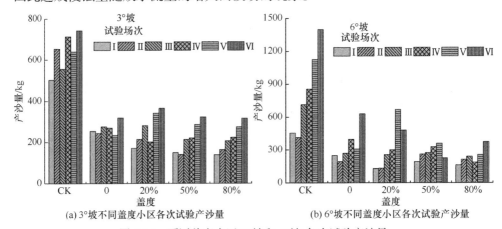

(a) 3°坡不同盖度小区各次试验产沙量　　　(b) 6°坡不同盖度小区各次试验产沙量

图 5-16　不同盖度小区(3°坡和 6°坡)各次试验产沙量

表 5-17　不同盖度小区各次试验产沙量与放水流量的关系

盖度	3°坡			6°坡		
	方程	R^2	P	方程	R^2	P
CK	$M_s=\exp(6.73-3.87/q)$	0.62	0.062	$M_s=66.59q-205.59$	0.95	0.001
0	$M_s=2.74q+223.05$	0.28	0.310	$M_s=122.39\exp(0.061q)$	0.69	0.040
20%	$M_s=12.14q+73.96$	0.73	0.030	$M_s=49.11\exp(0.11q)$	0.87	0.007
50%	$M_s=12.58q+26.74$	0.93	0.002	$M_s=\exp(5.95-4.86/q)$	0.40	0.178
80%	$M_s=90.16\exp(0.055q)$	0.99	0.001	$M_s=117.14\exp(0.044q)$	0.69	0.041

坡度为 6°时，各小区产沙量分别为 414.71～1398.13kg、194.06～629.82kg、128.26～669.07kg、192.64～361.71kg 和 160.48～375.85kg。相同流量条件下 0～80%盖度小区减沙效益分别为 45.39%～72.70%、40.57%～71.79%、37.26%～83.87%和 64.70%～78.14%。除 50%盖度外，其余小区各次试验产沙量与放水流量函数关系均显著($R^2 \geqslant 0.69$，$P \leqslant 0.041$)。相同条件下，6°坡各小区产沙量较 3°坡增大 8.56%～30.25%。

虽然各个流量条件下产沙量与盖度函数关系不显著，但逐步回归结果如式(5-4)和式(5-5)所示，3°坡和 6°坡侵蚀量与放水流量和盖度呈极显著线性关系(R^2 分别为0.73 和 0.55，$P<0.01$)，这说明产沙量是多个因素综合作用的结果。

$$M_s = 9.82q - 65.74\text{CD} + 114.79, R^2 = 0.73, P < 0.01(3°坡) \tag{5-4}$$

$$M_s = 17.81q - 134.45\text{CD} + 69.80, R^2 = 0.55, P < 0.01(6°坡) \tag{5-5}$$

2. 产沙量随土壤理化性质的变化

土壤侵蚀过程实质上是侵蚀力与土壤抗蚀性相互作用的结果，产沙量除与盖度和放水流量关系密切外，多年退耕、植被恢复使得土壤理化性质得到显著改善，土壤理化性质是决定侵蚀结果的因素之一，为了统一比较条件，将各个小区 6 次试验总产沙量作为研究标准，分析其与土壤理化性质的关系。表 5-5 为产沙量与土壤理化性质相关性分析结果统计。由表可知，产沙量与砂粒、粉粒、黏粒、有机质含量之间均无相关关系($P>0.05$)，与崩解速率和>5mm 团聚体之间相关性达到极显著($P<0.01$)，与渗透系数、容重、0.5～1mm 及<0.25mm 团聚体含量的相关性达到显著水平($P<0.05$)。为了进一步明确产沙量与各个因素的关系，图 5-17 为产沙量与土壤理化性质的最优拟合关系。由图 5-17 可知，产沙量与渗透系数呈递减的幂函数关系，渗透系数越大产沙量越小。植被的改良，土壤孔隙度增大，渗透性提升，坡面产流减少，植被阻滞作用使得侵蚀减弱，同时土壤的容重变小，土壤抗崩解能力提高。因此，产沙量与容重和崩解速率均呈递增的指数函数关系(R^2分别为 0.87 和 0.74，$P<0.01$)。回归分析表明，>5mm 水稳性团聚体可以有效减少侵蚀，二者呈递减的指数函数关系($R^2=0.90$，$P<0.01$)，而产沙量与 0.5～1mm 及<0.25mm 团聚体含量呈正相关关系($R^2=0.47$ 和 0.60，$P \leqslant 0.018$)，这说明大粒径水

稳性团聚体抵抗径流冲刷能力较强，而细颗粒抗蚀性较弱易被水流带走。产沙量与>5mm 水稳性团聚体含量拟合关系最优。

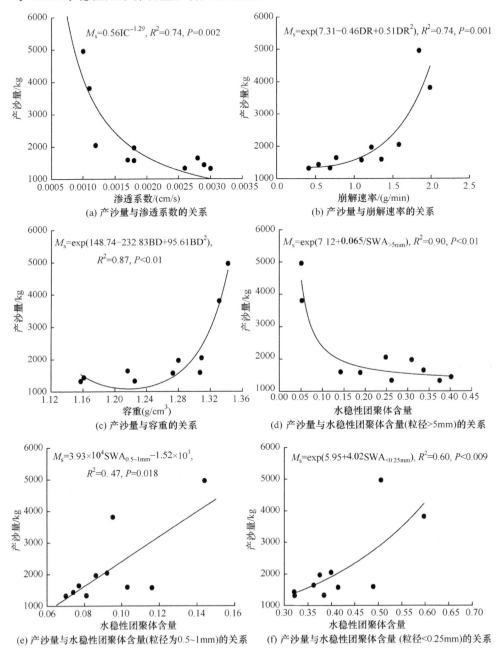

图 5-17　产沙量与土壤理化性质的最优拟合关系

3. 根系对产沙量的影响

图 5-18 为产沙量与 0~120cm 土层中根系特征参数的关系。对产沙量与根系密度、生物量及根长密度关系进行拟合，结果表明产沙量与三者均呈极显著指数函数关系，其中产沙量与根系生物量之间拟合关系最优(P=0.001)。

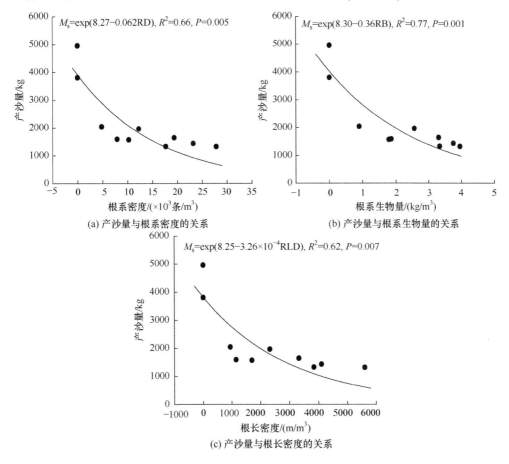

(a) 产沙量与根系密度的关系

(b) 产沙量与根系生物量的关系

(c) 产沙量与根长密度的关系

图 5-18　产沙量与 0~120cm 土层中根系特征参数的关系

为研究不同直径的根系特征参数对侵蚀产沙的影响，对产沙量与根系密度、根系生物量及根长密度的关系进行拟合,结果如图 5-19 所示。产沙量与直径>2mm和 1~2mm 根系密度之间呈极显著对数函数关系，与直径为 0.5~1mm 和<0.5mm根系密度函数关系达显著水平，与直径>2mm 根系密度关系最优。产沙量与 4 个直径根系生物量均呈极显著对数函数关系，与直径>2mm 拟合关系最优。产沙量与直径>2mm 根系的根长密度函数关系最密切。由此说明，直径>2mm 的根系各项指标对产沙量的影响显著高于其他直径根系。

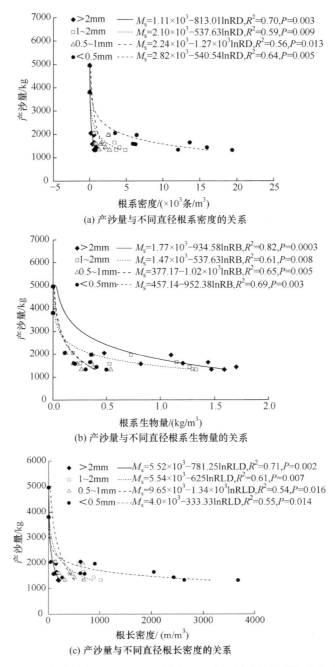

图 5-19　产沙量与 0～120cm 土层中不同直径根系特征参数的关系

　　为探明不同土层中不同直径的根系对产沙的影响，产沙量与 2 个土层 4 个直径根系特征参数之间回归结果如图 5-20 所示。产沙量与 0～20cm 土层 0.5～1mm

直径根系密度关系不显著(P=0.08)，与其他直径根系密度均呈显著对数函数关系，但与 20～120cm 土层相比，产沙量与各径级根系密度的拟合关系稍差。产沙量与 20～120cm 土层<0.5mm 根系密度之间拟合关系最优(R^2=0.67，P=0.004)。产沙量与 2 个土层不同直径根系生物量之间对数关系显著，整体上与 20～120cm 土层根系生物量拟合关系优于 0～20cm 土层，尤其是>2mm 根系生物量(R^2=0.75，P=0.001)。产沙量与 0～20cm 土层<0.5mm 根系根长密度函数关系最优(R^2=0.80，P=0.001)。总之，不考虑根系直径及其在土层中的分布时，根系生物量是估测产沙量的最优因子；考虑根系直径影响时，可采用>2mm 根系生物量预测产沙量，考虑不同土层根系直径对产沙量的影响时，0～20cm 土层中<0.5mm 直径根系的根长密度对产沙量影响最大。

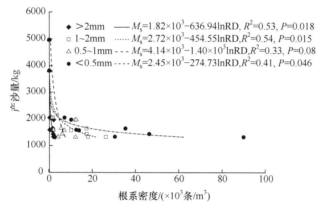

(a) 产沙量与0～20cm土层中不同直径根系密度的关系

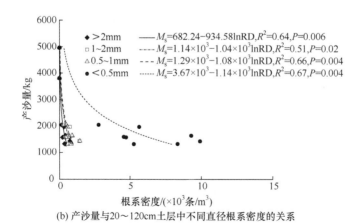

(b) 产沙量与20～120cm土层中不同直径根系密度的关系

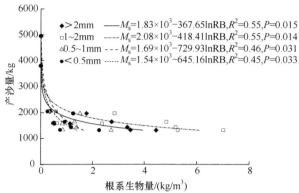

(c) 产沙量与0～20cm土层中不同直径根系生物量的关系

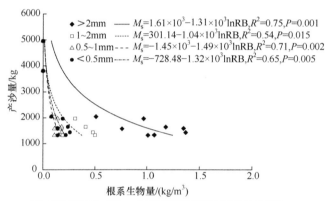

(d) 产沙量与20～120cm土层中不同直径根系生物量的关系

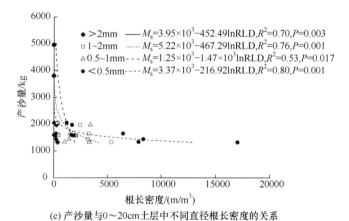

(e) 产沙量与0～20cm土层中不同直径根长密度的关系

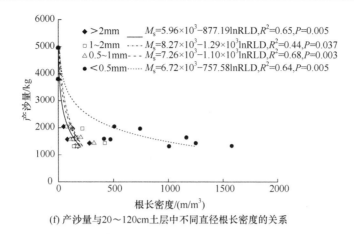

(f) 产沙量与20～120cm土层中不同直径根长密度的关系

图 5-20 产沙量与 0～20cm 和 20～120cm 土层中不同直径根系特征参数的关系

4. 塬面坡度对产沙的影响

图 5-21 为不同土地利用方式下 1.2m 沟头在不同塬面坡度下径流含沙量变化过程。就裸地而言，试验过程中不同时段 3°～9°坡对应的沟头径流含沙量明显不同，在 0～180min，最大含沙量分别出现在 6°(0.105g/mL)、9°(0.114g/mL)、9°(0.100g/mL)和 6°(0.089g/mL)坡小区，坡度越大，最大含沙量越容易出现；最小含沙量分别出现在 3°、3°、6°和 3°坡小区，可见坡度越小，最小含沙量出现的概率越大；最大极差则分别出现在 6°、3°、6°和 6°坡小区，说明 6°坡小区出现最大极差的可能性更大。最大均值分别出现在 6°(0.071g/mL)、9°(0.088g/mL)、9°(0.079g/mL)和 9°(0.071g/mL)塬面小区，说明坡度越大，沟头径流含沙量越大。对于草地，6°坡小区初始(0～5min)径流含沙量是 3°坡小区的 1.72 倍，之后 3°坡小区径流含沙量波动增强且普遍高于 6°坡小区，而 6°坡小区径流含沙量基本保持稳定，只存在小幅度的上下波动，在 0～90min，3°坡小区径流含沙量变异系数分别是 6°坡小区的 1.91 倍和 2.90 倍。在 90～135min，6°坡小区含沙量大幅波动，极差高达 0.036g/mL，变异系数为 0.566，分别是 3°坡小区的 2.57 倍和 2.17 倍。对于灌草地，在 0～180min，最大含沙量分别出现在 6°(0.043g/mL)、9°(0.052g/mL)、9°(0.058g/mL)和 9°(0.054g/mL)坡小区，最小含沙量均出现在 3°塬面小区；最大极差则分别出现在 6°、9°、9°和 9°坡小区，塬面坡度越大，径流含沙量极差越大。含沙量最大均值均出现在 9°塬面小区，分别为 0.021g/mL、0.033g/mL、0.034g/mL和 0.031g/mL，说明坡度越大，沟头径流含沙量越大。

表 5-18 为 1.2m 沟头不同塬面坡度小区沟头径流含沙量在试验 0～180min 的变化特征。由表 5-18 可知，对于裸地，塬面坡度从 3°增至 9°，最大径流含沙量增加了 30.39%，最小径流含沙量增加了 84.73%，而极差先增加后降低，6°和 9°

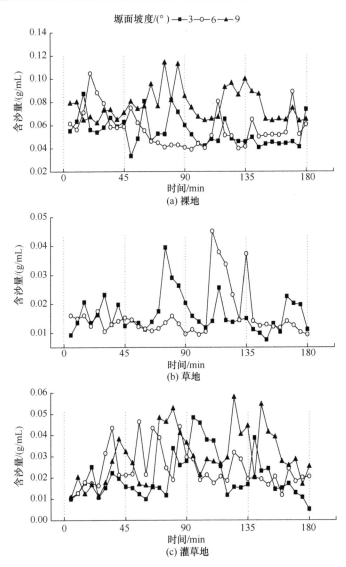

图 5-21　不同土地利用方式下 1.2m 沟头在不同塬面坡度下径流含沙量变化过程

表 5-18　1.2m 沟头不同塬面坡度小区径流含沙量变化特征

土地利用方式	塬面坡度/(°)	Max/(g/mL)	Min/(g/mL)	Max-Min/(g/mL)	Average/(g/mL)	Cv
裸地	3	0.0872	0.0334	0.0538	0.0543	0.233
	6	0.1046	0.0391	0.0655	0.0569	0.277
	9	0.1137	0.0617	0.0520	0.0770	0.180

续表

土地利用方式	塬面坡度/(°)	Max/(g/mL)	Min/(g/mL)	Max-Min/(g/mL)	Average/(g/mL)	Cv
草地	3	0.0395	0.0076	0.0319	0.0164	0.391
	6	0.0451	0.0094	0.0357	0.0159	0.541
灌草地	3	0.0483	0.0052	0.0431	0.0203	0.522
	6	0.0464	0.0106	0.0358	0.0238	0.391
	9	0.0578	0.0105	0.0473	0.0296	0.432

坡小区沟头径流含沙量均值较 3°坡分别增加了 4.79%和 41.80%，变异系数同极差变化一致。对于草地，塬面坡度从 3°增至 6°，径流含沙量最大值、最小值、极差和变异系数均增大，增幅分别为 14.18%、23.68%、12.23%和 38.36%，而径流含沙量均值有所降低，降幅为 3.05%，6°坡小区沟头径流含沙量降低与植被盖度较大可能存在联系。对于灌草地，塬面坡度增大，沟头径流含沙量最大值、最小值、极差和变异系数变化并无明显规律，而平均径流含沙量随塬面坡度的增大而增大，9°和 6°坡小区沟头径流含沙量均值分别较 3°坡增加了 45.81%和 17.24%。

5. 沟头高度对产沙的影响

图 5-22 为不同土地利用方式下 3°坡不同沟头高度径流含沙量变化过程。由图 5-22 可知，对于裸地而言，在 0～45min，1.2m 沟头小区径流含沙量在试验初期就开始波动变化，而 1.5m 沟头小区径流含沙量基本保持稳定状态，1.2m 沟头小区径流含沙量变异系数是 1.5m 沟头小区的 4.18 倍，而含沙量均值为 1.5m 沟头小区的 81.58%。在 45～90min，二者径流含沙量均经历大幅波动，1.2m 沟头小区径流含沙量波动幅度(极差)为 0.048g/mL，较 1.5m 沟头小区降低 5.88%，含沙量均值降低 22.37%，但变异系数仍高于 1.5m 小区。在 90～135min 二者径流率变化过程较为相似，但 1.5m 沟头小区径流率均大于 1.2m 沟头小区，平均径流含沙量为 51.02%，且波峰出现的时间较 1.2m 沟头小区提前了 10min。在 135～180min，1.5m 沟头小区径流含沙量持续大幅波动变化，而 1.2m 沟头小区含沙量变化相对稳定。对于灌草地，在 0～45min，不同沟头高度小区径流含沙量变化与裸地基本一致，在 45～180min，1.5m 沟头小区径流含沙量的增减过程与 1.2m 沟头小区具有相似性，但 1.5m 沟头小区径流含沙量普遍大于 1.2m 沟头小区，45～90min、90～135min 和 135～180min 平均径流含沙量较 1.2m 沟头小区分别增加了 78.95%、78.57%和 66.67%，并且 1.2m 沟头小区径流含沙量变化波峰出现的时间较 1.5m 沟头小区推迟了 0～20min。

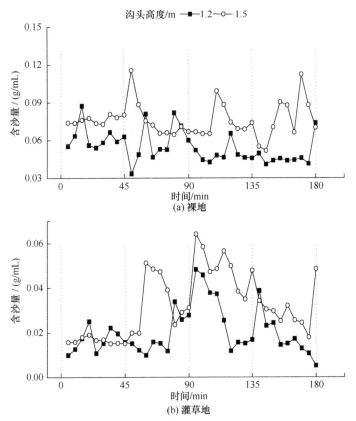

图 5-22　不同土地利用方式下 3° 坡不同沟头高度径流含沙量变化过程

　　图 5-23 为不同土地利用方式下不同沟头高度径流含沙量分布特征。对于裸地，沟头高度为 1.5m 时，0～180min 平均径流含沙量为 0.076g/mL，较沟头高度为 1.2m 时增加 40.74%，这是因为 1.5m 沟头较 1.2m 沟头前进速率更大，总产沙量更大。1.5m 沟头最大径流含沙量较 1.2m 沟头增加了 32.18%，最小径流率较 1.2m 沟头增加了 66.67%，异常值的出现说明重力侵蚀对径流含沙量存在显著影响，且异常值均出现在上边缘以上，1.2m 沟头只有 1 个异常值，而 1.5m 沟头的异常值增加到 2 个，说明沟头高度越高，重力侵蚀对径流含沙量的影响越显著，含沙量的叠加幅度将越大。1.5m 沟头径流含沙量中位数、上下四分位数均较 1.2m 沟头增大，增幅分别为 44.69%、30.86% 和 46.54%，中位数及下四分位数的增幅均大于平均径流含沙量的增加幅度。对于灌草地，沟头高度为 1.5m 时的平均径流含沙量为 0.033g/mL，较沟头高度为 1.2m 时增加了 65.00%，较裸地增幅更为显著；1.5m 沟头最大径流含沙量较 1.2m 沟头增加了 33.33%，最小径流含沙量较 1.2m 沟头增加了 2 倍，1.2m 沟头径流含沙量有 2 个异常值，且均出现在上边缘以上，而 1.5m 沟头并未出现异常值，说明在灌草地沟头，沟道重

力崩塌体对 1.2m 沟头径流含沙量的叠加作用较 1.5m 沟头更大。1.5m 沟头径流率中位数、上下四分位数较 1.2m 沟头均增大，增幅分别为 90.48%、88.89%和 45.28%，中位数及上四分位数的增幅均大于平均径流含沙量的增加幅度。

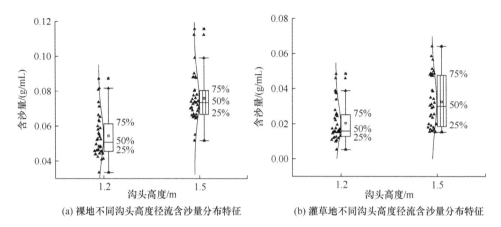

(a) 裸地不同沟头高度径流含沙量分布特征   (b) 灌草地不同沟头高度径流含沙量分布特征

图 5-23 不同土地利用方式下不同沟头高度径流含沙量分布特征

5.2.3 沟头溯源侵蚀产沙贡献率特征

表 5-19 为不同处理塬面及沟头径流含沙量和泥沙贡献率。

表 5-19 不同处理塬面及沟头径流含沙量和泥沙贡献率

土地利用方式	塬面坡度/(°)	沟头高度/m	塬面径流含沙量/(g/mL)	沟头径流含沙量/(g/mL)	塬面泥沙贡献率/%	沟头泥沙贡献率/%
裸地	3	1.2	0.0105	0.0543	19.31	80.69
	3	1.5	0.0096	0.0759	12.70	87.30
	6	1.2	0.0114	0.0569	20.11	79.89
	9	1.2	0.0203	0.0770	26.31	73.69
草地	3	1.2	0.0018	0.0164	10.99	89.01
	6	1.2	0.0024	0.0159	15.13	84.87
灌草地	3	1.2	0.0017	0.0203	8.34	91.66
	3	1.5	0.0019	0.0325	5.99	94.01
	6	1.2	0.0021	0.0238	9.00	91.00
	9	1.2	0.0029	0.0296	9.95	90.05

由表 5-19 可知，裸地小区塬面泥沙贡献率为 12.70%～26.31%，草地小区塬面泥沙贡献率为 10.99%～15.13%，灌草地小区塬面泥沙贡献率为 5.99%～9.95%。裸地、草地和灌草地沟头泥沙贡献率分别为 73.69%～87.30%、84.87%～89.01%

和 90.05%～94.01%。塬面坡度和沟头高度均相同时，裸地小区塬面泥沙贡献率最大，较草地和灌草地小区分别高出 39.91%～75.71%和 123.44%～164.42%。坡度对塬面/沟头泥沙贡献率存在显著影响，裸地、草地和灌草地小区，塬面泥沙贡献率随坡度的增大而增大。就裸地而言，塬面坡度为 9°时的塬面泥沙贡献率是塬面坡度为 3°小区的 1.36 倍；对于草地小区，塬面坡度为 6°时的塬面泥沙贡献率是塬面坡度为 3°小区的 1.38 倍；对于灌草地而言，塬面坡度为 9°时的塬面泥沙贡献率是塬面坡度为 3°小区的 1.19 倍。沟头高度对塬面泥沙贡献率也存在较大影响，对于塬面坡度为 3°的裸地小区，沟头高度为 1.5m 时，其塬面泥沙贡献率是沟头高度为 1.2m 小区的 65.77%；对于塬面坡度为 3°的灌草地小区来说，其塬面泥沙贡献率是沟头高度为 1.2m 小区的 71.82%。

5.3　沟头溯源侵蚀泥沙颗粒变化特征

5.3.1　泥沙颗粒组成变化特征

如图 5-24 为 3°和 6°坡度各次试验侵蚀泥沙颗粒组成变化。坡度为 3°时，对于对照小区，与原状土(试验前土壤)相比，侵蚀泥沙砂粒含量增大 28.52%～42.15%，粉粒减少 3.78%～5.18%，第Ⅰ场和第Ⅵ场试验黏粒增加 0.34%和 0.05%，其余 4 次试验黏粒减少 0.68%～10.28%。对于 0 和 20%盖度，黏粒较原状土增加 1.88%～13.91%，粉粒增加 0.86%～2.10%(除第Ⅰ场和第Ⅵ场)，砂粒减少 1.65%～21.05%。盖度增大至 50%时，黏粒减少 2.51%～12.84%，粉粒增加 0.58%～5.44%，第Ⅰ场和第Ⅲ场试验砂粒减少 22.36%和 3.02%，其余场次砂粒增加 0.76%～10.25%。盖度增加至 80%时，黏粒减少 18.03%～26.26%，粉粒平均减少 0.37%，砂粒增加 23.95%～56.58%。

坡度为 6°时，对照小区各次试验砂粒增加 8.71%～52.95%，黏粒减少 14.22%～22.18%，而粉粒含量在第Ⅳ场和第Ⅴ场试验分别增加了 1.99%和 0.30%，其余 4 场粉粒减少 0.04%～3.37%。盖度为 0 和 20%时，粉粒和黏粒均减少，砂粒增加幅度较大，尤其是 20%盖度小区各次试验砂粒增加 158.05%～179.50%。盖度增大至 50%和 80%时，砂粒增加的幅度逐渐减小，砂粒分别增加 23.88%～115.29%和 13.40%～49.88%(第Ⅲ场和第Ⅳ场减少)，50%盖度小区第Ⅱ、Ⅲ场及 80%盖度小区第Ⅲ、Ⅳ场粉粒均有所增加，黏粒含量分别减少 13.36%～29.70%和 1.86%～10.58%。各小区整体上砂粒富集，粉粒和黏粒相对减少。

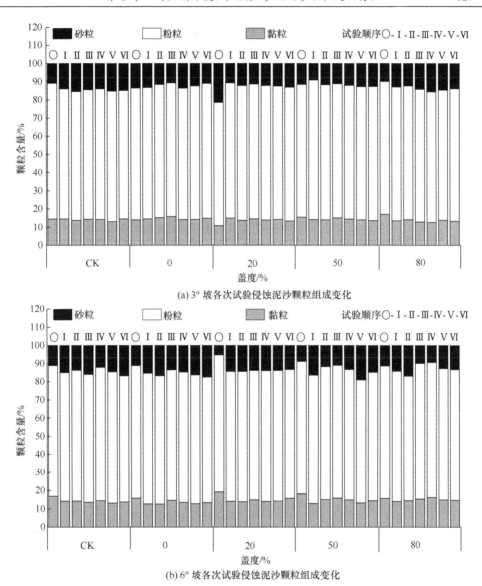

(a) 3° 坡各次试验侵蚀泥沙颗粒组成变化

(b) 6° 坡各次试验侵蚀泥沙颗粒组成变化

图 5-24　3° 坡和 6° 坡各次试验侵蚀泥沙颗粒组成变化

○-试验前土壤颗粒组成

5.3.2　泥沙颗粒特征指标变化特征

表 5-20 为 3°坡和 6°坡不同盖度小区各次试验侵蚀泥沙颗粒的分形维数统计，图 5-25 为分形维数与泥沙颗粒含量的关系。坡度为 3°时，整体上，0 盖度小区各次试验侵蚀泥沙的分形维数大于试验前土壤颗粒分形维数。盖度为 20%～80%时，各次试验侵蚀泥沙颗粒分形维数均较原状土减小，减幅分别为

0.08%～1.01%、0.21%～1.17%和1.62%～2.45%。坡度为6°时，随着盖度增大，各小区侵蚀泥沙分形维数分别较原状土减小1.36%～2.13%、0.62%～1.84%、1.47%～2.54%、1.18%～2.83%和0.25%～0.90%。由图5-25可知，分形维数与黏粒、粉粒呈极显著递增的线性关系($R^2 \geqslant 0.31$，$P<0.01$)。分形维数随砂粒含量的增大而减小，坡度为3°时二者呈极显著反比例函数关系($R^2=0.15$，$P<0.01$)，坡度为6°时呈极显著对数函数关系($R^2=0.74$，$P<0.01$)，结果与众多研究均一致(李泳等，2005；黄冠华等，2002；张世熔等，2002)。这说明有植被覆盖时，土壤细颗粒可以有效地被拦蓄，植被一方面可以蓄水减沙，另一方面可以防止坡面土壤粗化。

表5-20 3°坡和6°坡不同盖度小区各次试验侵蚀泥沙颗粒分形维数统计表

试验场次	3°坡					6°坡				
	CK	0	20%	50%	80%	CK	0	20%	50%	80%
O	2.542	2.535	2.551	2.557	2.577	2.577	2.562	2.601	2.592	2.559
I	2.545	2.545	2.549	2.535	2.524	2.540	2.515	2.538	2.519	2.536
II	2.534	2.553	2.531	2.533	2.535	2.540	2.516	2.535	2.549	2.546
III	2.543	2.562	2.542	2.552	2.516	2.531	2.546	2.550	2.561	2.552
IV	2.541	2.539	2.533	2.540	2.513	2.542	2.529	2.536	2.548	2.564
V	2.520	2.540	2.539	2.533	2.533	2.522	2.519	2.541	2.528	2.547
VI	2.545	2.614	2.525	2.527	2.524	2.534	2.529	2.562	2.543	2.545

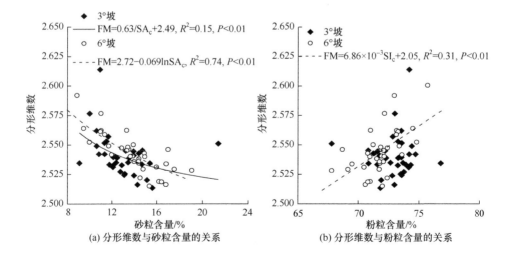

(a) 分形维数与砂粒含量的关系　　　　(b) 分形维数与粉粒含量的关系

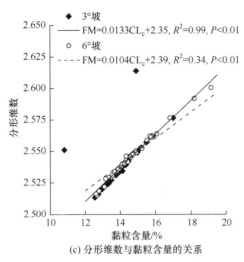

(c) 分形维数与黏粒含量的关系

图 5-25　分形维数与泥沙颗粒含量的关系

FM 表示分形维数；SA_c、SI_c 和 CL_c 分别表示砂粒、粉粒和黏粒含量

平均重量直径 MWD 也是表征侵蚀泥沙颗粒分布特征的参数，MWD 越大，说明泥沙颗粒越粗。表 5-21 为 3°和 6°不同盖度小区各次试验侵蚀泥沙颗粒 MWD 统计，图 5-26 为平均重量直径与泥沙颗粒含量的关系。坡度为 3°时，0 和 20%盖度各次试验泥沙颗粒 MWD 不高于原状土，这说明侵蚀泥沙颗粒变细，但由表 5-20 可知，其分形维数较原状土大，这是 0.03～0.04mm 径级颗粒较多导致的。CK 和 80%盖度小区侵蚀泥沙 MWD 较原状土增加 8.99%～15.39%和 12.73%～25.23%。坡度为 6°时，80%盖度小区第Ⅲ、Ⅳ场试验泥沙颗粒 MWD 小于原状土，其余小区各次试验侵蚀泥沙 MWD 较试验前土壤 MWD 增大 6.96%～21.73%、8.59%～21.88%、38.54%～46.21%和 10.98%～41.33%。如图 5-26 所示，MWD 与砂粒含量之间呈递增的极显著线性关系($R^2 \geqslant 0.96$，$P<0.01$)，而与粉粒和黏粒与 MWD 均呈递减的极显著线性关系($R^2 \geqslant 0.65$，$P<0.01$)。

表 5-21　不同盖度小区各次试验泥沙颗粒 MWD 统计表　　(单位：mm)

试验 场次	3°坡					6°坡				
	CK	0	20%	50%	80%	CK	0	20%	50%	80%
O	0.028	0.030	0.040	0.028	0.026	0.027	0.027	0.021	0.024	0.028
Ⅰ	0.030	0.029	0.027	0.026	0.030	0.031	0.032	0.031	0.033	0.031
Ⅱ	0.032	0.028	0.029	0.028	0.029	0.030	0.033	0.030	0.028	0.032
Ⅲ	0.031	0.026	0.028	0.028	0.031	0.032	0.029	0.029	0.027	0.026
Ⅳ	0.030	0.030	0.029	0.029	0.032	0.029	0.031	0.030	0.029	0.026
Ⅴ	0.032	0.029	0.029	0.029	0.031	0.031	0.032	0.030	0.034	0.029
Ⅵ	0.031	0.028	0.030	0.029	0.030	0.033	0.033	0.029	0.031	0.029

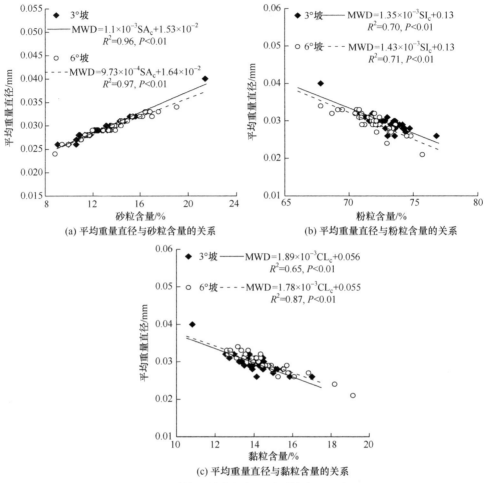

图 5-26　平均重量直径与泥沙颗粒含量的关系

　　表 5-22 和表 5-23 为 3°和 6°坡不同盖度各次试验侵蚀泥沙颗粒不均匀系数 Cu 和曲率系数 Cc，图 5-27 和图 5-28 分别为不均匀系数和曲率系数与泥沙颗粒含量的关系。Cu 是限制粒径(d_{60})与有效粒径(d_{10})的比值，是反映土壤颗粒均匀程度的指标，Cu 一般大于 1，Cu 越接近于 1，表明土壤颗粒越均匀。Cu<5 的土称为匀粒土，级配不良，Cu 越大，表示粒组分布越广，Cu≥5 的土级配良好，但 Cu 过大，表示可能缺失中间粒径，属不连续级配，需同时用曲率系数 Cc 来评价，曲率系数是描述累计曲线整体形状的指标。因此，一般认为 Cu≥5，Cc 为 1～3 时，颗粒级配较好。由表 5-22 和表 5-23 可知，各次试验侵蚀泥沙颗粒级配较好。对于 3°和 6°坡，与原状土相比，各个小区侵蚀泥沙颗粒 Cu 随放水流量呈波动式增大的趋势，整体上盖度越大，Cu 越小，粒径颗粒分布越均匀，Cu 随砂粒含量增

大而增大，呈极显著线性关系($R^2 \geqslant 0.30$，$P<0.01$)，Cu 与粉粒含量呈极显著递减的线性关系($R^2=0.23$，$P<0.01$)，Cu 随黏粒含量变化不显著。

表 5-22 3°和 6°坡不同盖度各次试验泥沙颗粒不均匀系数

试验场次	3°坡					6°坡				
	CK	0	20%	50%	80%	CK	0	20%	50%	80%
O	8.980	9.445	8.757	9.446	8.979	10.189	9.444	8.756	9.685	9.444
I	10.187	9.565	9.209	8.541	8.981	10.188	9.444	9.686	9.687	9.685
II	10.188	9.209	8.869	9.095	8.980	10.187	9.686	9.445	10.988	9.310
III	10.187	9.209	9.209	9.444	8.980	10.061	9.445	9.791	9.686	9.085
IV	9.445	9.566	8.980	9.209	9.209	9.328	9.446	9.445	9.686	9.444
V	9.446	9.209	9.209	9.210	9.267	9.211	9.687	9.686	10.582	9.513
VI	10.187	9.209	8.848	8.981	9.210	10.318	10.188	10.447	9.934	9.809

表 5-23 3°和 6°坡不同盖度各次试验泥沙颗粒曲率系数

试验场次	3°坡					6°坡				
	CK	0	20%	50%	80%	CK	0	20%	50%	80%
O	1.615	1.536	1.742	1.460	1.320	1.354	1.460	1.353	1.287	1.536
I	1.575	1.442	1.497	1.460	1.699	1.656	1.879	1.575	1.742	1.424
II	1.832	1.354	1.636	1.595	1.615	1.832	1.832	1.615	1.699	1.481
III	1.656	1.354	1.497	1.535	1.699	1.677	1.460	1.439	1.656	1.518
IV	1.536	1.516	1.615	1.575	1.742	1.555	1.615	1.615	1.497	1.460
V	1.787	1.656	1.497	1.575	1.770	1.657	1.742	1.575	1.677	1.525
VI	1.656	1.497	1.639	1.536	1.656	1.636	1.656	1.388	1.536	1.479

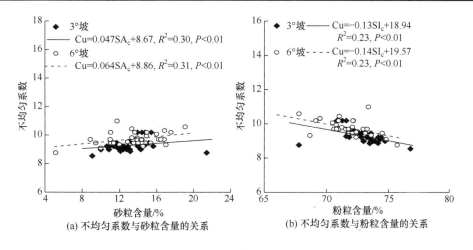

(a) 不均匀系数与砂粒含量的关系 (b) 不均匀系数与粉粒含量的关系

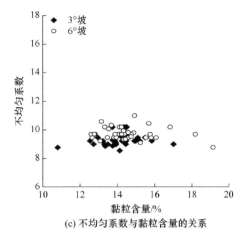

(c) 不均匀系数与黏粒含量的关系

图 5-27 不均匀系数与泥沙颗粒含量的关系

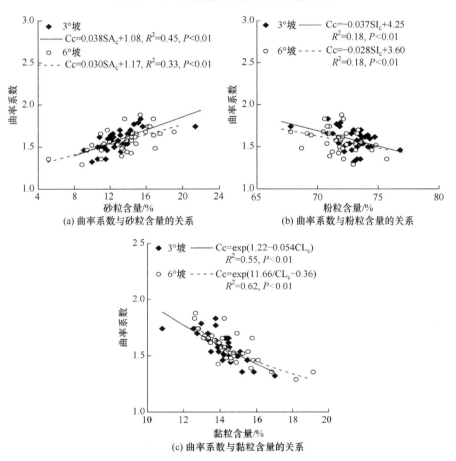

图 5-28 曲率系数与泥沙颗粒含量的关系

对于曲率系数，坡度为 3°时，与原状土相比，0 和 20%盖度小区试验 Cc 大多呈减小趋势，减小幅度为 1.28%～11.86%和 5.91%～14.07%，其余小区侵蚀泥沙颗粒曲率系数大多高于原状土。坡度为 6°时，80%盖度小区各次试验 Cc 较试验前减小 0.72%～7.29%，CK、0、20%及 50%盖度小区 Cc 则相对增加 14.84%～35.33%、0.01%～28.69%、2.56%～19.34%和 16.36%～35.40%。分析 Cc 与砂粒、粉粒及黏粒含量关系可知，Cc 与砂粒呈递增的线性关系($R^2 \geqslant 0.33$，$P<0.01$)，Cc 与粉粒呈递减的线性关系($R^2=0.18$，$P<0.01$)，Cc 与黏粒则呈递减的指数函数关系($R^2 \geqslant 0.55$，$P<0.01$)。

5.3.3　泥沙颗粒富集率变化特征

图 5-29 为 3°和 6°坡不同盖度小区各次试验不同粒径泥沙颗粒富集率。坡度为 3°时，从整体上看，同一小区不同场次试验富集率随粒径的变化趋势完全一致，且 0.02～0.05mm 径级是泥沙颗粒富集的临界点。对照小区<0.001mm、0.001～0.002mm、0.002～0.005mm、0.005～0.01mm 及 0.01～0.02mm 各个径级颗粒较试验前平均减少 4.43%、1.21%、4.91%、13.74%和 16.26%，0.02～0.05mm、0.05～0.1mm 及 0.1～0.2mm 表现为富集，径级越大，富集率越高，富集率分别为 1.04、1.31 和 1.79。对于 0 和 20%盖度小区，富集率随径级的变化与 CK 完全相反，即粒径<0.02mm 时，各径级颗粒表现为富集，反之相对减少。0 盖度小区各次试验泥沙中<0.02mm 径级颗粒较试验前平均增加 6.86%，>0.02mm 径级颗粒平均减少 12.11%；20%盖度小区<0.02mm 各径级(从小到大)富集率分别为 1.31、1.30、1.29、1.32 和 1.26，>0.02mm 径级颗粒平均减少 3.41%、31.18%和 76.97%，一方面是由于地表裸露的根系(0 盖度小区)和植被将径流冲刷能量大大削弱，另一方面根系网对大颗粒固定作用效果更佳，虽然细颗粒进入表层大孔隙中，但是随着径流冲刷，表层土壤逐渐被侵蚀，其中细颗粒最终被分离搬运。盖度为 50%和 80%时，径流动能被更大程度地削减，缓坡面土壤侵蚀减少，导致进入缓坡面疏松表层土壤孔隙中的细颗粒很难被再次分离，整体上富集率随粒径增大呈先缓慢增大后下降的趋势，<0.02mm 的颗粒相对减少，50%盖度小区<0.02mm 各径级泥沙颗粒相对减少 8.47%、9.16%、8.04%、5.84%和 1.73%，80%盖度小区各粒级泥沙颗粒相对减少 20.75%、24.83%、25.06%、25.07%和 12.57%。

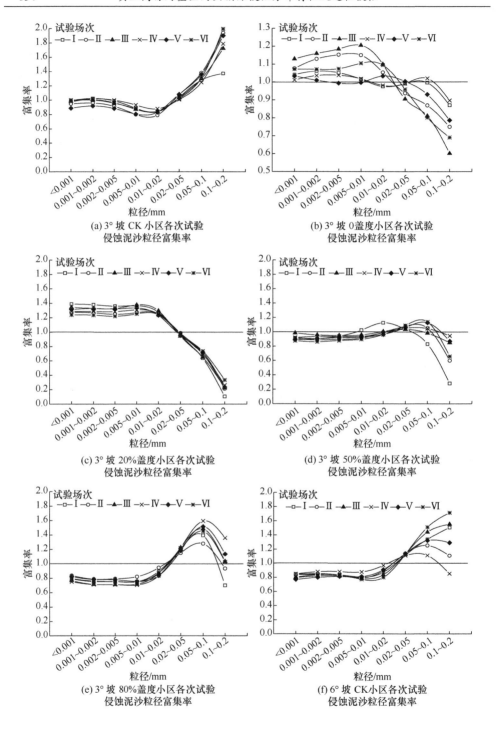

(a) 3°坡 CK 小区各次试验
侵蚀泥沙粒径富集率

(b) 3°坡 0盖度小区各次试验
侵蚀泥沙粒径富集率

(c) 3°坡 20%盖度小区各次试验
侵蚀泥沙粒径富集率

(d) 3°坡 50%盖度小区各次试验
侵蚀泥沙粒径富集率

(e) 3°坡 80%盖度小区各次试验
侵蚀泥沙粒径富集率

(f) 6°坡 CK小区各次试验
侵蚀泥沙粒径富集率

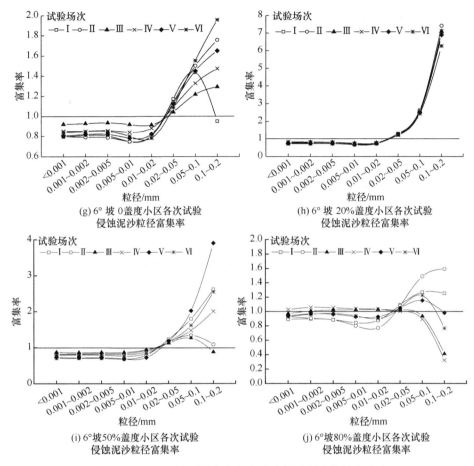

(g) 6° 坡 0盖度小区各次试验
侵蚀泥沙粒径富集率

(h) 6° 坡 20%盖度小区各次试验
侵蚀泥沙粒径富集率

(i) 6°坡50%盖度小区各次试验
侵蚀泥沙粒径富集率

(j) 6°坡80%盖度小区各次试验
侵蚀泥沙粒径富集率

图 5-29　3°和 6°坡不同盖度各次试验侵蚀泥沙粒径富集率

坡度为 6°时,各小区各次试验泥沙富集率随粒径的增大逐渐增大,0.02～0.05mm 径级仍然是不同径级泥沙富集或减少的临界径级,所有小区各次试验不同泥沙径级富集率随粒径的变化趋势基本一致。径级<0.02mm 时,对照小区<0.02mm 颗粒较原状土平均减少 16.49%,>0.02mm 颗粒平均富集率为 1.27。0～80%盖度小区各次试验<0.02mm 泥沙颗粒平均富集率分别为 0.17、0.26、0.21 和 0.05。盖度为 50%和 80%时,不同场次试验 0.1～0.2mm 大颗粒富集率差异变大,可能是径流对崩塌在沟道中的堆积土体不同粒径泥沙颗粒的搬运过程与崩塌之前径流冲刷和搬运沟道泥沙过程存在差异导致的。

5.3.4　土地利用方式对泥沙颗粒分选特征的影响

图 5-30 为不同处理沟头土体(0～1.2m/1.5m)及塬面泥沙颗粒组成特征。由图 5-30可知,裸地小区沟头土体土壤颗粒组成中黏粒含量变化范围为 23.93%～26.74%,

粉粒含量变化范围为 66.29%~67.56%，砂粒含量变化范围为 5.74%~9.02%，沟头溯源侵蚀泥沙颗粒组成中黏粒含量为 20.05%~26.07%，粉粒含量为 62.77%~65.46%，砂粒含量为 9.50%~16.84%。草地小区沟头土体土壤颗粒组成黏粒含量变化范围为 23.71%~25.37%，粉粒含量变化范围为 65.37%~66.58%，砂粒含量变化范围为 8.05%~10.92%，沟头各场次溯源侵蚀泥沙黏粒含量在 11.87%~19.25%，粉粒含量为 67.47%~71.85%，砂粒含量为 10.06%~17.91%。灌草地小区沟头土体土壤颗粒组成黏粒含量变化范围为 23.03%~25.21%，粉粒含量变化范围为 66.74%~67.79%，砂粒含量变化范围为 8.05%~9.36%，沟头侵蚀泥沙黏粒含量

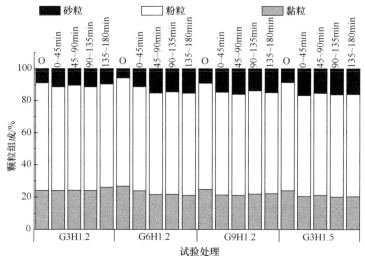

(a) 裸地小区不同试验处理沟头土体及泥沙颗粒组成

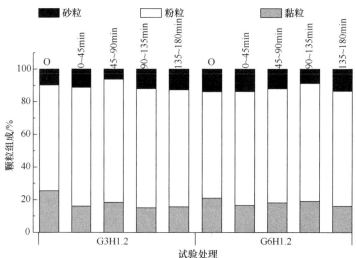

(b) 草地小区不同试验处理沟头土体及泥沙颗粒组成

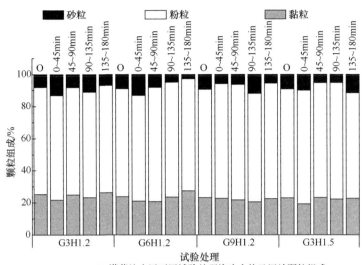

图 5-30　不同试验处理沟头土体及塬面泥沙颗粒组成特征

在 19.24%～27.41%，粉粒含量为 65.20%～72.67%，砂粒含量为 5.17%～13.15%。

表 5-24～表 5-26 分别分析了裸地、草地和灌草地小区在 4 场试验中沟头泥沙颗粒富集特征。由表可知侵蚀泥沙黏粒、粉粒、砂粒含量较沟头土体土壤相应颗粒含量的变幅及黏粒、粉粒、砂粒富集率特征。

表 5-24　裸地沟头泥沙颗粒富集特征

试验处理	试验历时 /min	黏粒含量 变幅/%	粉粒含量 变幅/%	砂粒含量 变幅/%	黏粒 富集率	粉粒 富集率	砂粒 富集率
G3H1.2	0～45	−0.55	−3.71	29.92	0.99	0.96	1.30
	45～90	0.13	−2.51	18.84	1.00	0.97	1.19
	90～135	−0.12	−3.92	30.32	1.00	0.96	1.30
	135～180	8.22	−4.03	8.31	1.08	0.96	1.08
G6H1.2	0～45	−10.64	−4.01	96.74	0.89	0.96	1.97
	45～90	−19.21	−6.27	163.25	0.81	0.94	2.63
	90～135	−18.84	−5.57	153.32	0.81	0.94	2.53
	135～180	−21.12	−5.70	165.45	0.79	0.94	2.65
G9H1.2	0～45	−13.78	−3.38	62.58	0.86	0.97	1.63
	45～90	−14.66	−5.13	77.84	0.85	0.95	1.78
	90～135	−11.25	−3.10	53.62	0.89	0.97	1.54
	135～180	−10.09	−5.09	65.09	0.90	0.95	1.65
G3H1.5	0～45	−14.78	−7.09	97.81	0.85	0.93	1.98
	45～90	−12.08	−5.69	79.09	0.88	0.94	1.79
	90～135	−16.22	−5.61	90.14	0.84	0.94	1.90
	135～180	−15.31	−5.58	87.29	0.85	0.94	1.87

表 5-25　草地沟头泥沙颗粒富集特征

试验处理	试验历时/min	黏粒含量变幅/%	粉粒含量变幅/%	砂粒含量变幅/%	黏粒富集率	粉粒富集率	砂粒富集率
G3H1.2	0～45	−36.09	1.60	100.48	0.64	1.02	2.00
	45～90	−24.11	2.55	54.84	0.76	1.03	1.55
	90～135	−32.16	1.33	90.28	0.68	1.01	1.90
	135～180	−24.27	6.23	24.95	0.76	1.06	1.25
G6H1.2	0～45	−49.94	7.42	64.03	0.50	1.07	1.64
	45～90	−48.27	9.92	45.47	0.52	1.10	1.45
	90～135	−41.00	9.56	31.81	0.59	1.10	1.32
	135～180	−44.43	8.61	44.97	0.56	1.09	1.45

表 5-26　灌草地沟头泥沙颗粒富集特征

试验处理	试验历时/min	黏粒含量变幅/%	粉粒含量变幅/%	砂粒含量变幅/%	黏粒富集率	粉粒富集率	砂粒富集率
G3H1.2	0～45	−14.08	−2.29	63.11	0.86	0.98	1.63
	45～90	−1.47	0.39	1.41	0.99	1.00	1.01
	90～135	−8.29	−1.44	37.90	0.92	0.99	1.38
	135～180	4.20	0.22	−14.99	1.04	1.00	0.85
G6H1.2	0～45	−11.73	−2.01	45.85	0.88	0.98	1.46
	45～90	−12.90	5.82	−9.40	0.87	1.06	0.91
	90～135	−1.39	6.56	−45.28	0.99	1.07	0.55
	135～180	15.34	3.97	−70.06	1.15	1.04	0.30
G9H1.2	0～45	−2.04	5.79	−36.63	0.98	1.06	0.63
	45～90	−6.50	6.65	−31.78	0.94	1.07	0.68
	90～135	−11.44	0.11	27.61	0.89	1.00	1.28
	135～180	−3.28	6.67	−39.94	0.97	1.07	0.60
G3H1.5	0～45	−16.44	4.30	9.51	0.84	1.04	1.10
	45～90	0.48	5.52	−41.95	1.00	1.06	0.58
	90～135	−3.79	7.21	−43.72	0.96	1.07	0.56
	135～180	−1.56	−2.95	25.71	0.98	0.97	1.26

对于裸地，沟头溯源侵蚀泥沙黏粒含量除了在 G3H1.2 小区 45～90min 和 135～180min 分别较沟头土体增加了 0.13%和 8.22%，黏粒富集率分别为 1.00 和 1.08，表现为黏粒富集，其他场次黏粒含量普遍降低，降幅为 0.12%～21.12%，黏粒富集率变化范围为 0.79～1.00；粉粒含量普遍降低，降幅较小，为 2.51%～

7.09%，粉粒富集率变化范围为 0.93～0.97；砂粒含量普遍增加，增幅较大，为 8.31%～165.45%，砂粒富集率变化范围为 1.08～2.65，且在塬面坡度为 6°时，砂粒富集率最大，为 1.97～2.65。

对于草地，沟头溯源侵蚀泥沙黏粒含量普遍显著降低，降幅为 24.11%～49.94%，黏粒富集率变化范围为 0.50～0.76。当坡度从 3°增大到 6°时，黏粒含量降幅从 24.11%～36.09%增大至 41.00%～49.94%；粉粒含量普遍增大，增幅较小，为 1.33%～9.92%，粉粒富集率变化范围为 1.01～1.10，并表现为坡度越大，粉粒含量增幅越大；砂粒含量普遍显著增加，增幅较大，为 24.95%～100.48%，砂粒富集率变化范围为 1.25～2.00。

对于灌草地，沟头溯源侵蚀泥沙黏粒含量在 G3H1.2、G6H1.2 小区 135～180min 及 G3H1.5 小区 45～90min 增大，增幅为 0.48%～15.34%，富集率为 0.84～1.15，大部分时段黏粒含量降低，降幅为 1.47%～16.44%；粉粒含量在 G3H1.2 小区 0～45min、90～135min 和 G6H1.2 小区 0～45min 及 G3H1.5 小区 135～180min 微弱下降，降幅仅为 1.44%～2.95%，大部分时段粉粒含量普遍微弱增加，增幅为 0.11%～7.21%，富集率为 0.97～1.07；砂粒含量变化较为复杂，G3H1.2 小区 0～135min、G6H1.2 小区 0～45min、G9H1.2 小区 90～135min 及 G3H1.5 小区 0～45min 和 135～180min 砂粒含量均增加，增幅 1.41%～63.11%，而在其余时段均降低，降幅可达 9.40%～70.06%，砂粒富集率为 0.30～1.63。

5.4　本 章 小 结

本章主要对沟头溯源过程中径流产沙变化进行了研究，并从各小区土壤理化性质和根系分布的差异角度揭示了沟头溯源侵蚀径流产沙特征。得到以下主要结论。

(1) 3°和 6° 2 个坡度各试验小区径流率呈多峰多谷的变化趋势，大部分试验波动在剧烈程度(Cv>1)。各次试验径流量随盖度增大而减小，随放水流量增大而增大。盖度越大，土壤中有机质和水稳性团聚体含量显著增大，容重变小，孔隙度增大，使土壤渗透性得到提升，抗崩解性能增强，分析表明径流量与崩解速率、容重、渗透系数、有机质含量及 2～5mm 团聚体含量相关关系显著，并与崩解速率和 2～5mm 水稳性团聚体含量之间分别呈极显著对数和线性关系，0～20cm 土层中 1～2mm 直径的根系对径流量的影响最显著。

(2) 各次试验土壤侵蚀速率变化与径流变化相似，重力侵蚀产生的崩塌物导致所有试验产沙过程波动剧烈，产沙过程线呈多峰多谷趋势。产沙量随放水流量增大以线性方式增大。3°和 6° 2 个坡度 0～80%盖度小区减沙效益分别为 49.50%～

63.56%、49.42%~71.97%、55.16%~78.66%和 56.98%~75.05%和 45.39%~72.70%、40.57%~71.79%、37.26%~83.87%和64.70%~78.14%。产沙量与砂粒、粉粒、黏粒、有机质含量均无相关关系($P>0.05$)，与崩解速率和>5mm 团聚体相关性达到极显著($P<0.01$)，与渗透系数、容重及<0.25mm 团聚体含量相关性达到显著水平($P<0.01$)。0~20cm 土层中<0.5mm 根系对产沙量的影响最大。

(3) 整体上，各小区侵蚀泥沙砂粒含量增加，粉粒和黏粒含量相对减小，因此侵蚀泥沙分形维数较原状土减小，平均重量直径增大。所有试验侵蚀泥沙不均匀系数 Cu≥5，曲率系数 Cc 为 1~3，颗粒级配较好。0.02~0.05mm 粒径是泥沙富集或减少的临界径级。3°坡 CK、50%和80%盖度小区各次试验<0.02mm 粒径颗粒较原状土减少，>0.02mm 径级颗粒富集，0 和20%盖度小区则相反。6°各小区各次试验泥沙富集率随粒径增大逐渐增大，<0.02mm 径级较原状土减少，>0.02mm 颗粒较原状土富集。

(4) 对于裸地，9°和6°坡小区沟头径流含沙量均值较 3°坡分别增加41.80%和4.79%。对于草地，塬面坡度从3°增至6°，径流含沙量均值有所降低，降幅为3.05%，可能与6°坡小区植被盖度较大有关。对于灌草地，平均径流含沙量随塬面坡度的增大而增大，9°和 6°坡小区沟头径流含沙量均值分别较 3°坡增加了 45.81%和17.24%。对于裸地，沟头高度为 1.5 m 时，0~180 min 平均径流含沙量为0.076g/mL，较沟头高度为1.2 m 时增加了40.74%；对于灌草地，沟头高度为1.5 m 时的平均径流含沙量为 0.033g/mL，较沟头高度为1.2 m 时增加了 65.00%。

(5) 裸地、草地和灌草地小区塬面泥沙贡献率变化范围分别为 12.70%~26.31%、10.99%~15.13%和 5.99%~9.95%，相同条件下，裸地塬面泥沙贡献率最大，较草地和灌草地分别高 39.91%~75.71%和123.44%~164.42%。塬面泥沙贡献率随坡度的增大而增大，就裸地和灌草地而言，9°坡泥沙贡献率是3°坡小区的 1.36 倍和 1.19 倍；对于草地小区，6°坡泥沙贡献率是3°坡小区的 1.38 倍。1.5m高度沟头小区，裸地和灌草地塬面泥沙贡献率均降低，分别是 1.2m 高度沟头小区的 65.77%和 71.82%。

(6) 裸地小区侵蚀泥沙黏粒、粉粒含量整体减小，而砂粒含量整体增加，表现为砂粒富集；草地小区侵蚀泥沙黏粒含量整体降低，粉粒、砂粒含量整体增加，表现为粉粒、砂粒富集；灌草地小区侵蚀泥沙黏粒含量整体降低，粉粒含量整体增大，呈富集状态，而砂粒含量变化较为复杂。

第 6 章　沟头溯源径流水动力学特征

6.1　不同植被盖度与放水流量下径流水动力学特征

6.1.1　径流水力学参数随盖度和放水流量的变化

1. 流速随盖度和放水流量变化

流速是表征坡面水动力特性的重要参数，许多水力学及水动力学参数均可由流速计算。因此，欲研究坡面流侵蚀动力机制，必须对流速、影响因素及变化规律进行研究。图 6-1 为 3°和 6°坡不同盖度小区各次试验流速变化，表 6-1 和表 6-2 分别为流速与放水流量和盖度的拟合关系。由图 6-1 可知，坡度为 3°时，对照小区平均流速为 0.61~1.07m/s，整体上随放水流量增大而增大。0、20%、50%、80%盖度小区各次试验流速分别为 0.47~0.79m/s、0.22~0.31m/s、0.13~0.27m/s 和 0.14~0.25m/s，整体随流量增大而增大。流速与放水流量回归分析结果如表 6-1 所示，除 0 盖度外，其余小区流速与放水流量之间函数关系显著($R^2 \geq 0.78$，$P \leq 0.02$)。坡度为 6°时，对照小区流速为 0.58~0.81m/s，0、20%、50%、80%盖度小区流速分别为 0.46~0.93m/s、0.22~0.35m/s、0.20~0.27m/s 和 0.14~0.24m/s，20%和 50%盖度小区流速与放水流量之间线性关系极显著($R^2 \geq 0.94$，$P<0.01$)，其余盖度则呈极显著指数函数关系($R^2 \geq 0.97$，$P<0.01$)。

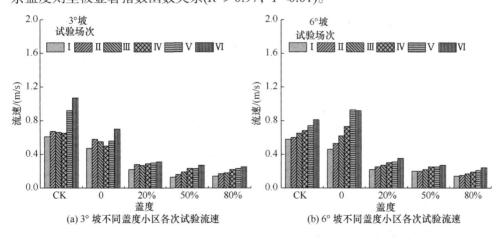

(a) 3°坡不同盖度小区各次试验流速　　　　(b) 6°坡不同盖度小区各次试验流速

图 6-1　不同盖度小区(3°和 6°坡)各次试验流速

表 6-1　流速与放水流量的拟合关系

盖度	3°坡			6°坡		
	方程	R^2	P	方程	R^2	P
CK	$v=\exp(0.036q-0.85)$	0.78	0.02	$v=\exp(0.023q-0.75)$	0.98	<0.01
0	$v=\exp(0.017q-0.85)$	0.50	0.117	$v=\exp(0.05q-1.17)$	0.97	<0.01
20%	$v=0.35-1.01/q$	0.94	0.001	$v=0.008q-0.15$	0.98	<0.01
50%	$v=0.68q^{0.031}$	0.99	<0.01	$v=0.005q-0.15$	0.94	0.002
80%	$v=0.007q-0.086$	0.98	<0.01	$v=\exp(0.036q-2.28)$	0.99	<0.01

注：v 为流速；q 为放水流量。

表 6-2　流速与盖度的拟合关系

试验场次	放水流量/(m³/h)	3°坡			6°坡		
		方程	R^2	P	方程	R^2	P
I	8	$v=\exp(-1.47CD-1.01)$	0.76	0.128	$v=\exp(-1.31CD-0.98)$	0.84	0.084
II	11	$v=\exp(-1.53CD-0.79)$	0.79	0.112	$v=\exp(-1.43CD-0.84)$	0.86	0.071
III	14	$v=\exp(-1.34CD-0.82)$	0.81	0.098	$v=\exp(-1.45CD-0.72)$	0.83	0.092
IV	17	$v=\exp(-0.99CD-0.87)$	0.79	0.113	$v=\exp(-1.50CD-0.58)$	0.81	0.10
V	20	$v=\exp(-1.04CD-0.79)$	0.74	0.14	$v=\exp(-1.65CD-0.43)$	0.74	0.14
VI	23	$v=\exp(-1.15CD-0.62)$	0.71	0.157	$v=\exp(-1.51CD-0.40)$	0.75	0.133

分析流速随盖度的变化，坡度为 3°时，流速整体随着盖度增大而减小，与对照相比，各小区流速分别减小 12.94%~38.91%、55.63%~70.84%、65.20%~78.57% 和 66.74%~77.08%。坡度为 6°，放水流量为 8~14m³/h 时(第 I ~ III 场)，随着盖度增大流速逐渐减小，与对照相比各小区流速减小 5.20%~19.70%、58.0%~62.30%、65.30%~66.40% 和 73.40%~75.70%，放水流量>14m³/h 时(第 IV ~ VI 场)，0 盖度小区流速大于对照小区，这是由于对照小区在后三次试验中崩塌较为剧烈，径流被阻滞时间较久。回归分析结果表明，由于样本数较少，流速与盖度之间的函数关系在 95% 置信水平上不显著($P>0.05$)，但对流速与放水流量和盖度关系进行逐步回归分析，结果如式(6-1)和式(6-2)所示，三者线性关系极显著($R^2 \geqslant 0.69$，$P<0.01$)。

$$v = 0.008q - 0.41CD + 0.342, R^2 = 0.69, P < 0.01(3°坡) \tag{6-1}$$

$$v = 0.016q - 0.66CD + 0.48, R^2 = 0.81, P < 0.01(6°坡) \tag{6-2}$$

2. 雷诺数随盖度和放水流量变化

雷诺数 Re 是判定径流流态的重要参数，图 6-2 为 3°和 6°坡不同盖度小区各次试验雷诺数，表 6-3 为各小区径流雷诺数与放水流量拟合关系。所有试验 Re 均大于 500，径流流态均属紊流。坡度为 3°时，对照小区 Re 变化幅度巨大，第Ⅰ场试验 Re 为 2296.22，第Ⅵ场试验 Re 为 20227.93，二者指数关系为极显著(R^2=0.99，P<0.01)。盖度为 0～80%时，Re 均随放水流量的增大而增大，盖度为 0 和 20%时，二者幂函数关系为极显著(R^2≥0.98，P<0.01)，盖度为 50%和 80%时，二者关系分别为指数函数和线性关系(R^2≥0.97，P<0.01)。坡度为 6°时，对照小区 Re 为 3153.57～9320.02，第Ⅰ～Ⅴ场试验中 Re 随放水流量增大而增大，但第Ⅵ场出现大量崩塌使其 Re 小于第Ⅴ场。50%盖度 Re 与流量呈极显著线性关系(R^2=0.99，P<0.01)，其余均为幂函数关系(R^2≥0.94，P<0.01)。6°坡同一放水流量条件下随着盖度增大各次试验平均 Re 较 3°坡分别增大-3.83%、-15.48%、1.40%、14.96%和 19.21%。

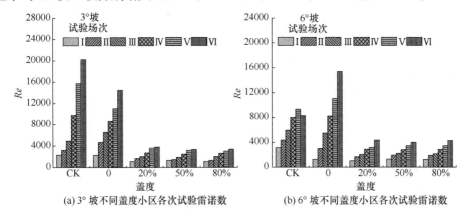

图 6-2　不同盖度小区(3°和 6°坡)各次试验雷诺数

表 6-3　雷诺数与放水流量的拟合关系

盖度	3°坡			6°坡		
	方程	R^2	P	方程	R^2	P
CK	$Re=\exp(0.16q+6.43)$	0.99	<0.01	$Re=366.76q^{1.05}$	0.94	<0.01
0	$Re=75.30q^{1.68}$	0.99	<0.01	$Re=10.99q^{2.32}$	0.99	<0.01
20%	$Re=85.97q^{1.22}$	0.98	0.001	$Re=73.29q^{1.28}$	0.99	<0.01
50%	$Re=\exp(0.07q+6.58)$	0.97	<0.01	$Re=177.39q-137.44$	0.99	<0.01
80%	$Re=165.47q-320.03$	0.98	<0.01	$Re=116.24q^{1.14}$	0.99	<0.01

盖度越大 Re 越小，坡度为 3°，放水流量为 8m³/h 时，各覆盖小区 Re 较对照减小 1.13%～52.95%，放水流量为 11m³/h 和 14m³/h 时，0 盖度小区大于 CK 小区 47.55%和 33.11%，其余 Re 随盖度增大而减小，减幅分别为 47.45%～58.76%和 59.16%～61.77%。放水流量>14m³/h 时，植被覆盖小区 Re 较 CK 减小 11.62%～74.56%、30.11%～80.72%和 28.51%～83.46%。坡度为 6°时，Re 随盖度增大呈下降趋势，流量为 8～14m³/h 时，植被覆盖小区较对照减小 58.83%～66.70%、

30.74%～61.33%和 7.55%～65.74%。放水流量>14m³/h 时，0 盖度小区 Re 较 CK 增大 2.75%～85.60%。回归分析 Re 与流量和盖度关系，结果[式(6-3)和式(6-4)]表明三者线性关系为极显著($R^2 \geqslant 0.54$，$P<0.01$)。

$$Re = 322.14q - 5900.31CD + 95.12, R^2 = 0.56, P < 0.01 (3°坡) \tag{6-3}$$

$$Re = 377.70q - 4813.26CD + 248.48, R^2 = 0.54, P < 0.01 (6°坡) \tag{6-4}$$

3. 弗劳德数随盖度和放水流量变化

弗劳德数 Fr 是判定径流缓急的参数，图 6-3 为 3°和 6°坡不同盖度小区各次试验 Fr，表 6-4 为 Fr 与盖度的拟合关系。坡度为 3°时，CK 和 0 盖度小区 Fr 分别为 1.72～3.16 和 1.23～2.28，均为急流。在前三次试验中 20%盖度小区径流均属急流，但随着坡面越来越粗糙，径流变缓，当盖度为 50%和 80%时各次试验径流均属缓流。坡度为 6°时，CK、0 和 20%盖度小区各次试验 $Fr>1$，均属急流范畴，当盖度>20%时，流态变缓，Fr 分别为 0.50～0.81 和 0.20～0.60。两个坡度 Fr 随流量变化均不明显。

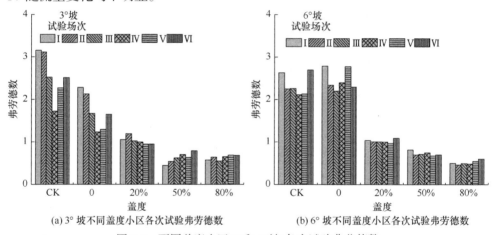

(a) 3°坡不同盖度小区各次试验弗劳德数　　　(b) 6°坡不同盖度小区各次试验弗劳德数

图 6-3　不同盖度小区(3°和 6°坡)各次试验弗劳德数

表 6-4　弗劳德数与盖度的拟合关系

试验场次	放水流量/(m³/h)	3°坡			6°坡		
		方程	R^2	P	方程	R^2	P
I	8	—	—	—	Fr=exp(−1.94CD+0.77)	0.88	0.06
II	11	—	—	—	Fr=exp(−1.89CD+0.64)	0.91	0.04
III	14	Fr=exp(−1.39CD+0.38)	0.91	0.05	Fr=exp(−1.75CD+0.59)	0.91	0.046
IV	17	Fr=exp(−0.83CD+0.16)	0.93	0.03	Fr=exp(−1.84CD+0.65)	0.90	0.05
V	20	—	—	—	—	—	—
VI	23	—	—	—	—	—	—

整体上，两种坡度 Fr 随盖度增大而减小，3°坡 0、20%、50%、80%盖度小区 Fr 较对照分别减小 27.80%～43.10%、42.47%～66.75%、59.28%～86.10%和 62.28%～81.86%。6°坡对照小区第Ⅰ、Ⅱ、Ⅲ、Ⅴ场试验 Fr 小于 3°坡，其余试验高于 3°坡 4.16%～30.35%。盖度>0 时，Fr 较对照分别减小 52.73%～60.60%、64.78%～74.18%和 74.43%～81.15%。回归分析表明，只有 3°坡第Ⅲ、Ⅳ场和 6°坡第Ⅱ～Ⅳ场试验 Fr 与盖度呈显著减小的指数函数关系($R^2 \geq 0.91$，$P \leq 0.05$)。相同流量条件下，6°坡 CK 和 80%小区 Fr 分别比 3°坡小 5.17%和 18.56%，而盖度为 0、20%和 50%盖度时则较 3°坡分别增大 52.07%、0.08%和 21.59%。逐步回归分析表明，放水流量被剔除[式(6-5)和式(6-6)]，Fr 与盖度呈极显著线性关系($R^2 \geq 0.64$，$P < 0.01$)。

$$Fr = -1.29CD + 1.48, R^2 = 0.64, P < 0.01(3°坡) \tag{6-5}$$

$$Fr = -2.16CD + 1.99, R^2 = 0.72, P < 0.01(6°坡) \tag{6-6}$$

4. 达西阻力系数随盖度和放水流量变化

达西阻力系数 f 是表征径流阻力大小的参数，图 6-4 为 3°和 6°坡不同盖度小区各次试验 f，表 6-5 为 f 与盖度的拟合关系。坡度为 3°时，各小区 f 随放水流量的变化不一，具有明显波动性；相同流量条件下 0、20%、50%、80%盖度小区 f 较 CK 增大 0.74～1.99 倍、1.81～8.27 倍、4.36～49.97 倍和 5.32～31.07 倍。6°坡对照、0 和 20%盖度小区各次试验 f 基本一致，其余小区则呈波动变化趋势。与对照相比，0 盖度小区第Ⅲ场和第Ⅵ场试验 f 增大 9.19%和 30.47%，其余次试验 f 减小 3.10%～40.28%，20%～80%盖度小区 f 较 CK 增大 3.43～5.16 倍、6.76～12.88 倍和 14.17～24.18 倍，这也说明植被减缓径流效果明显。

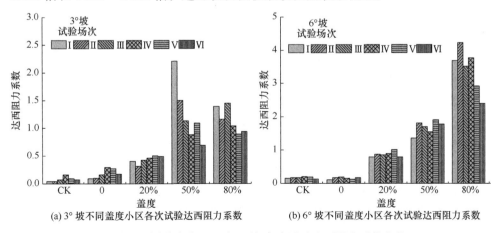

(a) 3°坡不同盖度小区各次试验达西阻力系数   (b) 6°坡不同盖度小区各次试验达西阻力系数

图 6-4 不同盖度小区(3°和 6°坡)各次试验达西阻力系数变化

表 6-5　达西阻力系数与盖度的拟合关系

试验场次	放水流量/(m³/h)	3°坡			6°坡		
		方程	R^2	P	方程	R^2	P
Ⅰ	8	—	—	—	$f=4.24CD-0.103$	0.91	0.05
Ⅱ	11	—	—	—	$f=4.92CD-0.075$	0.94	0.03
Ⅲ	14	$f=\exp(2.75CD-1.58)$	0.92	0.04	$f=4.05CD-0.046$	0.97	0.02
Ⅳ	17	$f=\exp(-1.14CD+1.64)$	0.94	0.03	$f=4.31CD-0.026$	0.93	0.03
Ⅴ	20				$f=3.42CD-0.21$	0.99	0.003
Ⅵ	23	$f=0.92CD+0.23$	0.97	0.02	$f=2.83CD-0.22$	0.99	0.005

3°坡 0 和 80%盖度小区 f 与流量呈指数函数关系($R^2 \geqslant 0.67$，$P<0.05$)，50%小区则呈显著幂函数关系($R^2=0.94$，$P<0.01$)。如表 6-5 所示，3°坡放水流量为 14m³/h 和 17m³/h 时 f 与盖度呈指数函数关系($R^2 \geqslant 0.92$，$P \leqslant 0.04$)，放水流量为 23m³/h 时 f 与盖度呈显著线性关系($R^2=0.97$，$P=0.02$)；6°坡各场次试验 f 均与盖度呈显著线性关系($R^2 \geqslant 0.91$，$P \leqslant 0.05$)。相同放水流量条件下，6°坡 CK 小区达西阻力系数是 3°坡的 1.22～3.95 倍，其余小区分别为 3°坡的 1.01～1.68 倍(第Ⅳ、Ⅴ场除外)、1.60～2.78 倍、0.61～2.57 倍(第Ⅰ场除外)和 2.43～3.67 倍。逐步回归分析结果[式(6-7)和式(6-8)]表明，f 只与盖度线性关系显著。

$$f = 1.36CD + 0.24, R^2 = 0.60, P < 0.01(3°坡) \tag{6-7}$$

$$f = 3.97CD + 0.045, R^2 = 0.91, P < 0.01(6°坡) \tag{6-8}$$

5. 曼宁糙率系数随盖度和放水流量变化

曼宁糙率系数 n 是表示坡面粗糙情况对径流影响的参数，图 6-5 为 3°和 6°坡不同盖度小区各次试验曼宁糙率系数，表 6-6 和表 6-7 分别为曼宁糙率系数与盖度和放水流量的拟合关系。两个坡度各小区曼宁糙率系数随流量变化呈现多种变化趋势。3°坡 0、20%、50%、80%盖度小区 n 较对照分别增大 0.37～0.78 倍、0.55～2.13 倍、1.22～7.26 倍和 1.44～5.18 倍，CK 和 0～50%盖度小区 n 与放水流量函数关系极显著($R^2 \geqslant 0.65$，$P \leqslant 0.05$)。6°坡 0 盖度小区曼宁糙率系数较 CK 减小 7.09%～23.70%(除第Ⅲ场和第Ⅵ场外)，盖度为 20%、50%、80%小区则分别较 CK 小区增大 1.06～1.53 倍、1.85～3.04 倍及 3.06～4.54 倍，0～50%盖度小区曼宁糙率系数与放水流量呈显著的指数函数关系($R^2 \geqslant 0.71$，$P<0.05$)。

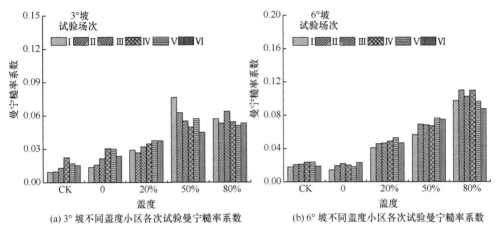

(a) 3° 坡不同盖度小区各次试验曼宁糙率系数　　　(b) 6° 坡不同盖度小区各次试验曼宁糙率系数

图 6-5　不同盖度小区(3°和 6°坡)各次试验曼宁糙率系数

表 6-6　曼宁糙率系数与盖度的拟合关系

试验场次	放水流量/(m³/h)	3°坡			6°坡		
		方程	R^2	P	方程	R^2	P
I	8	—	—	—	$n=0.098CD+0.015$	0.97	0.02
II	11	—	—	—	$n=0.11CD+0.02$	0.99	0.006
III	14	$n=0.055CD+0.022$	0.97	0.02	$n=0.097CD+0.023$	0.99	0.005
IV	17	$n=0.032CD+0.03$	0.95	0.023	$n=0.11CD+0.022$	0.98	0.012
V	20	—	—	—	$n=0.094CD+0.026$	0.95	0.023
VI	23	$n=0.035CD+0.027$	0.95	0.03	$n=0.081CD+0.028$	0.96	0.019

表 6-7　曼宁糙率系数与放水流量的拟合关系

盖度	3°坡			6°坡		
	方程	R^2	P	方程	R^2	P
CK	$n=\exp(-3.63-8.95/q)$	0.65	0.05	—	—	—
0	$n=0.003q^{0.727}$	0.75	0.026	$n=\exp(-3.62-4.55/q)$	0.72	0.032
20%	$n=0.001q+0.021$	0.85	0.009	$n=\exp(-2.90-2.31/q)$	0.71	0.034
50%	$n=0.34/q+0.033$	0.75	0.026	$n=\exp(-2.45-3.18/q)$	0.81	0.014
80%	—	—	—	—	—	—

3°坡各次试验 n 随盖度增大而增大，0、20%、50%和80%盖度小区 n 较对照

增大 0.63～5.48 倍、0.65～3.93 倍、0.37～1.44 倍、0.78～2.40 倍和 0.53～2.47 倍。放水流量为 14m³/h、17m³/h 和 23m³/h 时，n 与盖度线性关系显著。6°坡各次试验 n 均与盖度呈显著线性关系($R^2 \geq 0.95$，$P<0.05$)。相同条件下 6°坡 CK 和 0、20%、50%、80%盖度小区 n 较 3°坡分别增大 55.69%、9.39%、43.72%、23.46%和 82.28%。逐步回归分析表明，3°坡 n 只与盖度线性关系极显著($R^2=0.70$，$P<0.01$)，6°坡曼宁糙率系数则与放水流量和盖度呈极显著线性关系($R^2=0.96$，$P<0.01$)。

$$n = 0.045CD + 0.025, R^2 = 0.70, P < 0.01(3°坡) \tag{6-9}$$

$$n = 2.93 \times 10^{-4} q + 0.097CD + 0.018, R^2 = 0.96, P < 0.01(6°坡) \tag{6-10}$$

6.1.2 径流水动力学参数随盖度和放水流量的变化

1. 径流剪切力随盖度和放水流量的变化

图 6-6 为 3°和 6°坡不同盖度小区各次试验径流剪切力(τ)，表 6-8 为径流剪切力与放水流量的拟合关系。3°坡 CK 和 0、20%、50%、80%盖度小区径流剪切力为 2.07～10.02N/m²、2.37～10.42N/m²、2.54～6.01N/m²、4.85～6.55N/m² 和 3.61～7.26N/m²，随放水流量增大而增大；径流剪切力与放水流量呈显著线性、指数函数或幂函数关系($R^2 \geq 0.81$，$P \leq 0.014$)。6°坡各小区径流剪切力分别为 6.0～13.68N/m²、3.11～17.9N/m²、4.79～11.73N/m²、6.82～15.74N/m² 和 9.28～16.79N/m²，CK、20%和 80%盖度小区径流剪切力与放水流量呈极显著指数函数关系($R^2 \geq 0.90$，$P<0.01$)，0 和 50%盖度小区径流剪切力与放水流量呈极显著幂函数关系($R^2 \geq 0.98$，$P<0.01$)。

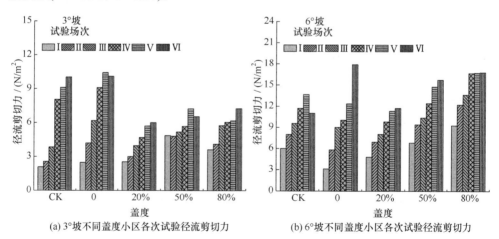

(a) 3°坡不同盖度小区各次试验径流剪切力　　(b) 6°坡不同盖度小区各次试验径流剪切力

图 6-6　不同盖度小区(3°和 6°坡)各次试验径流剪切力

表 6-8　径流剪切力与放水流量的拟合关系

盖度	3°坡			6°坡		
	方程	R^2	P	方程	R^2	P
CK	$\tau=0.053q^{1.70}$	0.94	0.002	$\tau=\exp(2.94-9.23/q)$	0.90	0.004
0	$\tau=\exp(0.13-18.73/q)$	0.98	<0.01	$\tau=0.14q^{1.54}$	0.98	<0.01
20%	$\tau=0.25q+0.45$	0.98	<0.01	$\tau=\exp(2.94-11.13/q)$	0.99	<0.01
50%	$\tau=\exp(1.31+0.027q)$	0.81	0.014	$\tau=1.35q^{0.79}$	0.99	<0.01
80%	$\tau=0.91q^{0.66}$	0.93	0.002	$\tau=\exp(3.20-7.72/q)$	0.97	<0.01

3°坡 0 盖度小区径流剪切力均大于 CK 小区。第Ⅰ～Ⅲ场试验，20%、50%、80%盖度小区径流剪切力较对照增加 14.35%、85.79%和 61.87%，流量>14m³/h 时，径流剪切力分别较对照减小 39.82%、28.20%和 28.23%。回归分析表明，3°坡径流剪切力与盖度相关性不显著。放水流量为 8～20m³/h 时，6°坡 0 和 20%盖度小区径流剪切力分别较对照减小 20.94%和 16.61%，盖度为 50%和 80%时，径流剪切力均较对照增大 6.17%～42.88%和 22.29%～54.61%。流量为 8m³/h 时，径流剪切力与盖度呈线性关系(R^2=0.99，P<0.01)，流量为 11m³/h 和 17m³/h 时，二者指数关系显著(R^2≥0.91，P<0.048)。分析径流剪切力与盖度和放水流量关系，结果如式(6-11)和式(6-12)所示，3°坡径流剪切力只与放水流量呈极显著幂函数关系(R^2=0.65，P<0.01)，6°坡径流剪切力与放水流量和盖度呈极显著线性关系(R^2=0.88，P<0.01)。

$$\tau = 0.56q^{0.84}, R^2 = 0.65, P < 0.01(3°坡) \tag{6-11}$$

$$\tau = 0.622q + 6.30\text{CD} - 0.928, R^2 = 0.88, P < 0.01(6°坡) \tag{6-12}$$

2. 径流功率随盖度和放水流量的变化

图 6-7 为 3°和 6°不同盖度小区各次试验径流功率 ω，表 6-9 为径流功率与放水流量的拟合关系。3°坡对照和 0、20%、50%、80%盖度小区径流功率分别为 1.25～10.68W/m²、1.17～7.02W/m²、0.56～1.87W/m²、0.63～1.79W/m² 和 0.51～1.78W/m²，径流功率均随放水流量增大而增大。6°坡 CK 和 0、20%、50%、80%盖度小区径流功率分别为 3.38～10.086W/m²、1.44～16.44W/m²、1.04～4.11W/m²、1.36～4.18W/m² 和 1.31～3.95W/m²，整体也随放水流量增大而增大。回归分析结果表明，3°和 6°坡各小区径流功率与流量均呈极显著函数关系(R^2≥0.96，P<0.01)。

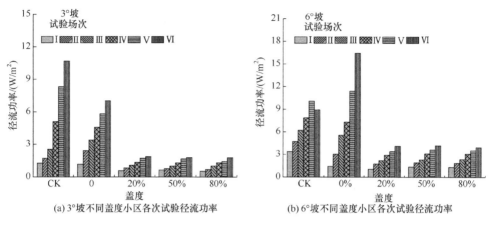

图 6-7　不同盖度小区(3°和 6°坡)各次试验径流功率

表 6-9　径流功率与放水流量的拟合关系

盖度	3°坡			6°坡		
	方程	R^2	P	方程	R^2	P
CK	$\omega=\exp(0.15q-1.09)$	0.98	<0.01	$\omega=\exp(2.84-13.34/q)$	0.96	0.001
0	$\omega=0.39q-1.95$	0.99	<0.01	$\omega=0.014q^{2.25}$	0.99	<0.01
20%	$\omega=1.16q^{0.051}$	0.99	<0.01	$\omega=0.20q-0.55$	0.99	<0.01
50%	$\omega=\exp(0.075q-1.06)$	0.98	<0.01	$\omega=0.14q^{1.08}$	0.99	<0.01
80%	$\omega=0.042q^{1.20}$	0.99	<0.01	$\omega=0.14q^{1.08}$	0.99	<0.01

对于 3°坡，同一放水流量条件下，除 0 盖度小区第Ⅱ场和Ⅲ场试验径流功率高于对照小区 41.95%和 34.02%外，其余各次试验径流功率均比对照小区小，0、20%、50%、80%小区各次试验径流功率平均减小幅度分别为 20.36%、66.65%、67.40%和 69.83%。对于 6°坡，相同放水流量条件下，0 盖度小区第Ⅴ场和Ⅵ场试验径流功率高于 CK 小区 13.02%和 84.33%，其余次试验均较 CK 小区减小。盖度由 0 增大至 80%，径流功率分别减小 27.57%、65.11%、60.87%和 61.22%。分析表明，径流功率与盖度相关性不显著。逐步回归分析结果如式(6-13)和式(6-14)所示，两个坡度不同盖度小区各次试验径流功率与放水流量和盖度均呈极显著线性关系($R^2 \geqslant 0.52$，$P<0.01$)。

$$\omega = 0.161q - 3.033\text{CD} + 0.354, R^2 = 0.57, P < 0.01(3°坡) \tag{6-13}$$

$$\omega = 0.386q - 4.869\text{CD} - 0.272, R^2 = 0.52, P < 0.01(6°坡) \tag{6-14}$$

3. 单位径流功率随盖度和放水流量的变化

图 6-8 为 3°和 6°坡不同盖度小区各次试验单位径流功率 U，表 6-10 为单位径流功率与放水流量的拟合关系。3°坡 CK 和 0、20%、50%、80%盖度小区单位径流功率为 0.032～0.056m/s、0.025～0.037m/s、0.012～0.016m/s、0.007～0.014m/s 和 0.008～0.013m/s，除 0 盖度小区外，其余小区单位径流功率与放水流量函数关系显著($R^2 \geqslant 0.78$，$P<0.02$)。6°坡各小区单位径流功率也随放水流量呈增大趋势，单位径流功率分别为 0.061～0.085m/s、0.049～0.098m/s、0.023～0.037m/s、0.021～0.028m/s 和 0.015～0.025m/s，单位径流功率与放水流量呈极显著函数关系($R^2 \geqslant 0.93$，$P<0.01$)。

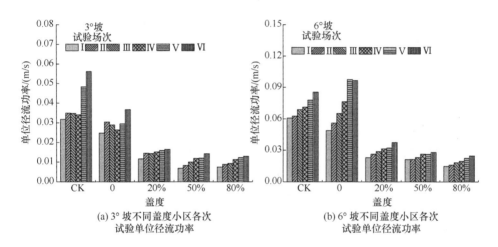

(a) 3° 坡不同盖度小区各次
试验单位径流功率

(b) 6° 坡不同盖度小区各次
试验单位径流功率

图 6-8　不同盖度小区(3°和 6°坡)各次试验单位径流功率

表 6-10　单位径流功率与放水流量的拟合关系

盖度	3°坡			6°坡		
	方程	R^2	P	方程	R^2	P
CK	$U=\exp(0.036q-3.80)$	0.78	<0.02	$U=\exp(0.023q-3.0)$	0.98	<0.01
0	—	—	—	$U=\exp(0.05q-3.42)$	0.97	<0.01
20%	$U=\exp(-3.95-3.87/q)$	0.93	0.002	$U=0.009q^{0.43}$	0.97	<0.01
50%	$U=0.002q^{0.68}$	0.99	<0.01	$U=4.97\times10^{-4}q-0.017$	0.93	0.002
80%	$U=3.73\times10^{-4}q-0.005$	0.98	<0.01	$U=\exp(0.035q-4.51)$	0.99	<0.01

放水流量相同，坡度为 3°时，盖度越大单位径流功率越小，与 CK 相比，0、20%、50%、80%盖度单位径流功率平均减小 24.62%、62.24%、73.52%和 73.89%。

6°坡 0 盖度小区第Ⅳ～Ⅵ场试验单位径流功率大于 CK 小区，其余场次试验均较 CK 小，0、20%、50%、80%盖度单位径流功率平均减小 23.23%、58.25%、65.71% 和 73.05%，逐步回归分析结果式(6-15)和式(6-16)表明，单位径流功率与放水流量 和盖度呈极显著线性关系($R^2 \geqslant 0.65$，$P<0.01$)。

$$U = 4.10 \times 10^{-4} q - 0.021\text{CD} + 0.018, R^2 = 0.69, P < 0.01(3°坡) \tag{6-15}$$

$$U = 1.41 \times 10^{-3} q - 0.059\text{CD} + 0.037, R^2 = 0.65, P < 0.01(6°坡) \tag{6-16}$$

4. 断面比能随盖度和放水流量的变化

图 6-9 为 3°和 6°坡不同盖度小区各次试验断面比能 E，表 6-11 为断面比能与 放水流量的拟合关系。3°坡 CK 和 0、20%、50%、80%盖度小区各场次试验断面 比能分别为 0.023～0.078m、0.016～0.044m、0.0072～0.016m、0.0099～0.016m 和 0.0078～0.017m。与 CK 相比，0、20%、50%、80%盖度小区断面比能平均降 低 24.67%、68.98%、66.01%和 67.89%。盖度增大至 20%后断面比能变化不明 显。6°坡所有小区各次试验断面比能随放水流量增大逐渐增大，随盖度增大呈先减小 后增大的趋势，20%盖度断面比能最小。与 CK 相比，0、20%、50%、80%盖度 小区断面比能平均降低 40.62%、78.18%、75.83%和 69.93%。回归分析表明，断 面比能与放水流量存在指数、线性及幂函数关系($R^2 \geqslant 0.93$，$P<0.01$)，与盖度之间 函数关系不显著。但是从逐步回归分析结果来看，3°和 6°坡断面比能均与放水流 量和盖度呈极显著的线性关系($R^2 \geqslant 0.46$，$P<0.01$)。

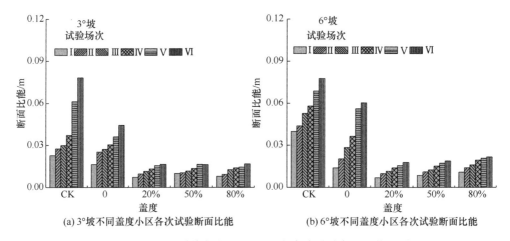

(a) 3°坡不同盖度小区各次试验断面比能　　　　(b) 6°坡不同盖度小区各次试验断面比能

图 6-9　不同盖度小区(3°和 6°坡)各次试验断面比能

表 6-11　断面比能与放水流量的拟合关系

盖度	3°坡			6°坡		
	方程	R^2	P	方程	R^2	P
CK	$E=\exp(0.084q-4.56)$	0.94	0.001	$U=\exp(0.023q-3.0)$	0.98	<0.01
0	$E=0.002q-0.004$	0.96	0.001	$U=\exp(0.05q-3.42)$	0.97	<0.01
20%	$E=1.4\times10^{-3}q^{0.79}$	0.99	<0.01	$U=0.009q^{0.43}$	0.97	<0.01
50%	$E=\exp(0.038q-4.95)$	0.94	0.001	$U=4.97\times10^{-4}q-0.017$	0.93	0.002
80%	$E=1.7\times10^{-3}q^{0.73}$	0.97	<0.01	$U=\exp(0.035q-4.51)$	0.99	<0.01

$$E = 8.43\times10^{-4}q - 0.017\text{CD} + 0.01, R^2 = 0.57, P \leqslant 0.01(3°\text{坡}) \tag{6-17}$$

$$E = 1.36\times10^{-3}q - 0.018\text{CD} + 0.037, R^2 = 0.46, P \leqslant 0.01(6°\text{坡}) \tag{6-18}$$

6.1.3　不同植被盖度下径流水动力学特征

　　土壤侵蚀过程实际是土壤在外力作用下发生的土体空间位置变化的过程，径流侵蚀力直接影响土壤侵蚀强度，国内外有关侵蚀动力学的研究多采用水流水力学参数及径流剪切力、径流功率、单位径流功率及断面比能等动力学参数，本小节通过研究土壤侵蚀速率与这些参数的关系以揭示溯源侵蚀产沙的水动力学特征。

　　1. 侵蚀速率与水力学参数的关系

　　图 6-10 为土壤侵蚀速率 E_r 与流速、雷诺数、弗劳德数、达西阻力系数及曼宁糙率系数等水力学参数的关系。侵蚀速率随着流速的增大而增大，3°坡侵蚀速率与流速呈极显著线性关系($R^2=0.64$，$P<0.01$)，6°坡侵蚀速率随流速增大以指数函数形式增长($R^2=0.42$，$P<0.01$)。随着雷诺数的增大，3°坡侵蚀速率以指数函数方式逐渐递增，递增速度随着雷诺数增大越来越小，最后趋于稳定，而 6°坡侵蚀速率与雷诺数呈极显著幂函数关系($R^2=0.39$，$P<0.01$)，当 $Re>4000$ 时，2 个坡度

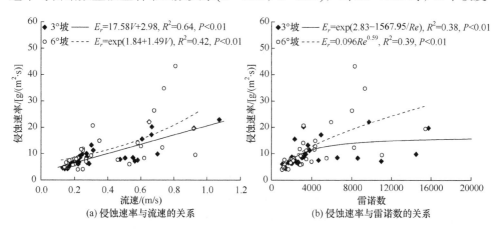

(a) 侵蚀速率与流速的关系　　　　　(b) 侵蚀速率与雷诺数的关系

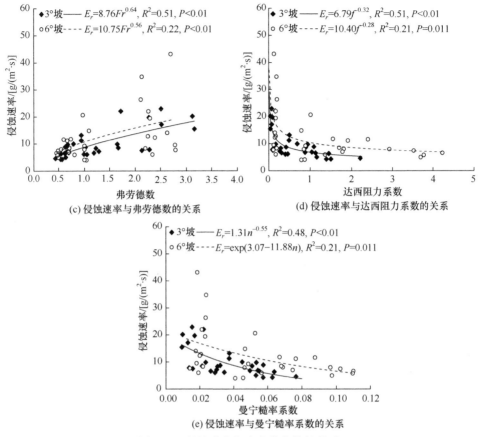

图 6-10　侵蚀速率与水力学参数的关系

的侵蚀速率差异越来越大。由侵蚀速率与弗劳德数的关系[图 6-10(c)]可知，径流为缓流($Fr<1.0$)时，侵蚀速率点多集中在拟合曲线两侧，当径流转变为急流后，侵蚀速率变化较大，在拟合曲线两侧散乱分布，这也从一定程度上说明径流越急侵蚀速率变异程度越高，沟头溯源过程中崩塌是造成侵蚀速率急剧转变的因素。但从整体上看，3°和 6°坡侵蚀速率与弗劳德数均呈极显著幂函数关系(R^2 分别为 0.51和 0.22，$P<0.01$)。

侵蚀速率随着达西阻力系数和曼宁糙率系数增大而减小。3°和 6°坡侵蚀速率与达西阻力系数的幂函数关系极显著(R^2 分别为 0.51 和 0.21，$P \leqslant 0.011$)，达西阻力系数为 0～0.5 时，侵蚀速率大幅度降低，这说明一旦坡面存在植被，径流侵蚀能力就会大大减弱，使得侵蚀速率降低几倍乃至数十倍。曼宁糙率系数是表征侵蚀坡面粗糙程度的参数，坡度为 3°时，侵蚀速率随着曼宁糙率系数增大而减小，二者呈极显著幂函数关系($R^2=0.48$，$P<0.01$)，6°坡侵蚀速率随曼宁糙率系数增大以指数函数方式降低($R^2=0.21$，$P=0.011$)。从拟合方程的优劣程度来看，侵蚀速率

与流速的拟合效果最优。

2. 侵蚀速率与径流水动力学参数的关系

图 6-11 为侵蚀速率与径流剪切力、径流功率、单位径流功率及断面比能等水动力学参数的关系。两个坡度土壤侵蚀速率与径流剪切力呈极显著线性关系(R^2 分别为 0.58 和 0.36，$P<0.01$)，拟合直线斜率分别为 1.35 和 1.61，坡度越大径流剪切力单位变化引起侵蚀量的变化越大，对于 3°坡，径流剪切力大于 8N/m^2 时，数据点越来越分散，而 6°坡分散点主要集中在径流剪切力为 5N/m^2 后，这说明坡度越大引起侵蚀速率骤变所需径流剪切力越小，即坡度越大，剪切力较小时，即可造成侵蚀速率突变。3°坡侵蚀速率随着径流功率增大越来越大，但增长速率越来越小，二者呈极显著指数函数关系($R^2=0.39$，$P<0.01$)，6°坡侵蚀速率与径流功率呈极显著幂函数关系($R^2=0.41$，$P<0.01$)，当径流功率大于 2W/m^2 时，侵蚀速率的增长速度较 3°坡明显加快。

3°坡土壤侵蚀速率与单位径流功率呈极显著线性关系($R^2=0.64$，$P<0.01$)，6°坡二者呈极显著幂函数关系($R^2=0.36$，$P<0.01$)，单位径流功率大于 0.03m/s 时，数据点变分散，原因与剪切力和径流功率相同，3°坡各次试验单位径流功率处于 0~0.06m/s，当单位径流功率小于 0.06m/s 时，3°坡侵蚀速率整体上大于 6°坡，一旦超出这个范围，6°坡侵蚀速率变化幅度可达 40g/(m^2·s)，这主要是对照小区崩塌造成侵蚀速率的大幅度变化。从断面比能的角度分析，3°和 6°坡侵蚀速率与断面比能分别呈极显著幂函数和线性关系(R^2 分别为 0.56 和 0.67，$P<0.01$)，断面比能在 0~0.022m 时，两个坡度侵蚀速率差异不大，当断面比能大于 0.022m 时，6°坡侵蚀速率逐渐大于 3°坡。

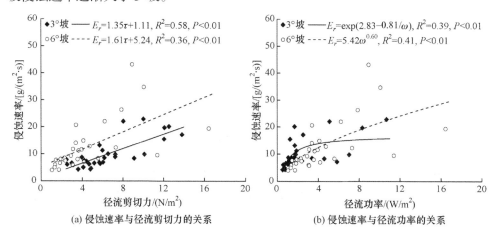

(a) 侵蚀速率与径流剪切力的关系　　　　　　(b) 侵蚀速率与径流功率的关系

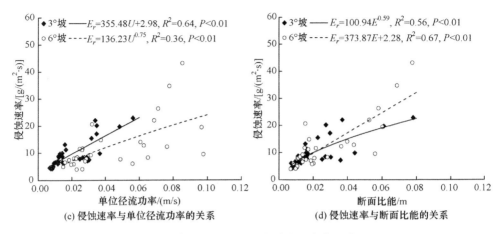

图 6-11　侵蚀速率与径流水动力学参数的关系

美国的水蚀预报模型(water erosion prediction project ,WEPP)、澳大利亚格里菲斯大学侵蚀沉积系统(Griffith University erosion sedimentation system,GUEST)、欧洲土壤侵蚀模型(European soil erosion model, EUROSEM)和欧洲 Limburg 土壤侵蚀模型(Limburg soil erosion model, LISEM)分别采用剪切力、径流功率及单位径流功率作为引起土壤分离的水动力学参数，并认为坡面土壤侵蚀存在临界径流水动力学参数，关于临界值的研究在黄土高原不同类型土壤上均取得了很多成果，本书针对沟头溯源过程即沟蚀过程中土壤侵蚀速率与水动力学参数关系进行了研究，结果表明并未存在临界水动力学参数，这也说明沟道土壤侵蚀水动力过程与坡面土壤侵蚀水动力过程有较大的区别，区别在于沟道发育土壤侵蚀过程较坡面侵蚀过程更为剧烈、更易崩塌，崩塌产生的大量堆积物需要很长时间或者多次试验才能被完全搬运离开，因此沟道侵蚀中崩塌对侵蚀速率影响时间很长。

6.2　土地利用方式对径流水动力学特征的影响

6.2.1　土地利用方式对沟头径流水力学参数的影响

本小节研究了不同土地利用方式下各小区各场次试验过程中沟头部位径流水力学参数随试验历时的变化特征，包括径流流宽、流速、径流深度、流型流态和达西阻力系数特征，并分析土地利用方式、塬面坡度及沟头高度对水力学参数的影响。为了便于研究，将沟头径流定义为沟沿线以上 1m 范围集水区内的坡面流。由于沟沿线在试验过程中持续后退，沟头径流水力学参数测定位置也有所变化。

1. 沟头径流流宽、流速及径流深度

沟头径流流宽反映水流的集中程度，流宽越小，水流越集中。图 6-12 为不同试验小区不同土地利用方式下沟头径流流宽随试验历时的变化过程。由图 6-12 可知，裸地沟头径流流宽变化过程较为复杂，在 G3H1.2 小区上，裸地沟头径流流宽随试验历时的变化整体上呈减小趋势，尤其是在试验 90～135min，流宽快速下降，最低可至 30cm，这是塬面侵蚀沟的形成导致的，侵蚀沟形成后水流不断汇集，从而使沟头径流流宽显著降低。由于塬面坡度较小，侵蚀沟并未进一步下切成为切沟沟头，径流流宽在 135～180min 维持在较小状态。在 G6H1.2 和 G9H1.2 小区上，裸地沟头径流流宽波动变化，或减小，或增大，径流流宽的降低与塬面侵蚀沟形成相关，流宽降低后又增大，与塬面侵蚀沟迅速发育为切沟导致沟头后退有关，沟头后退，测量断面随之后退，径流受侵蚀沟的集流作用减弱，从而使径流流宽增大。在 G3H1.5 小区上，裸地沟头径流流宽经历先减小后增大的过程，在试验 60min 左右，径流流宽突降。侵蚀沟的快速形成使得塬面径流在沟头部位快

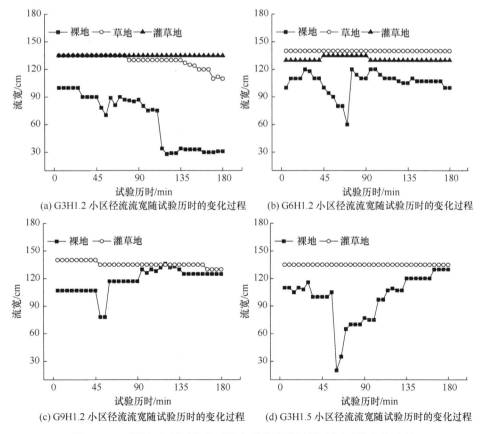

(a) G3H1.2 小区径流流宽随试验历时的变化过程　　(b) G6H1.2 小区径流流宽随试验历时的变化过程

(c) G9H1.2 小区径流流宽随试验历时的变化过程　　(d) G3H1.5 小区径流流宽随试验历时的变化过程

图 6-12　不同土地利用方式下沟头径流流宽随试验历时的变化过程

速集中，侵蚀沟的快速下切过程又使得沟头后退，侵蚀沟集流作用减弱，使沟头径流流宽回升。相对来说，草地和灌草地沟头径流流宽在整个试验过程中均表现出稳定不变的趋势，这是因为草地、灌草地在植被的保护下难以被径流下切，不能形成显著的集流作用。

　　沟头径流流速是径流侵蚀动能的一个方面，直接影响沟头径流下切能力，试验条件下决定流速大小的主要因素包括塬面坡度、坡面粗糙度、塬面坡长、径流流宽和径流率。图 6-13 为不同试验小区不同土地利用方式下沟头径流流速随试验历时的变化过程。由图 6-13 可知，整体上裸地沟头径流流速大于草地，草地沟头径流流速大于灌草地。对于裸地而言，在 G3H1.2 小区上，沟头径流流速先减小后波动增大，尤其在 135～180min 呈显著波动增大趋势，试验初始阶段，径流重塑裸地塬面地形，使得其粗糙度增大，表现为径流流速降低，而随着塬面侵蚀沟的持续发育，集流作用增强，径流流速又开始增大，在坡面径流率相对稳定的条件下，径流流宽越小，径流流速越大。在 G6H1.2、G9H1.2 和 G3H1.5 地形条件下，裸地沟头径流流速经历先减小后缓慢增大或趋于稳定的变化过程，塬面粗糙度增大是沟头径流流速降低的主要原因之一，而沟头部位跌坎的形成，使得沟头径流流动路径及形式发生变化，导致流速降低；另一个重要的因素是，随着沟头后退，塬面坡长逐渐萎缩，径流流动过程中重力势能降低，使沟头流速降低。裸地沟头径流流速保持稳定变化趋势或缓慢增加是多个作用影响的综合体现，这些作用包括塬面粗糙度的变化、沟头的后退等。草地、灌草地径流流速相对裸地而言，基本处于微弱的变化状态，呈在某一特定值附近上下波动，或保持缓慢的波动增加趋势。

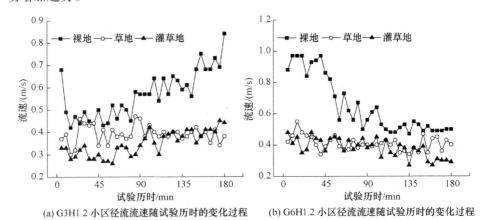

(a) G3H1.2 小区径流流速随试验历时的变化过程　　　(b) G6H1.2 小区径流流速随试验历时的变化过程

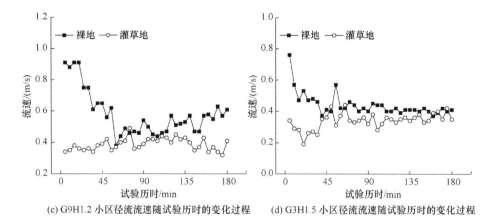

(c) G9H1.2 小区径流流速随试验历时的变化过程   (d) G3H1.5 小区径流流速随试验历时的变化过程

图 6-13　不同土地利用方式下沟头径流流速随试验历时的变化过程

　　沟头径流深度也是体现径流侵蚀能力的一个方面，在一定坡度条件下，当径流流宽保持稳定时，径流深度越大，则径流剪切力越大，下切能力越强。试验条件下决定径流深度的主要因素包括径流流宽、径流率和径流流速。图 6-14 为不同地形条件不同土地利用方式下沟头径流深度随试验历时的变化过程。由图 6-14 可知，就变化趋势而言，在 G3H1.2 的地形条件下，裸地沟头径流深度表现为先增大后上下波动，在试验 105min 左右突然增大，之后又波动性缓慢降低，裸地沟头径流深度的突增与径流流宽的显著降低存在密切联系，在径流率相对稳定的条件下，流宽越小径流深度越大。草地和灌草地沟头径流深度在某一定值附近上下波动，并未表现出明显的变化趋势。在 G6H1.2、G9H1.2 及 G3H1.5 地形条件下，裸地沟头径流深度均存在突增现象，这些突增现象均与裸地沟头径流流宽的突降现象相对应。就大小关系上来看，不同土地利用方式下沟头径流深度的大小关系较为复杂，三种土地利用方式下沟头径流深度的大小关系也取决于多个因素的综

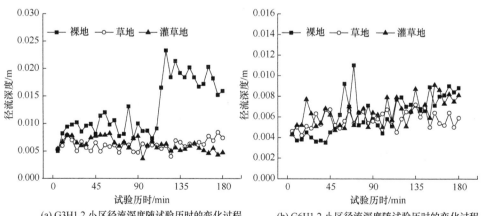

(a) G3H1.2 小区径流深度随试验历时的变化过程   (b) G6H1.2 小区径流深度随试验历时的变化过程

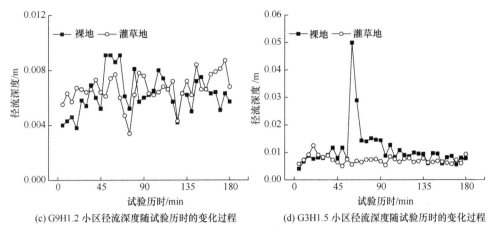

(c) G9H1.2 小区径流深度随试验历时的变化过程　　　(d) G3H1.5 小区径流深度随试验历时的变化过程

图 6-14　不同土地利用方式下沟头径流深度随试验历时的变化过程

合作用：其一，其他条件不变时，径流率越大，径流深度越大；其二，其他条件不变时，流宽越小，径流深度越大；其三，其他条件不变时，流速越小，径流流动越缓慢，壅水越明显，径流深度就越大。在 G9H1.2 地形条件下，裸地沟头径流深度表现为先小于灌草地，后大于灌草地，之后又小于灌草地，当径流率、流宽影响起主要作用时，裸地沟头径流深度大于灌草地；当径流流速的影响起主要作用时，裸地沟头径流深度小于灌草地。

2. 沟头径流流型流态

沟头径流的流型流态通过雷诺数(Re)和弗劳德数(Fr)2 个水力学参数来确定，其中，雷诺数为确定径流流型的参数，可将径流划分为层流和紊流，弗劳德数为确定流态的参数，可将径流划分为缓流和急流。图 6-15 和图 6-16 分别为不同地形条件不同土地利用方式下沟头径流雷诺数和弗劳德数随试验历时的变化过程。

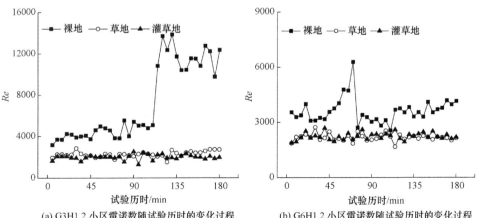

(a) G3H1.2 小区雷诺数随试验历时的变化过程　　　(b) G6H1.2 小区雷诺数随试验历时的变化过程

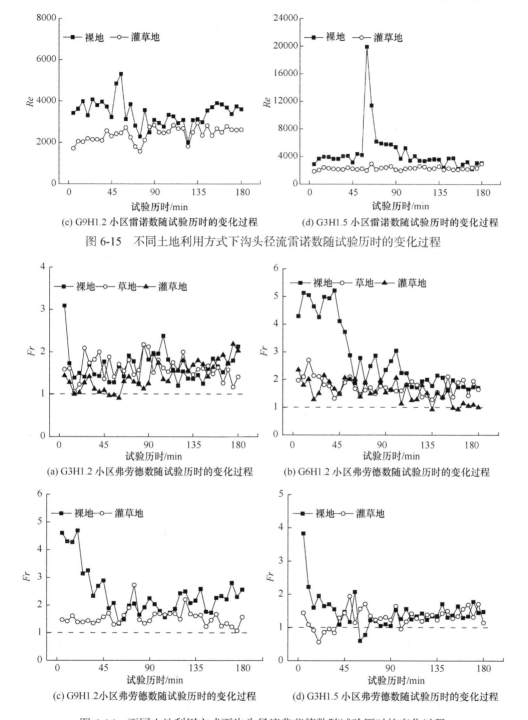

(c) G9H1.2 小区雷诺数随试验历时的变化过程　　　(d) G3H1.5 小区雷诺数随试验历时的变化过程

图 6-15　不同土地利用方式下沟头径流雷诺数随试验历时的变化过程

(a) G3H1.2 小区弗劳德数随试验历时的变化过程　　　(b) G6H1.2 小区弗劳德数随试验历时的变化过程

(c) G9H1.2小区弗劳德数随试验历时的变化过程　　　(d) G3H1.5 小区弗劳德数随试验历时的变化过程

图 6-16　不同土地利用方式下沟头径流弗劳德数随试验历时的变化过程

由图 6-15 可知，从变化趋势上来说，沟头径流 Re 变化过程与沟头径流深度具有一定相似性，尤其是曲线的峰值和谷值出现的时间基本一致。G3H1.2 地形条件下，裸地沟头径流 Re 在试验的 0～120min 保持相对稳定状态，之后出现突增，随后又表现出波动下降的趋势，Re 变化范围在 3166.80～13839.62，Re 突增与径流深度突增关系密切。草地、灌草地沟头径流 Re 变化过程相对裸地基本处于稳定状态，Re 变化范围分别为 1514.51～2829.33、1517.62～2389.72。G6H1.2 地形条件下，裸地沟头径流 Re 先波动增大，后突降，最后呈波动性缓慢上升趋势，与径流深度的变化趋势基本一致，Re 变化范围为 2554.49～6285.67。草地、灌草地沟头径流 Re 基本保持稳定，变化范围分别为 1669.00～2728.36、1885.54～2685.62。G9H1.2 地形条件下，灌草地沟头径流 Re 表现出波动性缓慢上升的趋势，与其径流深度的上升趋势保持一致。整体上，试验条件下所有小区沟头径流 Re 均大于 500，在整个试验过程中沟头径流均呈现紊流状态。

由图 6-16 可知，从变化趋势上来说，沟头径流 Fr 变化过程整体上与相同条件下沟头径流流速的变化过程较为相似。G3H1.2 地形条件下，裸地、草地和灌草地 Fr 变化范围分别为 1.20～3.09、1.06～2.17 和 0.91～2.19，灌草地沟头径流出现缓流状态，这一过程出现在试验 45～60min，这与相同条件下灌草地沟头径流流速较低密切相关。G6H1.2 地形条件下，裸地、草地和灌草地 Fr 变化范围分别为 1.64～5.22、1.32～2.71 和 0.93～2.35，灌草地沟头径流在试验历时 135～180min 出现缓流现象。G9H1.2 地形条件下，由于坡度增大，并未在灌草地沟头径流流动过程中观测到缓流现象，裸地和灌草地沟头径流 Fr 变化范围分别为 1.33～4.60 和 1.08～2.72。G3H1.5 地形条件下，除了产流初期在灌草地沟头观测到缓流现象外，试验历时 50～60min 时在裸地沟头也观测到了缓流现象，这与当前条件下径流深度的增大幅度远高于流速的增大幅度相关。整体上，试验条件下沟头径流属于急流范畴。

3. 沟头径流阻力特征

沟头径流在流动过程中受到坡面阻力的影响，直接影响径流流速和径流冲刷能力。图 6-17 为不同地形条件不同土地利用方式下沟头径流达西阻力系数随试验历时的变化过程。由图 6-17 可知，沟头径流达西阻力系数变化趋势有所差异。就裸地而言，沟头高度 1.2m 条件下，塬面坡度为 3°时，沟头达西径流阻力系数先增大后波动减小，试验历时 110min 后又持续增大，130min 后波动减小，达西阻力系数变化范围为 0.044～0.293；塬面坡度为 6°时，达西阻力系数持续波动性缓慢增加，变化范围为 0.031～0.312；塬面坡度为 9°时，达西阻力系数先波动增大后波动减小，达西阻力系数变化范围为 0.058～0.720。沟头高度 1.5m 条件下，塬面坡度为 3°时，达西阻力系数表现为先缓慢增大后趋于稳定，达西阻力系数变化范围为 0.029~1.15,试验历时 60min 左右,达西阻力系数峰值(1.15)的出现与径流深度的突增(图 6-14)关系密切。对于草地,G3H1.2 小区沟头径流达西阻力系数在产流初期 0~20min 和试验后期 160~180min 均较高,在 20~160min 处于上下波动变化状态,变化范围为 0.089~0.370;G6H1.2 小区上,达西阻力系数波动性缓慢增大,变化范围为 0.114~0.485。对于灌草地,G3H1.2 地形条件下,达西阻力系数先波动增大后波动减小,变化范围为 0.088~0.507,在试验 60min 时达到最大(0.507);G6H1.2 和 G9H1.2 地形条件下,达西阻力系数表现为先波动增加后波动减小,最后又波动增加的变化过程,且波动幅度较草地、裸地更为剧烈,达西阻力系数变化范围分别为 0.152~0.979 和 0.171~1.068;G3H1.5 小区上,灌草地沟头径流达西阻力系数变化过程与裸地基本一致,变化范围为 0.143~1.356。

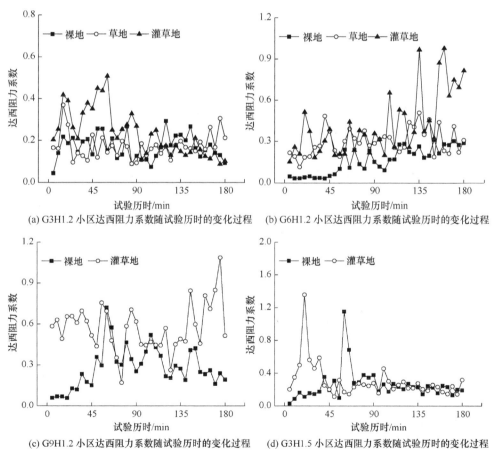

(a) G3H1.2 小区达西阻力系数随试验历时的变化过程　　(b) G6H1.2 小区达西阻力系数随试验历时的变化过程

(c) G9H1.2 小区达西阻力系数随试验历时的变化过程　　(d) G3H1.5 小区达西阻力系数随试验历时的变化过程

图 6-17　不同土地利用方式下沟头径流达西阻力系数随试验历时的变化过程

表 6-12 为不同土地利用方式不同塬面坡度及沟头高度条件下沟头径流水力学参数在整场试验(0～180min)中的平均值。

表 6-12 沟头径流水力学参数平均值

土地利用方式	沟头高度/m	塬面坡度/(°)	流速/(m/s)	径流流宽/cm	径流深度/m	Re	Fr	达西阻力系数
裸地	1.2	3	0.569	65.5	0.013	7228.12	1.67	0.167
	1.2	6	0.649	105.5	0.006	3615.27	2.81	0.163
	1.2	9	0.581	117.8	0.006	3423.79	2.43	0.280
	1.5	3	0.440	99.6	0.011	4491.22	1.47	0.254
草地	1.2	3	0.391	129.3	0.006	2267.47	1.62	0.172
	1.2	6	0.409	140.0	0.006	2374.12	1.74	0.301
灌草地	1.2	3	0.347	135.0	0.006	1974.41	1.44	0.236
	1.2	6	0.381	131.4	0.006	2237.37	1.56	0.421
	1.2	9	0.388	135.7	0.007	2394.08	1.55	0.572
	1.5	3	0.340	135.0	0.007	2260.32	1.30	0.299

(1) 就沟头径流流速而言，相同塬面坡度及沟头高度条件下，裸地沟头径流流速最大，草地居中，灌草地最小，相同条件下，裸地沟头径流流速较草地增加了 45.43%～58.79%，较灌草地增加了 29.44%～70.51%。由此可见，植被的存在显著减弱了沟头径流流速，降低了径流下切能力。塬面坡度对沟头径流流速也存在影响，在裸地上，流速随坡度的增大表现为先增大后减小，其中 6°坡沟头径流流速分别是 3°和 9°坡沟头径流流速的 1.14 倍和 1.12 倍，坡度增大，径流具有更大的势能，径流从稳流槽流到沟头时，势能转化为动能，使径流获得更大的流速。但是，随着坡度的增大，水流具有更强的冲刷能力，导致沟头快速前进，沟沿线距离稳流槽越近，径流势能转化为动能的过程就越受限制，使得沟头附近的流速也受到限制，最终造成流速下降。沟头高度对裸地沟头径流流速影响较大，1.5m 高度沟头径流流速较 1.2m 沟头降低了 22.72%，这与上述沟头前进过程紧密相关。在草地和灌草地上，坡度增大对沟头前进影响较小，因此随着坡度的增大，沟头径流流速增大。

(2) 沟头径流流宽在不同土地利用方式下差异较大，在裸地上的变化范围为 65.5～117.8cm，在草地和灌草地上的变化范围为 129.3～140.0cm，裸地坡面沟头附近在径流的冲刷作用下易形成浅沟道，具有显著的汇流作用，使得流宽减小。塬面坡度或沟头高度增大时，流宽增大，这与沟沿线的前进过程相关，塬面坡度或沟头高度增大时，沟头前进速率增大，沟头部位浅沟汇流作用不断减弱，导致流宽增加。在草地和灌草地上，土表抗蚀性强，径流对塬面的重塑作用减弱，径流不能汇集，从而观测到较大的径流流宽，由于建造小区时在其两侧培高了土体，得到的径流流宽均比小区宽度小 10～20cm。

(3) 沟头径流深度变化较为复杂，最大径流深度出现在裸地 G3H1.2 小区上，这与沟头上游沟道形成而产生的集流作用紧密相关。径流深度受到径流率、流速和流宽的共同作用，径流率越大，流速越小，流宽越小，则径流深度越大。当塬面坡度为 3°时，裸地沟头径流深度最大；当塬面坡度为 6°时，不同土地利用方式下沟头径流深度相等；塬面坡度为 9°时，灌草地沟头径流深度大于裸地，虽然裸地径流率较灌草地大，但是灌草地沟头径流流速较小，导致径流深度增大。

(4) 沟头径流雷诺数在不同土地利用方式下差异较大，在裸地、草地和灌草地上的变化范围分别为 3423.79～7228.12、2267.47～2374.12 和 1974.41～2394.08。相同条件下，裸地沟头径流雷诺数最大，草地居中，灌草地最小，裸地沟头径流雷诺数较草地和灌草地分别增加了 52.27%～218.77%和 43.01%～266.09%。塬面坡度对雷诺数的影响在不同土地利用方式下有差异，在裸地上，塬面坡度越大，雷诺数越小；在草地和灌草地上，随坡度的增大，雷诺数增大。试验条件下雷诺数为 1974.41～7228.12，即 $Re>500$，因此可以将沟头径流流型界定为紊流。沟头径流弗劳德数为 1.30～2.81，即 $Fr>1.0$，因此可以将沟头径流流态界定为急流。相同条件下，裸地弗劳德数最大，草地居中，灌草地最小，裸地沟头径流弗劳德数均值较草地和灌草地分别增加了 3.09%～61.49%和 13.08%～80.13%。就坡度的影响来说，相同土地利用方式下，弗劳德数在塬面坡度为 6°时最大，塬面坡度为 3°时最小，塬面坡度为 9°时居中。沟头高度增大，弗劳德数降低，降幅为 9.72%～11.98%。

(5) 达西阻力系数变化范围为 0.163～0.572，相同条件下，裸地沟头径流达西阻力系数最小，变化范围为 0.163～0.280，草地沟头径流达西阻力系数居中，变化范围为 0.172～0.301，灌草地沟头径流达西阻力系数最大，变化范围为 0.236～0.572。相同条件下，裸地沟头径流达西阻力系数较草地和灌草地分别降低了 2.81%～45.93%和 15.07%～61.35%。塬面坡度对达西阻力系数存在显著影响，在裸地上，9°坡对应的达西阻力系数分别为 6°和 3°坡的 1.72 倍和 1.67 倍；在草地上，6°坡对应的达西阻力系数是 3°坡的 1.75 倍；在灌草地上，塬面坡度越大，沟头径流达西阻力系数越大，9°坡对应的达西阻力系数分别为 6°和 3°坡的 1.36 倍和 2.42 倍。沟头高度从 1.2m 增至 1.5m，沟头径流达西阻力系数增大 26.70%～52.10%。

6.2.2　土地利用方式对沟头径流水动力学参数的影响

沟头径流水动力学参数均通过流速、径流深度等参数确定，包括径流剪切力、径流功率、单位径流功率和断面比能。本小节研究了各场次试验沟头径流水动力学参数均值。图 6-18 为不同地形条件不同土地利用方式下沟头径流水动力学参数特征。

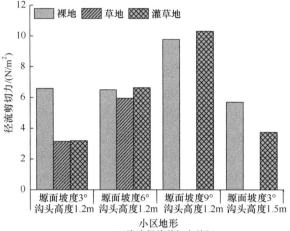

(a) 沟头径流剪切力特征

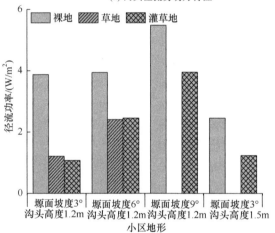

(b) 沟头径流功率特征

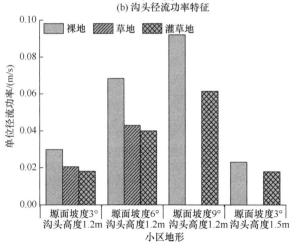

(c) 沟头单位径流功率特征

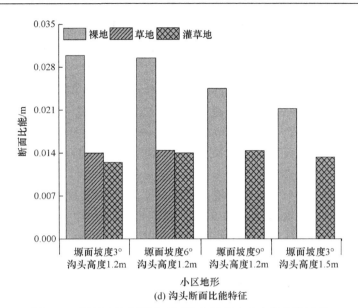

(d) 沟头断面比能特征

图 6-18　不同土地利用方式下沟头径流水动力学参数特征

1. 沟头径流剪切力特征

图 6-18(a)为不同地形条件不同土地利用方式下沟头径流剪切力特征。裸地、草地和灌草地沟头径流剪切力变化范围分别为 5.70～9.77N/m²、3.14～5.95N/m² 和 3.18～10.29N/m²。不同地形条件下土地利用方式对沟头径流剪切力的影响不同，G3H1.2 地形条件下草地和灌草地沟头径流剪切力分别较裸地沟头(6.59N/m²)降低52.35%和51.75%。G6H1.2 地形条件下，草地沟头径流剪切力较裸地(6.49N/m²)降低 8.32%，而灌草地沟头径流剪切力较裸地增加 2.16%。G9H1.2 地形条件下，灌草地沟头径流剪切力也较裸地增加 5.32%。G3H1.5 地形条件下，灌草地沟头径流剪切力较裸地(5.70N/m²)降低 34.56%。因此，坡度较低时(3°坡)，裸地沟头径流剪切力最大，当坡度增大时(6°坡、9°坡)，灌草地沟头径流剪切力最大。就坡度的影响来看，坡度增大，沟头径流剪切力增大，对于裸地和灌草地，9°坡的沟头径流剪切力分别较 3°坡增大48.93%和223.58%，对于草地，塬面坡度由 3°增至 6°，沟头径流剪切力增大 89.49%。不同土地利用方式下沟头高度对径流剪切力的影响不同，在裸地上，1.5m 沟头径流剪切力较 1.2m 沟头降低了 13.51%，在灌草地上却增加了 17.30%。

2. 沟头径流功率特征

图 6-18(b)为不同地形条件不同土地利用方式下沟头径流功率特征。就土地利用方式的影响来说，裸地、草地和灌草地沟头径流功率变化范围分别为 2.45～

5.48W/m²、1.22～2.41W/m² 和 1.08～3.95W/m²，不同地形条件下裸地沟头径流功率均大于草地和灌草地沟头。G3H1.2 和 G6H1.2 地形条件下草地沟头径流功率较裸地沟头分别降低了 68.56% 和 38.99%，G3H1.2、G6H1.2、G9H1.2 和 G3H1.5 地形条件下灌草地沟头径流功率较裸地沟头均显著降低，降幅分别为 72.16%、37.97%、27.92% 和 49.39%。从径流功率的降幅来看，无论对于草地沟头还是灌草地沟头，坡度增大时，径流功率相对裸地沟头的降幅均表现出降低的趋势；就坡度的影响来看，各土地利用方式下沟头径流功率均随坡度增大而增大。对于裸地及灌草地沟头，9° 和 6° 坡下的沟头径流功率分别较 3° 坡增大了 1.80% 和 41.24% 及 126.85% 和 265.74%。对于草地，塬面坡度由 3° 增至 6°，沟头径流功率增加了 97.54%。因此，草地和灌草地沟头径流率随坡度的增大而增加的幅度远大于裸地沟头；不同土地利用方式下沟头高度对径流功率的影响也不同，在裸地上，1.5m 沟头径流功率较 1.2m 沟头降低了 36.86%，在灌草地上却增加了 14.81%。

3. 沟头单位径流功率特征

图 6-18(c)为不同地形条件不同土地利用方式下沟头单位径流功率特征。就土地利用方式的影响来说，裸地、草地和灌草地沟头单位径流功率变化范围分别为 0.0230～0.0920m/s、0.0205～0.0430m/s 和 0.0178～0.0614m/s，不同地形条件下裸地沟头单位径流功率最大，草地沟头居中，灌草地沟头最小。G3H1.2 和 G6H1.2 地形条件下草地沟头单位径流功率较裸地沟头分别降低了 31.24% 和 37.02%，G3H1.2、G6H1.2、G9H1.2 和 G3H1.5 地形条件下灌草地沟头单位径流功率较裸地沟头均显著降低，降幅分别为 39.04%、41.35%、33.26% 和 22.75%。随着坡度的增大，单位径流功率相对裸地沟头的降幅表现出降低的趋势。就坡度的影响来看，各土地利用方式下沟头单位径流功率均随坡度增大而增大，对于裸地及灌草地沟头，6° 和 9° 坡下的沟头单位径流功率分别较 3° 坡增大了 128.86% 和 208.48% 及 120.17% 和 237.69%，对于草地，塬面坡度由 3° 增至 6°，沟头单位径流功率增加了 109.60%。因此，3 种土地利用方式下沟头单位径流功率随坡度的增大均成倍增加；不同土地利用方式下单位径流功率随沟头高度的增加而降低，裸地和灌草地 1.5m 沟头单位径流功率较 1.2m 沟头分别降低了 22.72% 和 2.08%，其在灌草地沟头上的降幅远小于裸地沟头。

4. 沟头径流断面比能特征

图 6-18(d)为不同地形条件不同土地利用方式下沟头径流断面比能特征。就土地利用方式的影响来说，裸地、草地和灌草地沟头径流断面比能变化范围分别 0.0212～0.0299m、0.0140～0.0144m 和 0.0133～0.0144m，不同地形条件下沟头径

流断面比能以裸地沟头最大，草地沟头居中，灌草地沟头最小。G3H1.2 和 G6H1.2 地形条件下草地沟头径流断面比能较裸地沟头分别降低了 53.18%和 51.06%，G3H1.2、G6H1.2、G9H1.2 和 G3H1.5 地形条件下灌草地沟头径流断面比能较裸地沟头分别降低了 58.29%、52.42%、41.37%和 37.40%。径流断面比能相对裸地沟头的降幅随着坡度的增大也表现出降低的趋势。就坡度的影响来看，裸地沟头径流断面比能均随坡度增大而减小，6°和 9°坡下的沟头径流断面比能分别较 3°坡降低了 1.47%和 18.03%，草地和灌草地沟头径流断面比能均随坡度增大而增大，灌草地 6°和 9°坡下的沟头径流断面比能分别较 3°坡增加了 12.40%和 15.23%，对于草地沟头，塬面坡度由 3°增至 6°，沟头径流断面比能仅增加了 2.98%。不同土地利用方式下沟头高度对径流断面比能的影响也不同，在裸地上，1.5m 沟头径流断面比能较 1.2m 沟头降低了 29.02%，而在灌草地上却增加了 6.54%。

6.2.3 土地利用方式对沟头射流水动力学参数的影响

径流到达沟沿线时具有一定的水平速度，因此出现跌水射流现象。沟头射流水动力学参数主要包括射流水平出射流速(V_{brink})、射流水平出射动能(E_k)及表示射流侵蚀能力的最大剪切力(τ_{max})。图 6-19 为不同地形条件不同土地利用方式下沟头射流水动力学参数特征。

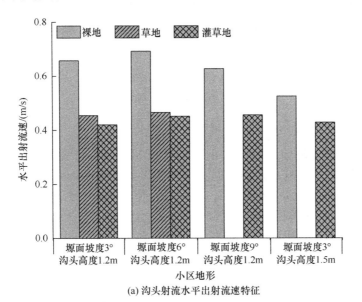

(a) 沟头射流水平出射流速特征

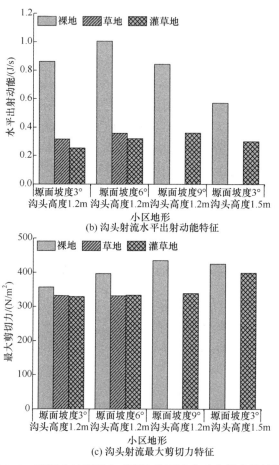

(b) 沟头射流水平出射动能特征

(c) 沟头射流最大剪切力特征

图 6-19　不同土地利用方式下沟头射流水动力学参数特征

1. 沟头射流水平出射流速特征

图 6-19(a)为不同地形条件不同土地利用方式下沟头射流水平出射流速特征。就土地利用方式的影响来说，裸地、草地和灌草地沟头射流 V_{brink} 变化范围分别为 0.525～0.692m/s、0.454～0.466m/s 和 0.420～0.456m/s，不同地形条件下裸地沟头 V_{brink} 最大，草地沟头居中，灌草地沟头最小。G3H1.2 和 G6H1.2 地形条件下草地沟头射流 V_{brink} 较裸地分别降低了 30.96%和 32.75%，G3H1.2、G6H1.2、G9H1.2 和 G3H1.5 地形条件下灌草地沟头射流 V_{brink} 较裸地沟头均显著降低，降幅分别为 36.09%、34.86%、27.25%和 18.61%，降幅随着坡度的增大表现出降低的趋势。就坡度的影响来看，草地和灌草地沟头射流 V_{brink} 均随坡度增大而增大，对于灌草地沟头，6°和 9°坡下的沟头射流 V_{brink} 分别较 3°坡增大了 7.36%和 8.55%；对于草地，塬面坡度由 3°增至 6°，沟头射流 V_{brink} 增加了 2.61%；在裸地沟头上 V_{brink} 表

现为先增大后减小的变化趋势，6°～9°坡小区沟头 V_{brink} 相对 3°坡小区的变幅在 4.65%～5.33%。因此，塬面坡度对沟头射流 V_{brink} 的影响较小。不同土地利用方式下沟头高度对沟头射流 V_{brink} 的影响也不同，在裸地上，1.5m 沟头 V_{brink} 较 1.2m 沟头降低了 20.10%，而在灌草地上却表现为小幅增加，增幅为 1.76%。

2. 沟头射流水平出射动能特征

图 6-19(b)为不同地形条件不同土地利用方式下沟头射流水平出射动能特征。就土地利用方式的影响来说，裸地、草地和灌草地沟头射流 E_k 变化范围分别为 0.570～1.005J/s、0.316～0.358J/s 和 0.254～0.361J/s，相同地形条件下裸地沟头射流 E_k 最大，灌草地沟头最小。G3H1.2 和 G6H1.2 地形条件下草地沟头射流 E_k 较裸地沟头分别降低了 63.30%和 64.41%，G3H1.2、G6H1.2、G9H1.2 和 G3H1.5 地形条件下灌草地沟头射流 E_k 较裸地沟头均显著降低，降幅分别为 70.57%、68.17%、57.19%和 47.33%，且降幅随着塬面坡度和沟头高度的增大均表现出降低的趋势。就坡度的影响来看，草地和灌草地沟头射流 E_k 均随坡度增大而增大，对于灌草地沟头，6°和 9°坡下的沟头射流 E_k 分别较 3°坡增大了 26.09%和 42.24%；对于草地，塬面坡度由 3°增至 6°，沟头射流 E_k 增加了 13.02%；裸地沟头上水平出射动能表现为先增大后减小的变化趋势，6°、9°坡小区沟头水平出射动能相对 3°坡小区的变幅分别为 16.57%和–2.23%。不同土地利用方式下沟头高度对沟头射流 E_k 的影响也不同，在裸地上，1.5m 沟头 E_k 较 1.2m 沟头降低了 33.91%，在灌草地上却增加了 18.30%。

3. 沟头射流最大剪切力特征

图 6-19(c)为不同地形条件不同土地利用方式下沟头射流最大剪切力特征。就土地利用方式的影响来说，裸地、草地和灌草地沟头射流最大剪切力变化范围分别为 356.88～434.61N/m^2、331.53～331.66N/m^2 和 329.17～398.52N/m^2。相同地形条件下草地和灌草地沟头射流最大剪切力较裸地降低，G3H1.2 和 G6H1.2 地形条件下草地沟头射流最大剪切力较裸地沟头分别降低了 7.00%和 16.00%，G3H1.2、G6H1.2、G9H1.2 和 G3H1.5 地形条件下灌草地沟头射流最大剪切力较裸地沟头分别降低了 7.76%、15.87%、22.06%和 6.17%。草地、灌草地沟头射流最大剪切力相对裸地沟头的降幅均随着塬面坡度的增大表现出增大趋势，随沟头高度的增加而减小。就坡度的影响来看，裸地、草地和灌草地沟头射流最大剪切力均随坡度增大而增大。对于裸地和灌草地沟头，6°坡、9°坡下的沟头射流最大剪切力分别较 3°坡增大了 11.09%、21.78%和 13.27%、29.02%，对于草地，塬面坡度由 3°增至 6°，沟头射流最大剪切力仅增加了 0.04%。因此，塬面坡度对草地沟头射流最大剪切力

的影响最小,其次是裸地沟头,对灌草地沟头射流最大剪切力影响最显著。不同土地利用方式下沟头射流最大剪切力随初始沟头高度的增加而显著增加,裸地和灌草地 1.5m 沟头射流最大剪切力较 1.2m 沟头分别增加了 19.02%和 21.07%。

6.2.4 不同土地利用方式下沟头溯源侵蚀产沙水动力学机制

水力作用在沟头溯源侵蚀过程中占据着重要地位。水力作用表现在 3 个方面:①塬面/沟道径流冲刷下切;②贴壁流冲刷沟头立壁;③射流冲击沟道与击溅沟头立壁。表 6-13 在不考虑下垫面可蚀性差异的基础上分析了沟头溯源侵蚀土壤剥蚀率与各水力学参数之间的相关关系,结果发现剥蚀率与流速、径流率、雷诺数、弗劳德数均呈极显著正相关关系,而与曼宁糙率系数和达西阻力系数之间呈极显著负相关关系。

表 6-13 沟头溯源侵蚀土壤剥蚀率与水力学参数之间的相关关系

项目	流速	径流率	径流深度	雷诺数	弗劳德数	曼宁糙率系数	达西阻力系数
r	0.525**	0.774**	0.047	0.351**	0.351**	−0.173**	−0.216**
P	0	0	0.37	0	0	0.001	0

注: r 为 Pearson 相关系数。

表 6-14 考虑了下垫面可蚀性差异,分析不同土地利用方式、不同地形条件下下沟头溯源侵蚀土壤剥蚀率与各水力学参数的相关关系。结果发现,除了部分场次中剥蚀率与流速、径流率、径流深度及雷诺数呈显著相关关系外,多个场次中剥蚀率与水力学参数均呈不显著相关,这说明在考虑下垫面可蚀性影响的条件下,不能直接将水力学参数用于描述沟头溯源侵蚀产沙的动态过程。

表 6-14 沟头溯源侵蚀土壤剥蚀率与水力学参数的相关关系

土地利用方式	沟头高度/m	塬面坡度/(°)	项目	流速	径流率	径流深度	雷诺数	弗劳德数	曼宁糙率系数	达西阻力系数
裸地	1.2	3	r	−0.30	0.71**	−0.36*	−0.29	−0.10	−0.04	0.10
			P	0.08	0	0.03	0.09	0.57	0.84	0.55
		6	r	0.379*	0.67**	−0.39*	0.21	0.33	−0.15	−0.14
			P	0.02	0	0.02	0.23	0.05	0.38	0.41
		9	r	−0.22	0.26	0.21	0.08	−0.25	0.31	0.25
			P	0.20	0.13	0.65	0.14	0.07	0.15
	1.5	3	r	−0.05	0.54**	0.03	0.06	−0.14	0.09	0.08
			P	0.77	0	0.84	0.73	0.43	0.59	0.66

续表

土地利用方式	沟头高度/m	塬面坡度/(°)	项目	流速	径流率	径流深度	雷诺数	弗劳德数	曼宁糙率系数	达西阻力系数
草地	1.2	3	r	0.05	0.36*	0.18	0.38*	-0.07	-0.02	0.13
			P	0.76	0.03	0.30	0.02	0.71	0.92	0.46
		6	r	-0.03	0.06	-0.06	0.04	-0.04	-0.03	0.07
			P	0.85	0.75	0.71	0.84	0.82	0.86	0.68
灌草地	1.2	3	r	0.10	0.28	0.16	0.30	0.03	0.01	-0.11
			P	0.56	0.10	0.35	0.08	0.85	0.98	0.54
		6	r	0.28	0.26	0.25	-0.20	0.27	-0.33	-0.31
			P	0.1	0.13	0.15	0.24	0.12	0.05	0.07
		9	r	0.29	0.37*	—	0.35*	0.15	-0.04	-0.15
			P	0.09	0.03	—	0.04	0.39	0.82	0.39
	1.5	3	r	0.28	0.49**	—	0.53**	0.16	-0.18	-0.23
			P	0.10	0	—	0	0.36	0.30	0.18

表 6-15 在不考虑下垫面可蚀性差异的基础上分析了沟头溯源侵蚀土壤剥蚀率与径流水动力学参数及射流水动力学参数的相关关系，结果发现剥蚀率与径流剪切力、径流功率、单位径流功率、断面比能、射流水平出射流速、水平出射动能及射流最大剪切力均呈极显著正相关关系，其中，射流最大剪切力是描述沟头溯源侵蚀产沙过程的最优水动力学参数。

表 6-15　沟头溯源侵蚀土壤剥蚀率与径流水动力学参数及射流水动力学参数的相关关系

项目	径流剪切力	径流功率	单位径流功率	断面比能	射流水平出射流速	水平出射动能	射流最大剪切力
r	0.142**	0.391**	0.389**	0.507**	0.545**	0.604**	0.675**
P	0.007	0	0	0	0	0	0

表 6-16 考虑了下垫面可蚀性差异，分析不同土地利用方式、不同地形条件下沟头溯源侵蚀土壤剥蚀率与径流水动力学参数及射流水动力学参数的相关关系。结果发现，除了少部分场次中土壤剥蚀率与径流功率、单位径流功率、断面比能、射流水平出射流速、水平出射动能及射流最大剪切力呈显著或极显著相关关系外，多个场次中剥蚀率与水动力学参数及射流水动力学参数均不显著相关，这说明在考虑下垫面可蚀性影响的条件下，用径流水动力学参数描述沟

头溯源侵蚀产沙动态过程已经表现为普遍的不适宜性，这与重力侵蚀产沙过程关系极为密切。

表 6-16　沟头溯源侵蚀土壤剥蚀率与径流水动力学参数及射流水动力学参数的相关关系

土地利用方式	沟头高度/m	塬面坡度/(°)	项目	径流剪切力	径流功率	单位径流功率	断面比能	射流水平出流速	水平出射动能	射流最大剪切力
裸地	1.2	3	r	−0.24	−0.28	−0.32	−0.341*	−0.32	−0.09	−0.504**
			P	0.16	0.10	0.06	0.04	0.06	0.59	0.002
		6	r	−0.08	0.24	0.361*	0.421*	0.399*	0.528**	−0.323
			P	0.66	0.16	0.03	0.01	0.02	0.00	0.054
		9	r	0.31	0.11	−0.22	−0.23	−0.20	−0.14	−0.057
			P	0.07	0.52	0.19	0.18	0.25	0.42	0.74
	1.5	3	r	0.06	0.06	0.03	0.07	−0.02	0.25	−0.522**
			P	0.71	0.73	0.87	0.67	0.93	0.15	0.001
草地	1.2	3	r	0.26	0.377*	—	0.13	0.19	0.32	−0.198
			P	0.12	0.02	—	0.44	0.26	0.06	0.247
		6	r	0.08	0.05	−0.02	−0.01	−0.03	0.01	0.057
			P	0.65	0.76	0.89	0.96	0.88	0.96	0.741
灌草地	1.2	3	r	0.04	0.28	0.14	0.555**	0.15	0.30	−0.019
			P	0.80	0.10	0.41	0.00	0.39	0.08	0.914
		6	r	−0.29	−0.21	0.32	−0.17	0.11	0.26	0.128
			P	0.09	0.22	0.06	0.32	0.51	0.12	0.455
		9	r	0.08	0.32	0.30	0.29	0.491**	0.483**	0.352*
			P	0.65	0.06	0.08	0.09	0.00	0.00	0.035
	1.5	3	r	−0.03	0.493**	0.27	0.24	0.18	0.401*	0.091
			P	0.87	0.00	0.12	0.15	0.29	0.02	0.6

6.3　本 章 小 结

本章通过对比研究不同盖度、不同土地利用方式及不同地形小区径流水力学、水动力学及射流水动力学特征的差异，建立沟头溯源侵蚀过程中侵蚀产沙与径流水力学、水动力学参数及射流水动力学参数的关系，从水力学和水动力学方面来揭示不同小区沟头溯源侵蚀水动力学机制，主要得到以下结论。

(1) 所有试验径流流态均属紊流，盖度>20%后植被滞流作用使径流流态变缓。与对照小区相比，3°坡 0、20%、50%、80%盖度小区流速分别减小 12.94%～38.91%、55.63%～70.84%、65.20%～78.57%和 66.74%～77.08%。坡度为 6°，放水流量为 8～14m³/h 时，与对照小区相比各小区流速减小 5.20%～19.70%、58.0%～62.30%、65.30%～66.40%和 73.40%～75.70%，放水流量>14m³/h 时，崩塌频繁导致对照小区流速小于 0 盖度小区。

(2) 3°和 6°坡各小区达西阻力系数随流量变化趋势不一。与对照小区相比，3°坡 0、20%、50%、80%盖度小区达西阻力系数较 CK 增大 0.74~1.99 倍、1.81~8.27 倍、4.36~49.97 倍和 5.32~31.07 倍。6°坡 CK、0 和 20%盖度小区达西阻力系数变化基本一致，50%和 80%小区则呈波动变化趋势；与 CK 相比，0 盖度小区达西阻力系数减小 3.10%~40.28%，20%、50%、80%小区则增大 3.43~5.16倍、6.76~12.88 倍和 14.17~24.18 倍。曼宁糙率系数随流量变化具有很强的随机性，与对照相比，3°坡 0、20%、50%、80%盖度小区分别增大 0.37~0.78 倍、0.55~2.13 倍、1.22~7.26 倍和 1.44~5.18 倍；6°坡 0 盖度小区曼宁糙率系数较对照小区减小 7.09%~23.70%(除第Ⅲ和Ⅵ场外)，而 20%~80%盖度小区则分别增大1.06~1.53 倍、1.85~3.04 倍及 3.06~4.54 倍。

(3) 3°坡 0 盖度小区径流剪切力大于 CK，流量<14m³/h 时，20%、50%、80%盖度小区径流剪切力高于对照 14.35%、85.79%和 61.87%，流量>14m³/h 时，径流剪切力相对对照分别减小 39.82%、28.20%和 28.23%。6°坡 0 和 20%盖度小区径流剪切力较对照平均减小 20.94%和 16.61%，50%和 80%盖度小区径流剪切力较对照增大 6.17%~42.88%和 22.29%~54.61%。3°和 6°坡 0、20%、50%、80%小区各次试验径流功率较对照平均减小幅度分别为 20.36%、66.65%、67.40%、69.83%和 27.57%、65.11%、60.87%、61.22%，单位径流功率平均减小 24.62%、62.24%、73.52%、73.89%和 23.32%、58.25%、65.71%、73.05%，断面比能分别减小 24.67%、68.98%、66.01%、67.89%和 40.62%、78.18%、75.83%、69.93%。

(4) 分析各水力学参数和水动力学参数与流量和盖度的相关关系可知，弗劳德数、达西阻力系数及曼宁糙率系数随流量变化不明显，与盖度线性关系显著。流速、雷诺数、径流剪切力、径流功率、单位径流功率及断面比能均可用流量和盖度线性函数预测。土壤侵蚀速率与水力学参数之间函数关系均达到显著水平($P<0.05$)，侵蚀速率与流速的拟合效果最优，侵蚀速率与径流剪切力、径流功率、单位径流功率及断面比能呈极显著线性、指数或幂函数关系($P<0.01$)，对于沟头溯源侵蚀来说并不存在侵蚀临界水动力学参数。

(5) 裸地、草地和灌草地沟头射流水平出射流速变化范围分别为 0.525~0.692m/s、0.454~0.466m/s 和 0.420~0.456m/s，相同地形条件下草地和灌草地沟头射流水平出射流速较裸地沟头降低了 30.96%~32.75%和 18.61%~36.09%。沟头射流水平出射动能变化范围分别为 0.570~1.005J/s、0.316~0.358J/s 和 0.254~0.361J/s，相同地形条件下草地和灌草地沟头射流水平出射动能较裸地沟头降低了63.30%~64.41%和 47.33%~70.57%。沟头射流最大剪切力变化范围分别为356.88~434.61N/m²、331.53~331.66N/m² 和 329.17~398.52 N/m²，相同地形条件下草地和灌草地沟头射流最大剪切力较裸地沟头降低了 7.00%~16.00%和6.17%~22.06%。

第7章 沟头前进过程的重力侵蚀特征

重力和水力的耦合作用是黄土塬沟道侵蚀和发育的主要动力(刘秉正等，1993)，且重力侵蚀对流域地貌的演变有重要作用(Korup et al., 2004；Schlunegger, 2002)。重力更是沟头溯源侵蚀过程中除水力外的另一重要驱动力，重力侵蚀常常同水力侵蚀一起促进沟头前进，一般大幅度(米级)的沟头前进与重力侵蚀息息相关(Nichols et al., 2016)。因此，研究沟头前进过程中重力侵蚀特征对于揭示沟头溯源侵蚀机制具有重要意义。在黄土高原地区，重力侵蚀普遍发生。当前人们主要关注：①重力侵蚀产沙对流域或坡面产沙的贡献率。蒋德麒等(1966)早期分析典型小流域重力侵蚀占比，结果表明，重力侵蚀量占流域总侵蚀量的 20%~25%。也有研究认为，黄土高原重力侵蚀的分布与总的土壤侵蚀强度分布是相近的(张信宝等，1989)。为了明确沟坡重力侵蚀情况，韩鹏等(2003)在室内进行模拟试验，结果表明重力侵蚀占比大于 50%，表明在沟坡上发生的重力侵蚀是引起沟道高含沙水流的主要原因(许炯心等，2006)。虽然重力侵蚀占比较大且危害严重，野外调查都是针对重力侵蚀结果的研究，室内模拟得出结果缺乏野外数据验证，整体上缺乏重力侵蚀的实时观测资料，无疑增加了重力侵蚀研究的进展及重力侵蚀模型的研究难度。②重力侵蚀发生的时空及强度特征。重力侵蚀发生的随机性很强，发生的概率和规模差别很大。在黄土高原地区，有些年份经常发生小规模泻溜，而有些年份发生规模巨大但频率很低的大型滑坡、崩塌等。③重力侵蚀产沙模型。通用土壤流失方程(universal soil loss equation，USLE)和修正的通用土壤流失方程(revised universal soil loss equation，USLE)是针对缓坡地的土壤侵蚀预测，没有将重力侵蚀的影响和侵蚀量纳入方程中(蔡强国等，2007；Renard et al., 1991)。曹文洪等(1993)、汤立群等(1997)及蔡强国等(2004)建立的土壤侵蚀预测方程虽考虑了重力侵蚀影响，但是这些模型的研究多是经验性方程，缺乏基础性研究与理论支撑。

沟头溯源侵蚀过程中重力侵蚀如何发生？重力侵蚀发生机理是什么？重力侵蚀产沙在溯源侵蚀产沙中的占比如何？重力侵蚀发生的时间、空间和强度等有何特征与规律？这些都是需要进一步深入探讨的问题。

7.1 重力侵蚀发生的原因分析

重力侵蚀的成因机制非常复杂，影响因素大致可以分为两类：一是自身属性，包括土壤质地、土层结构、坡沟构造(如坡度、裂隙等)和地貌特征；二是外部因素，包括降雨、径流、植被、人类活动等。重力侵蚀是各个因素相互作用的结果。朱同新等(1989)对黄土区重力侵蚀研究认为，黄土岩性构造和沟道地貌形态决定重力侵蚀的方式和强度，降雨及其产生的径流是重力侵蚀的触发因素。本书通过模拟降雨与放水冲刷的试验方法探索沟头溯源过程中重力侵蚀特征，各个试验小区尺寸、陡坡坡度等均相同。因此，降雨、径流及植被是影响沟头溯源、重力侵蚀的主要因素。本节从降雨、径流及植被方面对试验中出现的重力侵蚀原因进行分析。

1. 降雨和径流对重力侵蚀的影响

本章研究的重力侵蚀类型主要为崩塌，崩塌是土体从陡坡的节理面或裂隙面向下坡倾倒的重力侵蚀现象，经常发生在坡度接近 90°的陡崖上，本章主要研究沟头和沟道中的重力侵蚀。降雨是引起重力侵蚀的重要因素，降雨及其产生的地表径流使水分渗入沟坡土体，增大了土体自重、减小了土体的黏聚力，进而使土体强度降低。沟道形成后，沟道内径流冲淘沟道两侧沟壁，从而形成一定尺寸的悬空土体，随着降雨进行，悬空土体在自重应力作用下逐渐向沟道偏移，在土体表面形成裂隙，降雨和径流沿着裂隙进入土体内部。由于黄土的湿陷性，土体内部物质逐渐溶解，含水量逐步增大，土体失稳条件逐渐形成，节理面或裂隙面逐渐出现，当土体抗剪强度小于重力在水平方向上分力后，极限平衡被打破，土体失稳崩塌并在沟道中短暂沉积。当崩塌物质逐渐被沟道径流搬运，坡脚坡度增大并形成临空土体，为下一次崩塌奠定基础。相应地，降雨强度越大，径流量越大，临空土体形成得越快，崩塌频率也越高，孙尚海等(1995)、刘秉正等(1993)研究也表明，滑坡和滑塌发生在 35°~55°坡面，而崩塌多发生在 55°以上陡坡，重力侵蚀量与流域降水量、径流量呈正相关关系。因此，降雨对重力侵蚀的作用表现为降雨形成的径流使沟壁土体形成悬空土体，悬空土体逐渐脱离原土体，裂隙逐渐形成，降雨和坡面径流进入裂隙促进崩塌(许炯心，1999)。

2. 植被根系对重力侵蚀的影响

随着植被恢复，黄土高原土壤侵蚀强度逐渐降低。众多研究均表明，植被对重力侵蚀有显著的影响。植被根系与土壤形成根土复合体大大增加了土体的抗剪能力，植被可将土体所受的剪切应力转化为根系的拉应力，从而增强根土复合体的抗剪强度，影响重力侵蚀的发生，减轻陡坡面重力侵蚀。中科院黄土高原综合科学考察队(1991)在皇甫川进行的调查发现，重力侵蚀量与植被盖度呈良好的负相关关系，在高于 35°的陡坡上植被覆盖使暴雨冲刷强度大大减弱，重力侵蚀模数也较小，而裸坡陡坡面上重力侵蚀强烈，泻溜、滑坡和崩塌均很剧烈。于国强等(2012)认为根系加固作用改善了坡面浅层土体应力，有效降低了坡面土体应力的集中程度，减小了坡沟系统坡面浅层土体位移，使水平位移减少15%，铅垂位移减少2.5%。孙尚海等(1995)认为，根系会对土壤产生"根劈作用"，且根系的存在能够增加土壤的透水性，根系对重力侵蚀的影响存在正负效应，提高植被盖度控制水土流失应该有一定的盖度上限。Jahn(1989)认为，植被能够促进土壤表层风化层形成，从而增加浅层滑坡的发生，这种现象在黄土高原常被称为"鬼剃头"，植被覆盖的表层土壤入渗性能良好，导致土壤内部入渗大量水分，根系层下部土壤渗透性变差，使得含根系表层土壤含水量增大，重力沿陡坡的下滑分力产生的力矩一旦大于土体抗滑力矩，带有植被的表层土壤将以片状或块状形式从原有坡面分离。因此，植被对控制坡面稳定性、减弱重力侵蚀的研究还需深入。

7.2　沟头溯源过程中重力侵蚀形式及其发生机制

7.2.1　重力侵蚀过程与形式

1. 不同盖度及变流量放水条件下的重力侵蚀过程

由于植被根系在土壤中有缠绕、固定作用，土壤结构更加稳定，改变了无根系土壤发生侵蚀的条件，降低了重力侵蚀强度。本小节以无根系裸地小区为对照，比较不同植被盖度小区在沟头溯源过程中重力侵蚀形式的差异性。研究发现，无根系的对照小区和有植被小区崩塌形式差异巨大，在沟口出现前，两类小区多在陡坡面发生小型崩塌，当沟口形成后，对照小区发生大规模的沟壁崩塌，植被小区在第Ⅲ场试验后沟口根土复合体一次性崩塌。裸地和植被小区沟头溯源侵蚀过程特征及崩塌形式具体如下。

对照小区(3°坡)沟头溯源侵蚀过程如图 7-1 所示。在第Ⅰ场试验过程中，表层0~20cm 土壤容重相对较低，土质疏松，可蚀性较高。因此，在试验初期表层土壤首先被侵蚀，形成高度约为20cm 的侵蚀平台[图 7-1(a)]，随着放水的继续，坡

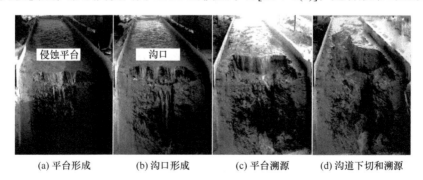

(a) 平台形成　　　(b) 沟口形成　　　(c) 平台溯源　　　(d) 沟道下切和溯源

图 7-1　对照小区(3°坡)沟头溯源侵蚀过程

面径流直接对平台面进行冲击，平台向前溯源延伸，与此同时，径流流经平台后不断汇集，径流集中冲刷陡坡面与平台交界线，在小区中部逐渐形成沟道，即沟口形成及平台溯源阶段[图 7-1(b)和(c)]。

沟口形成过程中，陡坡与平台交界线处径流沿着陡坡面流下，陡坡面底部土壤首先被侵蚀，侵蚀部位呈抛物线形状。随着径流继续冲刷，陡坡面土壤不断被侵蚀并向土体内部冲淘，陡坡面上部土体处于"临空状态"，同时又受到径流浸泡和冲刷形成跌坎和裂隙。径流沿着裂隙进入土壤中，陡坡面临空土体一旦失稳，土体沿着裂隙从陡坡面崩塌，此为沟口形成阶段陡坡面土体崩塌形式，图 7-2 为 3°坡对照小区单次陡坡面崩塌过程，此类崩塌形式记为 C_{SS}。随着径流继续下切，沟道快速加深，平台逐渐被沟道占据，形成陡峭的沟壁直立面，沟头继续前进，此阶段沟道以下切和溯源为主[图 7-1(d)]。

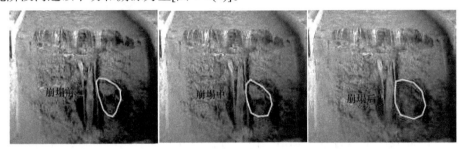

图 7-2　对照小区单次陡坡面崩塌(C_{SS})过程(3°坡)

随着模拟降雨与放水冲刷的继续，缓坡面土壤含水量增大，土壤黏聚力大大减小，陡直的沟壁受到重力作用加上黄土的垂直节理发育，土体逐渐向沟道拉伸，在缓坡面出现裂隙，降雨在沟间缓坡面产生的径流沿着裂隙不断进入土体使之稳定性减弱，同时沟道内径流不断对沟壁底部土壤冲刷形成临空土体，土体达到极限平衡后沿裂隙瞬间崩塌至沟道，即沟壁崩塌沟道拓宽阶段，此类崩塌形式为沟壁崩塌，记为 C_{GB}。如图 7-3 为 6°坡对照小区沟壁较大规模的崩塌过程。对于无植被根系存在的对照小区，主要为陡坡面崩塌 C_{SS} 和沟壁崩塌 C_{GB} 两种崩塌形式。

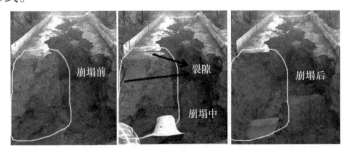

图 7-3　对照小区沟壁崩塌(C_{GB})过程(6°坡)

　　植被小区崩塌形式也随放水场次的变化而变化，与对照小区沟头发育过程显著不同，植被小区沟头根土复合体因根系缠绕及网络固结作用在试验初期侵蚀并不剧烈。其侵蚀过程可分为 4 个阶段，即侵蚀分层和冲淘—沟口形成—沟壁拓展—沟道稳定。图 7-4 为 3°坡 80%盖度小区第Ⅱ、Ⅳ、Ⅴ、Ⅵ场试验沟头发育结果，代表了 4 个不同阶段特点。

(a) 侵蚀分层和冲淘　　(b) 沟口形成　　(c) 沟壁拓展　　(d) 沟道稳定

图 7-4　植被小区(3°坡-80%盖度)沟头溯源侵蚀阶段

　　首先，与对照小区相似，植被覆盖小区在 0～20cm 土层也存在分层现象，如图 7-4(a)所示，植物根系大部分部分在 0～20cm 土层中，该土层土壤容重较低，根系穿插形成较多大孔隙，使土壤渗透性较好，且表层植被阻滞径流作用显著，因此表层土壤含水量剧增。试验过程中分界层有水流穿过，说明表层土壤中根系作用并未使土壤崩塌，而是在径流作用下慢慢被分离搬运。径流从缓坡面流出后分成两部分，一股沿着陡坡面流出小区，另外一股沿着根系流入土壤和陡坡底部。这两部分径流对陡坡底部进行缓慢冲淘，在陡坡面上形成开口向下的抛物线形状，随着径流继续冲刷不断向四周和小区内部扩展，向四周扩展使原有陡坡面不断被侵蚀，向内扩展使得陡坡面上部根土复合体形成临空状态[图 7-4(a)]。

　　临空土体形成后，其下部部分土体受到上方径流冲刷及重力作用形成裂隙，进而引发陡坡面崩塌(图 7-5)，崩塌形式与对照小区陡坡面崩塌形式相同。随着径流继续冲淘，临空土体不断接受上方径流入渗和冲刷，含水量继续增大，含根系网络的土壤不断被侵蚀，根系固定作用逐渐降低，部分根系已被冲刷出土壤而裸露在外，临空土体整体缓慢地下陷，并出现裂隙，此后上方径流沿裂隙进入，临空土体逐渐达到极限平衡进而失稳崩塌。如图 7-6 为 3°坡沟头根土复合体整体崩塌过程，崩塌后形成弧形沟口，并在沟边留下大量悬挂的根系[图 7-4(b)]。沟口形成后，大部分径流沿着小区中间部位流出，一部分径流沿着纵横交错的根系继续冲淘沟口两侧土体，与沟口崩塌形式一致，当两侧根土复合体崩塌后沟道的沟缘线由弧形变为近似直线形[图 7-4(c)和(d)]，此时沟头为近似直立的平面。

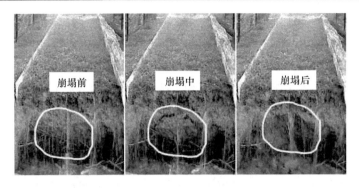

图 7-5　植被小区陡坡面崩塌(C_ss)过程(3°坡-80%盖度)

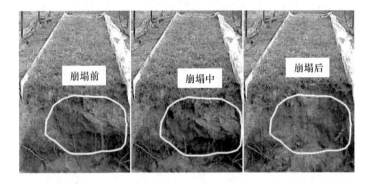

图 7-6　植被小区沟头崩塌(C_GH)过程(3°坡-80%盖度)

2. 不同土地利用方式及地形条件下的重力侵蚀形式

重力侵蚀是指在重力作用下，单个落石、碎屑或整块土体、岩体沿坡面或坡体由上向下运动的现象。其主要形式包括崩塌、滑坡、错落、蠕动、陷落与泻溜等。

试验过程中观测到土壤块体掉落或夹杂肉眼能识别的细小土壤结构体的泥流向沟道内流动时，即记录为一次重力侵蚀事件。在整个试验过程中，重力侵蚀事件时有发生，主要观测到崩塌、泥流、倾倒等重力侵蚀现象，通过归纳将重力侵蚀事件主要分为以下几种：①悬空崩塌是指在土体悬空或半悬空状态下，随着临空面的增大，或土体含水量增大导致重力作用增强，最终打破土体受力平衡，土体与坡体之间产生裂缝，后快速掉落的过程。悬空土体崩塌如图 7-7 所示。悬空崩塌与临空面的产生关系密切。悬空崩塌在沟头溯源重力侵蚀形式中占据主导地位，G3H1.2、G6H1.2、G9H1.2 和 G3H1.5 地形条件下裸地悬空崩塌次数分别占重力侵蚀频次的 78.26%、61.90%、81.82%和 95.24%，灌草地悬空崩塌次数占重力侵蚀频次的 100%、96.43%、93.33%和 95.24%，草地悬空崩塌次数占重力侵蚀频次的 76.47%~78.57%。②孤立土体倾倒，由于沟头不同部位土体紧实度存在一定差异，随着径流冲刷的进行，一部分坚硬的土体周围土壤被冲刷侵蚀，使得该部分土体呈现出孤立状态，当径流进一步冲刷后，出现孤立土体快速倾倒的现象，如图 7-8 所示。G3H1.2、G6H1.2、G9H1.2 和 G3H1.5 地形条件下裸地沟头孤立土体倾倒的次数分别为 1 次、4 次、1 次和 1 次，灌草地沟头孤立土体倾倒次数分别为 0 次、1 次、0 次和 0 次，G3H1.2 和 G6H1.2 地形条件下，草地沟头均未观测

图 7-7　沟头重力侵蚀形式——悬空土体崩塌

图 7-8　沟头重力侵蚀形式——孤立土体倾倒

到孤立土体倾倒现象。③贴壁滑塌，失稳土体下方并无明显临空面，但存在明显的滑动面，重力侵蚀过程中先沿滑动面以较小速率滑动，后快速跌落。贴壁滑塌如图 7-9 所示，滑塌在沟头溯源过程中出现频次很少，仅在 G6H1.2、G9H1.2 裸地沟头各观测到 1 次，在 G3H1.2 草地和 G3H1.5 灌草地沟头各观测到 1 次。④泥流如图 7-10 所示，常发生在沟壁部位，在没有径流冲刷且仅有降雨的情况下最常见，具有一定的流体性质。泥流沿沟壁流动，流动速率与流动面坡度及固相含量有关，坡度越大，泥流越稀流动速率越大，反之则越小。泥流的出现也从一个方面反映出降雨对沟头溯源重力侵蚀的影响。在 G3H1.2、G6H1.2、G9H1.2 和 G3H1.5 地形条件下裸地沟头观测到的泥流频次分别为 3 次、3 次、2 次和 0 次；G3H1.2 和 G6H1.2 地形条件下草地沟头观测到的泥流频次分别为 2 次和 0 次；灌草地沟头仅在 G9H1.2 小区上观测到 3 次泥流事件，在其他小区均未观测到泥流。⑤还有一种较为特殊的重力侵蚀形式，即冲落，这种形式的重力侵蚀一般只发生在沟头径流流动部位，冲落体在被径流冲落之前具有稳定的基底条件，不涉及临空面，沟头土体在径流集中冲刷下，脱离沟头并掉落，形成重力侵蚀。冲落现象主要出现在裸地和草地沟头，在灌草地沟头并未发生。

图 7-9　沟头重力侵蚀形式——贴壁滑塌

图 7-10　沟头重力侵蚀形式——泥流

7.2.2　沟头溯源重力侵蚀机制

最明显的沟头崩塌现象发生在草地和灌草地小区上，图 7-11 为灌草地 G3H1.2 小区第 Ⅱ 场试验中 43min 左右的一次沟头崩塌过程。径流流经草地和灌草地沟头部位时，一方面植被使得径流侵蚀下切能力降低，另一方面植被根系提高了土体的抗剪强度，导致径流难以下切。但是，当径流到达沟头部位时被分散为两部分水流，主要部分以射流的形式形成沟头跌水，直接击溅沟底，另一部分水流则沿着沟头立壁流动，称为贴壁流，由于植被根系在土壤深度中分布不均，尤其灌草地和草地根系含量在表层和深层差别较大。随着土层的加深，土壤崩解速率有增大趋势，土壤水稳性团聚体含量也呈现降低趋势，土壤有机质含量随土层深度的增加显著下降，因此土层深度加深，其抗剪强度、抗蚀性均大幅减弱。贴壁流垂直流动的过程中流速不断增大，冲刷能力也增强，使得沟头立壁中下部土壤侵蚀强于上部。另外，在沟底部位为防止跌水坑的形成铺设了加厚塑料膜，因此并未形成水潭，此时沟头射流击溅沟底时，发生强烈的反溅作用，部分击溅起来的水滴直接打击沟头立壁下部位置，又对沟头立壁形成了一种侵蚀力。在贴壁流冲刷和水滴击溅的共同作用下，沟头立壁中下部位逐渐被侵蚀，在水平方向形成凹陷，此时沟头立壁上部土体逐渐处于悬空状态。随着试验的持续进行，沟头立壁上部土体临空面逐渐增大，沟头立壁上部土体经过降水入渗，水分含量增大，一来导致自身重力增加，二来降低了沟头土体的抗剪强度，在土体内部张力脆弱区逐渐形成张力裂隙，张力裂隙的形成对土体崩塌起着至关重要的作用。张力裂隙形成后，部分径流进入裂隙，形成动水压力，随着时间推移，张力裂隙逐渐演变为肉眼可辨的裂缝，当裂缝前缘土体受力失去平衡后，重力侵蚀沟头崩塌现象即发生。由图 7-11 可以看到沟头崩塌前的地形基础和崩塌过程中裂缝的出现，以及崩塌体的下降过程，完整的崩塌体撞击沟道后变得破碎，并在沟道内形成堆积。

图 7-11　灌草地 G3H1.2 小区沟头崩塌过程

　　裸地小区沟壁崩塌现象最为明显，如图 7-12 为裸地 G6H1.2 小区第Ⅳ场试验 27～28min 的一次沟壁崩塌过程，径流流经裸地沟头部位时，一方面径流下切侵蚀能力较强，另一方面裸地土体的抗剪强度低，导致径流较易下切。在贴壁流冲刷和水滴击溅的共同作用下，沟头立壁中下部位逐渐被侵蚀，同时沟头立壁上部土体被沟头径流冲刷侵蚀，此时沟头立壁坡度较大，一般接近 90°(图 7-13)。径流在沟头部位的下切作用使得径流进一步汇集(图 7-13)，下切能力增强，使得沟头不断后退，沟道不断加深，但是在沟头前进和沟道加深的过程中，沟道两侧若出现软弱土体，径流则快速改变冲刷路径，向沟壁进行掏切，即侧蚀(图 7-12)。这样的侧蚀过程使得沟壁上部土体临空，随着试验的持续进行，沟壁上部土体临空面逐渐增大，且持续降雨使临空土体水分含量增大，重力增加，降低了沟壁上部土体的抗剪强度，土体内部张力脆弱区逐渐形成张力裂隙。张力裂隙的形成对土体崩塌有极大的促进作用，张力裂隙形成后，部分径流进入裂隙，形成动水压力，随着时间的推移，张力裂隙逐渐演变为肉眼可辨的裂缝。裂缝前缘土体受力失去平衡，即出现沟壁崩塌现象，由图 7-12 可以看到崩塌前的地形基础。

图 7-12　裸地 G6H1.2 小区沟壁崩塌过程

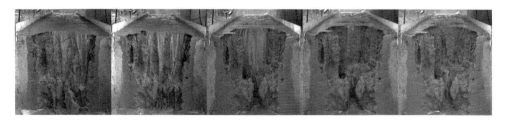

图 7-13　沟壁崩塌地形准备过程

7.3　沟头溯源过程中重力侵蚀发生的时空特征

7.3.1　重力侵蚀发生的时间特征

1. 不同盖度及变流量放水件下的时间特征

图 7-14 为 3°坡各盖度小区各次试验单次崩塌事件发生的时间。表 7-1 为各个小区所有场次试验在不同时期崩塌频次统计。CK 小区共发生崩塌 11 次，第 I 场试验发生 5 次，主要集中在试验的第 30～40min；第 II 场试验崩塌只在 14min、22min 和 38min 发生 3 次较小的陡坡面崩塌。由于沟口的形成，CK 小区土壤易

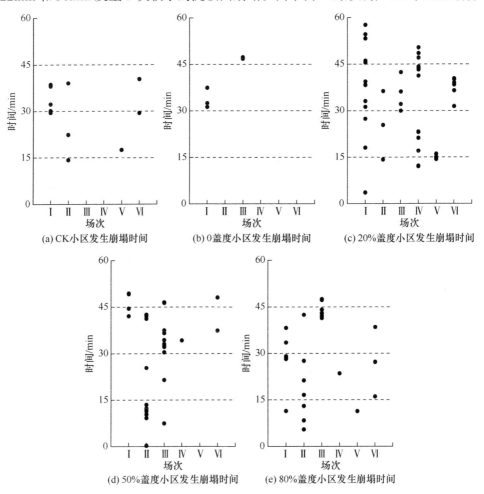

(a) CK小区发生崩塌时间　　　(b) 0盖度小区发生崩塌时间　　　(c) 20%盖度小区发生崩塌时间

(d) 50%盖度小区发生崩塌时间　　　(e) 80%盖度小区发生崩塌时间

图 7-14　不同盖度小区发生崩塌时间(3°坡)

表 7-1　不同盖度小区在不同时段发生崩塌的频次

时段/min	3°坡					6°坡				
	CK	0	20%	50%	80%	CK	0	20%	50%	80%
0~15	1	0	5	11	5	6	0	0	5	6
15~30	4	0	9	2	11	3	0	3	6	12
30~45	6	3	22	22	8	3	0	5	10	16
>45	0	2	8	5	3	2	0	7	1	1
总计	11	5	44	40	27	14	0	15	22	35

蚀性高,土壤不断被溶蚀搬运,很少发生崩塌,在第Ⅲ~Ⅳ场试验均未发生崩塌,第Ⅳ场试验后沟道不断溯源和下切,在此后 2 场试验中发生了 1 次陡坡面崩塌 2 次沟壁崩塌事件。整体上崩塌发生在试验的中后期。0 盖度小区共计发生 5 次崩塌,第Ⅰ场试验 3 次崩塌,均在 30min 之后,而第Ⅲ场试验 2 次连续崩塌均发生在试验后。0 盖度小区缓坡面虽然没有植被覆盖,但是土体中存在大量的根系,表层土壤被侵蚀后裸露出大量毛细根,尤其在缓坡面与陡坡面交界处根系密度较大,阻碍了径流的下切作用,径流并未挟带大量泥沙,因此沟道发育规模较小崩塌较少,这 5 次崩塌均在陡坡面发生。

　　20%、50%及 80%盖度小区 6 次试验分别崩塌 44 次、40 次及 27 次。20%盖度小区崩塌次数最多,其在前(0~15min)、中(15~30min)、后(30~45min)及雨后(>45min)分别发生崩塌 5 次、9 次、22 次及 8 次。50%盖度小区在各试验时段崩塌频次分别为 11 次、2 次、22 次及 5 次。80%盖度小区各试验时段崩塌频次分别为 5 次、11 次、8 次及 3 次。整体上看,3°坡植被小区崩塌多发生在试验的中后期,在试验后 15min 内发生数次崩塌。这是由于试验初期植被根系的固土作用显著,初期崩塌多发生在陡坡面上,随着径流不断进入沟头土体中,根土复合体含水量不断增大,土壤逐渐液化被侵蚀搬运,根系也逐渐失去着力点,平衡逐渐被打破,在试验后期及雨后出现整体崩塌。

　　图 7-15 为 6°坡各盖度小区各次试验单次崩塌事件发生的时间。由图可知,0 盖度小区在整个试验中并未发生崩塌事件,原因与 3°坡 0 盖度小区相同,且在试验中发现,缓坡与陡坡面交界处,存在数根根径为 15cm 左右的根系,大大削弱了径流对陡坡面的冲刷能力,使得陡坡面土壤被慢慢溶蚀,并未出现陡坡面崩塌。如表 7-1 所示不同盖度小区在不同时段发生崩塌的频次可知,对于 CK 小区,共计发生崩塌 14 次,第Ⅰ场试验只在第 21min 发生 1 次崩塌,第Ⅱ~Ⅲ场试验主要是沟口的形成和 0~20cm 侵蚀平台溯源阶段,并未发生崩塌。沟口形成后,第Ⅳ~Ⅵ场试验沟道以下切溯源和沟壁扩张为主,共发生 13 次崩塌,尤其是第Ⅵ场试验第 15min 出现连续崩塌,此后第 25min 在沟口左侧中上部发生整体崩塌(图 7-3)。

20%、50%及80%盖度小区共计发生崩塌15次、22次及35次。对于20%盖度小区，第一次崩塌发生在第Ⅲ场试验后(>45min)，为陡坡面上部一次小崩塌，且第Ⅴ场试验所有崩塌事件均在雨后发生。试验前期未发生任何崩塌，仅在第Ⅴ场试验第20min前后才发生陡坡面崩塌，其余崩塌均在试验后期和雨后，其中雨后崩塌7次，占该小区总崩塌次数的一半左右。50%和80%盖度小区崩塌频次在不同时段分别为5次、6次、10次、1次和6次、12次、16次、1次。

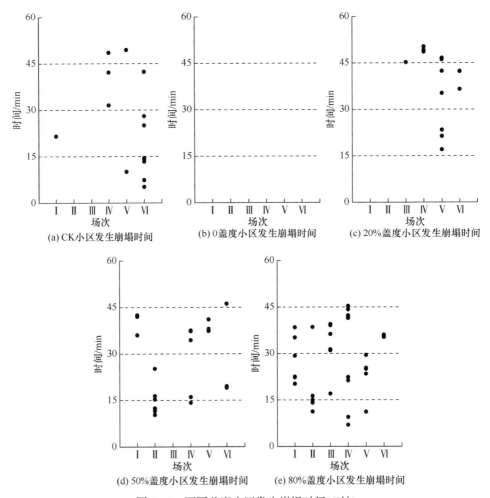

图 7-15　不同盖度小区发生崩塌时间(6°坡)

比较2个坡度各小区在不同时段崩塌频次，3°和6°坡共计崩塌127次和86次。在试验前期(0~15min)，6°坡CK小区发生6次崩塌，比3°坡多5次；20%和50%盖度小区6°坡崩塌频次则大多低于3°坡，80%盖度小区崩塌频次相近(5次和6次)。在试验中期(15~30min)，3°坡CK及20%盖度小区崩塌频次高于6°

坡，50%和 80%盖度小区崩塌频次则低于 6°坡。在试验后期(30～45min)，除 80%盖度外，3°坡各小区崩塌频次高于 6°坡 3～17 次。在试验后(>45min)，两 坡度崩塌频次为 18 次和 11 次，除 CK 小区外，3°坡其余盖度小区崩塌频次均 高于 6°坡。

2. 不同土地利用方式及地形条件下的时间特征

图 7-16 为 G3H1.2 小区不同土地利用方式下沟头重力侵蚀发生时间随发生次 序的变化过程。由图 7-16 可知，裸地、草地和灌草地沟头在溯源过程中发生重力 侵蚀的次数分别为 23 次、17 次和 18 次。在整个试验过程中，裸地、草地和灌草 地沟头第一次重力侵蚀事件的发生时间分别为 13.72min、38.08min 和 10.93min， 最后一次重力侵蚀事件发生的时间分别为 179.00min、179.12min 和 177.37min， 可见，沟头溯源过程中重力侵蚀自开始一直持续到试验结束。比较重力侵蚀相同 发生次序下不同土地利用方式对应的时间可以发现，整体上裸地沟头在试验过程 中第 $n(n=1，2，3，\cdots，23)$ 次重力侵蚀事件发生时间最短，草地最长，灌草地居 中。不同土地利用方式下沟头溯源重力侵蚀事件的发生表现出一定阶段性，为了 清晰地阐述此阶段性特征，对 3 种土地利用方式下的重力侵蚀发生的时间规律逐 一进行分析。

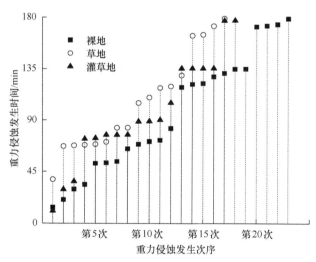

图 7-16　G3H1.2 小区不同土地利用方式下沟头重力侵蚀发生时间随发生次序的变化过程

图 7-17 为不同土地利用方式下 G3H1.2 小区沟头溯源重力侵蚀事件发生的阶 段性特征。一般情况下，当连续的 3 次或 3 次以上重力侵蚀事件发生的时间表现 为一定的线性特征时,将这几次重力侵蚀发生的时段划分为 1 个重力侵蚀时段(l_i), 每个时段中单次重力侵蚀发生所需的时间定义为重力侵蚀时间速率(min/次)。

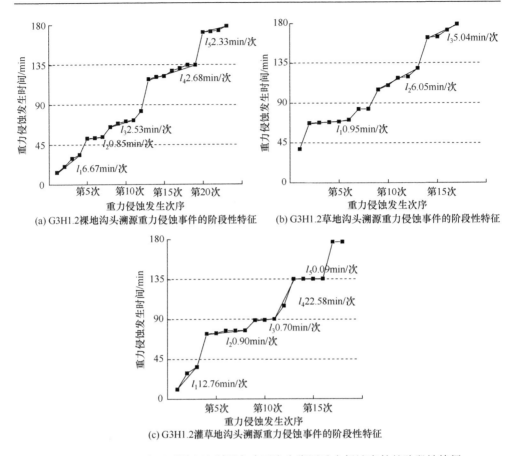

(a) G3H1.2裸地沟头溯源重力侵蚀事件的阶段性特征　　(b) G3H1.2草地沟头溯源重力侵蚀事件的阶段性特征

(c) G3H1.2灌草地沟头溯源重力侵蚀事件的阶段性特征

图 7-17　G3H1.2 小区不同土地利用方式下沟头溯源重力侵蚀事件的阶段性特征

由图 7-17 可知，在 0～180min，裸地沟头溯源重力侵蚀过程包括 5 个时段，第 1 时段出现在试验历时 11.72～33.73min，重力侵蚀事件 4 次，重力侵蚀时间速率为 6.67min/次，第 2 时段出现在 52.17～53.87min，重力侵蚀事件 3 次，重力侵蚀时间速率 0.85min/次，第 3～5 时段重力侵蚀时间速率分别为 2.53min/次、2.68min/次和 2.33min/次，可见裸地沟头溯源重力侵蚀事件发生的时间速率随着试验历时的增加表现为波动下降的趋势，重力侵蚀事件越来越集中。草地沟头溯源重力侵蚀过程包括 3 个主要时段，第 1 时段出现在试验历时 67.22～71.00min，重力侵蚀事件 5 次，重力侵蚀时间速率为 0.95min/次，第 2 时段出现在 105.12～129.33min，重力侵蚀事件 5 次，重力侵蚀时间速率 6.05min/次，第 3 时段出现在试验历时 164.00～179.12min，重力侵蚀事件 4 次，重力侵蚀时间速率为 5.04min/次，说明草地沟头溯源重力侵蚀事件发生的时间速率随着试验历时的增加表现为波动增大的趋势，重力侵蚀事件越来越分散。灌草地沟头溯源重力侵蚀过程也包括 5

个时段，第 1 时段出现在试验历时 10.93~36.45min，重力侵蚀事件 3 次，重力侵蚀时间速率为 12.76min/次，第 2 时段出现在 73.70~77.28min，重力侵蚀事件 5 次，重力侵蚀时间速率为 0.90min/次，第 3 时段出现在试验历时 88.83~90.23min，重力侵蚀事件 2 次，重力侵蚀时间速率为 0.70min/次，其中第 2 次重力侵蚀事件发生在第 2 场试验结束后，第 3 场试验开始前，第 4 时段出现在 90.23~135.40min，重力侵蚀事件 2 次，重力侵蚀时间速率为 22.58min/次，第 5 时段重力侵蚀均发生在第 3 场试验结束后第 4 场试验开始前，重力侵蚀时间速率为 0.09min/次。由此可见，灌草地沟头溯源重力侵蚀事件发生的时间速率随着试验历时的增加表现出复杂的变化趋势，重力侵蚀事件有向试验场次间集中的趋势。

图 7-18 为 G6H1.2 小区不同土地利用方式下沟头重力侵蚀发生时间随其发生次序的变化过程。由图 7-18 可知，裸地、草地和灌草地沟头在溯源过程中发生重力侵蚀的次数分别为 21 次、14 次和 28 次。整个试验过程中，裸地、草地和灌草地沟头第 1 次重力侵蚀事件的发生时间分别为 8.00min、104.17min 和 20.87min，最后 1 次重力侵蚀事件发生的时间分别为 178.00min、153.80min 和 172.83min。可见，裸地、灌草地沟头溯源过程中重力侵蚀自开始一直持续到试验结束，而草地沟头第 1 次重力侵蚀事件发生时间远迟于裸地和灌草地，并且只持续到 153.80min，之后草地沟头不再发生重力侵蚀。比较重力侵蚀相同发生次序下不同土地利用方式对应的时间可以发现，前 13 次重力侵蚀事件中，沟头试验过程中第 $n(n=1, 2, 3, \cdots, 13)$ 次重力侵蚀事件发生时间整体上呈裸地最短，草地最长，灌草地居中，第 13 次之后的重力侵蚀事件中，裸地沟头第 $n(n>13)$ 次重力侵蚀事件发生时间较灌草地推迟。这是因为重力侵蚀频次并不能完全代表重力侵蚀发生特征，灌草地多次重力侵蚀强度较小，表现为强度小、频次大。

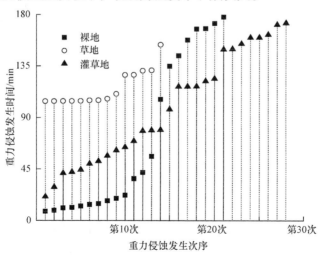

图 7-18　G6H1.2 小区不同土地利用方式下沟头重力侵蚀发生时间随发生次序的变化过程

　　由图 7-19 可知，在 0～180min，裸地沟头溯源重力侵蚀过程包括 5 个时段，第 1～5 时段重力侵蚀时间速率分别为 1.57min/次、11.39min/次、39.36min/次、10.83min/次和 3.50min/次，裸地沟头溯源重力侵蚀事件发生的时间速率随着试验历时的增加表现为先增大后减小的趋势，重力侵蚀事件先由密集转变为分散，之后越来越集中。草地沟头溯源重力侵蚀过程包括 2 个主要时段，第 1 时段出现在试验历时 104.17～106.50min，重力侵蚀事件 8 次，重力侵蚀时间速率为 0.33min/次，第 2 时段出现在 127.27～131.35min，重力侵蚀事件 4 次，重力侵蚀时间速率为 1.36min/次，草地沟头溯源重力侵蚀事件发生的时间速率随着试验历时的增加表现为增大的趋势，重力侵蚀事件越来越分散。灌草地沟头溯源重力侵蚀过程也包括 8 个时段，第 1～8 时段重力侵蚀时间速率分别为 10.28min/次、1.52min/次、4.18min/次、0.45min/次、19.01min/次、0.06min/次、3.37min/次和 3.31min/次，可见灌草地沟头溯源重力侵蚀事件发生的时间速率随着试验历时的增加表现出交替变化趋势，这与沟头重力侵蚀发生的准备条件密切相关，当重力侵蚀分散发生后，

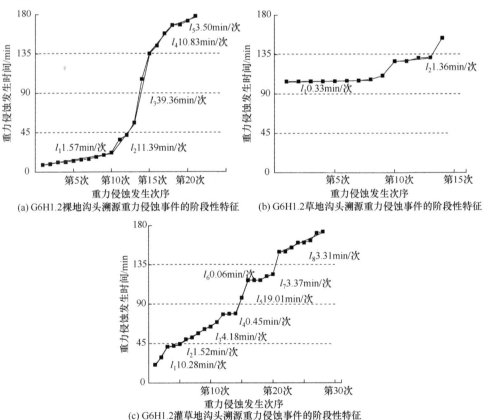

(a) G6H1.2裸地沟头溯源重力侵蚀事件的阶段性特征　　(b) G6H1.2草地沟头溯源重力侵蚀事件的阶段性特征

(c) G6H1.2灌草地沟头溯源重力侵蚀事件的阶段性特征

图 7-19　G6H1.2 小区不同土地利用方式下沟头溯源重力侵蚀事件的阶段性特征

可能蕴藏集中发生的重力侵蚀事件，而重力侵蚀事件集中发生后，重力侵蚀频次又会有所减少，使其变得分散，可能存在交替或周期性的变化规律。

图 7-20 为 G9H1.2 小区不同土地利用方式下沟头重力侵蚀发生时间随其发生次序的变化过程。由图 7-20 可知，裸地和灌草地沟头在溯源过程中发生重力侵蚀的次数分别为 33 次和 45 次。在整个试验过程中，裸地和灌草地沟头第 1 次重力侵蚀事件的发生时间分别为 8.28min 和 29.50min，最后 1 次重力侵蚀事件发生的时间分别为 163.68min 和 180.00min，可见灌草地沟头溯源过程中重力侵蚀自开始一直持续到试验结束，裸地沟头第 1 次重力侵蚀事件发生时间较灌草地提前了 21.22min，最后 1 次重力侵蚀事件较灌草地提前了 16.32min。比较重力侵蚀相同发生次序下不同土地利用方式对应的时间可以发现，整体上，沟头在试验过程中第 $n(n=1, 2, 3, \cdots, 31)$ 次重力侵蚀事件发生时间在裸地上较短，在灌草地上较长，相同次序重力侵蚀事件在裸地上发生的事件较在灌草地上发生时间提前了 2.45%~71.92%。

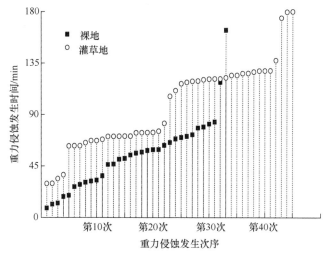

图 7-20　G9H1.2 小区不同土地利用方式下沟头重力侵蚀发生时间随发生次序的变化过程

图 7-21 为 G9H1.2 小区不同土地利用方式下沟头溯源重力侵蚀事件的阶段性特征。在 0~180min，裸地沟头溯源重力侵蚀过程包括了 4 个时段，第 1~4 时段重力侵蚀时间速率分别为 2.75min/次、1.91min/次、2.05min/次和 40.05min/次，可见裸地沟头溯源重力侵蚀事件发生的时间速率随着试验历时的增加表现为先减小后增大的趋势，重力侵蚀事件先由较分散转变为较密集，之后越来越分散。灌草地沟头溯源重力侵蚀过程也包括了 4 个时段，第 1~4 时段重力侵蚀时间速率分别为 3.77min/次、0.82min/次、5.60min/次和 0.71min/次，灌草地沟头溯源重力侵蚀事件发生的时间速率随着试验历时增加表现出"降低—增加—降低"交替的变化

趋势。

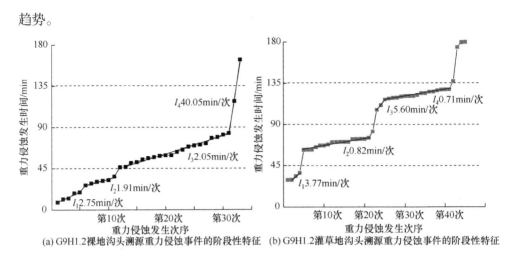

(a) G9H1.2 裸地沟头溯源重力侵蚀事件的阶段性特征　　(b) G9H1.2 灌草地沟头溯源重力侵蚀事件的阶段性特征

图 7-21　G9H1.2 小区不同土地利用方式下沟头溯源重力侵蚀事件的阶段性特征

　　图 7-22 为 G3H1.5 小区不同土地利用方式下沟头重力侵蚀发生时间随其发生次序的变化过程。由图 7-22 可知，裸地和灌草地沟头在溯源过程中发生重力侵蚀的次数均为 21 次。相同次序下，裸地沟头第 1 次和最后 1 次重力侵蚀事件发生时间分别为 22.18min 和 164.00min，较灌草地沟头分别提前了 47.10% 和 8.82%。裸地沟头第 3～8 次重力侵蚀事件对应的时间较灌草地推迟了 1.85%～79.31%，而裸地沟头第 15～21 次重力侵蚀事件对应的时间较灌草地提前了 2.54%～15.32%。

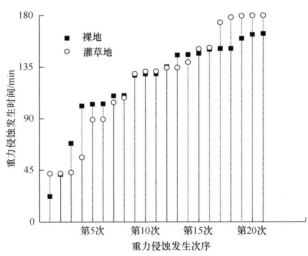

图 7-22　G3H1.5 小区不同土地利用方式下沟头重力侵蚀发生时间随发生次序的变化过程

　　图 7-23 为 G3H1.5 小区不同土地利用方式下沟头溯源重力侵蚀事件的阶段

性特征。在 0~180min，裸地沟头溯源重力侵蚀过程包括 7 个时段，第 1~7 时段重力侵蚀时间速率分别为 26.26min/次、0.92min/次、0.64min/次、8.13min/次、0.69min/次、0.40min/次和 2.13min/次，裸地沟头溯源重力侵蚀事件发生的时间速率随着试验历时的增加表现为交替变化趋势。灌草地沟头溯源重力侵蚀过程包括 6 个时段，其中，第 1~6 时段重力侵蚀时间速率分别为 0.53min/次、23.00min/次、13.18min/次、2.02min/次、11.57min/次和 0.54min/次，灌草地沟头溯源重力侵蚀事件发生的时间速率随着试验历时的增加表现出"增加—降低—增加—降低"的交替变化过程。

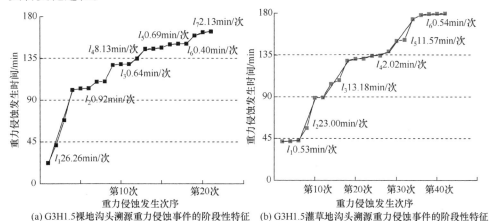

(a) G3H1.5裸地沟头溯源重力侵蚀事件的阶段性特征　　(b) G3H1.5灌草地沟头溯源重力侵蚀事件的阶段性特征

图 7-23　G3H1.5 小区不同土地利用方式下沟头溯源重力侵蚀事件的阶段性特征

表 7-2 统计了不同土地利用方式不同地形条件下沟头溯源过程中重力侵蚀事件在不同侵蚀时段的频次。

表 7-2　不同时段沟头溯源重力侵蚀事件发生频次　　　　　（单位：次）

时段 /min	裸地				草地			灌草地		
	G3H1.2	G6H1.2	G9H1.2	G3H1.5	G3H1.2	G6H1.2	G3H1.2	G6H1.2	G9H1.2	G3H1.5
0~15	1	7	3	0	0	0	1	0	0	0
15~30	2	3	4	1	0	0	1	2	2	0
30~45	1	2	4	1	1	0	1	3	2	3
45~60	3	1	10	0	0	0	0	3	0	1
60~75	4	0	6	1	5	0	2	3	16	0
75~90	1	0	4	0	2	0	5	3	2	2
90~105	0	0	0	3	0	5	1	1	0	1
105~120	1	1	1	2	4	4	1	3	6	1
120~135	5	1	0	4	1	4	0	2	13	5

续表

时段 /min	裸地				草地			灌草地		
	G3H1.2	G6H1.2	G9H1.2	G3H1.5	G3H1.2	G6H1.2	G3H1.2	G6H1.2	G9H1.2	G3H1.5
135~150	1	1	0	3	0	0	4	2	1	1
150~165	0	1	1	6	2	1	0	4	0	2
165~180	4	4	0	0	2	0	2	2	3	5
总计	23	21	33	21	17	14	18	28	45	21

由表 7-2 可知，G9H1.2 灌草地在试验 60~75min 重力侵蚀频次最大，重力侵蚀事件在 15min 内高达 16 次，重力侵蚀集中程度最高。试验的 15min 时段重力侵蚀最低频次为 0 次，而重力侵蚀为 0 次的时段最多的是草地 G6H1.2 小区，高达 8 次，并且前 6 次连续发生，这表明该草地小区重力侵蚀发生过程的时间分布极不均匀。灌草地 G6H1.2 小区重力侵蚀事件发生的时间分布最均匀，只有 0~15min 未发生重力侵蚀，而其他的时段均有 1~4 次(以 2 次、3 次为主)重力侵蚀事件发生。裸地 G3H1.2~G9H1.2 小区 15min 时段重力侵蚀最大频次随塬面坡度的增加而增加，分别为 5 次、7 次和 10 次，在草地 G3H1.2~G6H1.2 小区上分别为 5 次和 5 次，在灌草地 G3H1.2~G9H1.2 小区上分别为 5 次、4 次和 16 次，也表现出随坡度的增加而增加的趋势。对于裸地，表 7.2 所示 0~45min 各试验小区内重力侵蚀发生频率分别为 17.39%、57.14%、33.33%和 9.52%，草地上为 5.88%和 0，灌草地上分别为 16.67%、17.86%、8.89%和 14.29%，对比发现，沟头高度为 1.2m 时，相同塬面坡度下 0~45min，重力侵蚀事件发生的频次以裸地沟头最大，灌草地居中，草地最小。

7.3.2　重力侵蚀发生的空间特征

为了研究重力侵蚀发生空间位置的规律性，将沟头立壁划分为 9 个等大的区域(图 2-5)，按照上、中、下，从左到右的顺序分别标号为 1~3、4~6 和 7~9，依次代表了上部偏左位置、上部中间位置、上部偏右位置，中部偏左位置、中部中间位置、中部偏右位置和下部偏左位置、下部中间位置、下部偏右位置。根据重力侵蚀发生位置及不同的效果，将重力侵蚀划分为沟头重力侵蚀，沟坡重力侵蚀及沟壁重力侵蚀。

1. 不同盖度及变流量放水条件下的空间特征

图 7-24 为 3°坡各盖度小区各次试验单次崩塌事件发生的位置。表 7-3 为各个

小区所有试验在不同位置崩塌频次统计。对于 CK 小区，崩塌发生在小区上部和

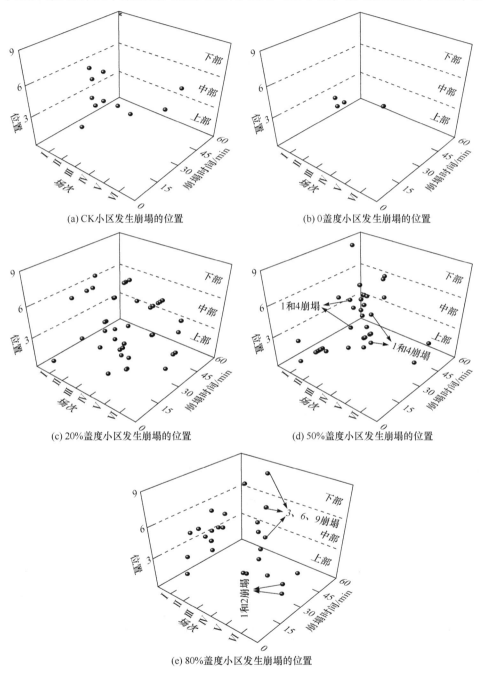

图 7-24　不同盖度小区各次试验发生崩塌的位置(3°坡)

表 7-3　不同盖度小区在不同位置发生崩塌的频次

坡位	3°坡					6°坡				
	CK	0	20%	50%	80%	CK	0	20%	50%	80%
上	5	5	25	23	10	2	0	11	16	19
中	6	0	17	12	12	7	0	0	1	9
下	0	0	1	3	2	1	0	0	4	5
整体	0	0	0	2	2	4	0	4	1	2
总计	11	5	43	40	26	14	0	15	22	35

中部,分别为 5 次和 6 次。0 盖度小区的 4 次崩塌均发生在陡坡面上部,20%盖度小区在上、中、下部位崩塌次数分别为 25 次、17 次及 1 次,50%和 80%盖度小区上、中、下部崩塌次数分别为 23 次、12 次、3 次和 10 次、12 次、2 次,由此可知,几乎所有的崩塌发生在小区中上部。50%和 80%盖度小区各有 2 次整体崩塌事件,均为沟头根土复合体整体崩塌。整体上,崩塌频次为上部>中部>下部>整体崩塌,这是由于下部土体在缓坡面径流作用下被不断溶蚀和缓慢冲淘而侵蚀搬运,上部土壤则更易形成临空面在水流作用下失稳崩塌。

图 7-25 为 6°坡各盖度小区各次试验单次崩塌事件发生的位置。对于 CK 小区,上、中、下部位发生崩塌的频次分别为 2 次、7 次和 1 次,并在第Ⅳ场、第Ⅴ场试验雨后各发生 1 次整体崩塌,在第Ⅵ场第 25min 和第 42min 沟口发生整体崩塌。20%盖度小区在其中下部并未发生崩塌,11 次崩塌发生在上部,4 次整体崩塌,其中第Ⅳ场试验后第 3～5min 连续发生整体崩塌,此后第 5 场崩塌多为小区上部上一场试验雨后未完全崩塌的根土复合体,当沟头根土复合体继续蓄水发育,沟口土体在第Ⅵ场试验的后期(第 36～42min)连续发生 2 次整体崩塌事件。盖度增大至 50%和 80%时,在上、中、下部位发生崩塌的频次分别为 16 次、1 次、4 次和 19 次、9 次、5 次,整体崩塌分别为 1 次和 2 次。崩塌次数较 20%盖度小区显著增多,但整体崩塌次数降低。虽然崩塌总次数增多,沟口整体崩塌减少,但是小区中上部崩塌体积一般较小,侵蚀量也较小,而沟口崩塌体积一般较大,占重力侵蚀的绝大部分。对于 3°和 6°坡,中上部发生崩塌的频次占总崩塌次数的 84.6%～100%和 64.3%～80%。相对来说,3°坡发生在中上部的崩塌比例较 6°坡小,3°坡和 6°坡整体崩塌次数分别为 4 次和 11 次,这也表明坡度越大,越容易发生沟壁崩塌和沟口整体崩塌。

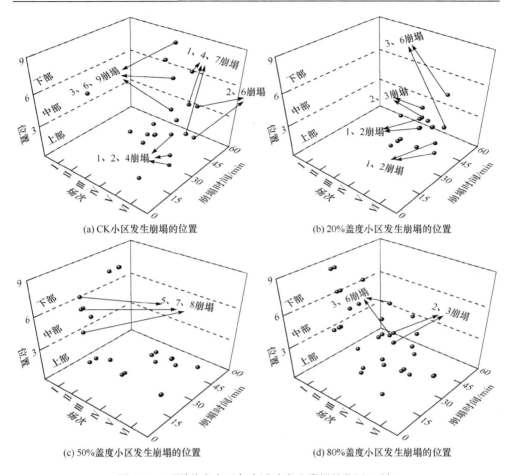

(a) CK 小区发生崩塌的位置　　　　　　(b) 20%盖度小区发生崩塌的位置

(c) 50%盖度小区发生崩塌的位置　　　　(d) 80%盖度小区发生崩塌的位置

图 7-25　不同盖度小区各次试验发生崩塌的位置(6°坡)

2. 不同土地利用方式及地形条件下的空间特征

图 7-26 为不同土地利用方式下 G3H1.2 小区沟头溯源重力侵蚀事件发生位置特征。由图 7-26 可知，裸地沟头前 9 次重力侵蚀事件均发生在沟头中上部的 2 号位置，这为后期左侧(第 10~12 次，第 21 次)及右上部(第 16 次)的重力侵蚀事件提供了地形条件，其中，第 12 次和第 21 次重力侵蚀事件涉及的位置为 2 个，包括一个主位置和一个副位置。整个试验过程中，裸地沟头重力侵蚀事件主要发生在沟头立壁的上部，并以上部中间位置为主。草地沟头前 11 次重力侵蚀事件主要发生在沟头上部中间和偏左位置，第 12、14、16 和 17 次重力侵蚀主要发生在沟头中部中间和偏右位置。灌草地沟头前 4 次重力侵蚀发生在沟头中部和下部，第 5~8 次重力侵蚀发生在沟头上部，第 9 次重力侵蚀为一次大面积崩塌事件，涉及

的沟头面积较大，但以沟头上部为主，之后的重力侵蚀主要发生在沟头的中部(2次)和上部(7次)。裸地、草地和灌草地沟头重力侵蚀事件涉及的最低主位置分别出现在1/2/3号(上部)、5/6号(中部)和8/9号(下部)。

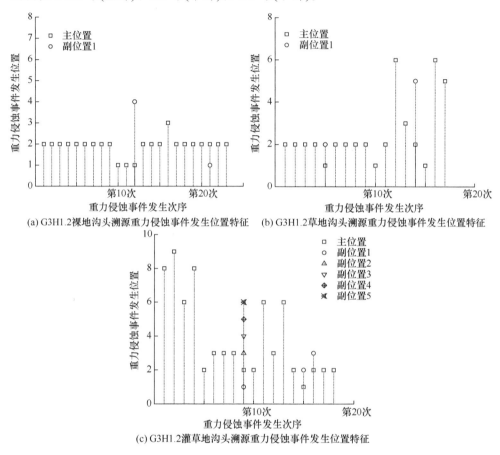

(a) G3H1.2裸地沟头溯源重力侵蚀事件发生位置特征
(b) G3H1.2草地沟头溯源重力侵蚀事件发生位置特征
(c) G3H1.2灌草地沟头溯源重力侵蚀事件发生位置特征

图7-26　G3H1.2沟头溯源重力侵蚀事件发生位置特征

　　图7-27为不同土地利用方式下G6H1.2小区沟头溯源重力侵蚀事件发生位置特征。由图7-27可知，裸地沟头前9次重力侵蚀发生的主位置为沟头上部1号(第9次)、2号(第3～4次、第6～7次)和3号(第1～2次、第5次和第8次)，第10次重力侵蚀出现在沟头中部4号，第15次重力侵蚀出现在沟头下部8号，其余重力侵蚀事件出现的主位置均在沟头上部，其中重力侵蚀涉及主副位置的事件有4次(第7次、第12次、第16次和第20次)。草地沟头首次重力侵蚀便发生在沟头中部中间5号位置，这与贴壁流的作用密切相关，之后所有重力侵蚀发生的主位置均在沟头上部1号或2号，涉及主副位置的重力侵蚀事件有3

次(第 3 次、第 9～10 次)。灌草地沟头首次重力侵蚀事件发生在沟头上部中间位置 2 号，第 1～10 次重力侵蚀事件中，除了第 3 次发生在沟头下部 7 号位置外，其余均发生在沟头上部，第 11～28 次重力侵蚀事件中，第 11～12 次、第 15 次、第 19～20 次重力侵蚀均发生在沟头中部 5/6 号位置，沟头中部重力侵蚀事件发生后，沟头上部重力侵蚀事件连续发生(第 12～13 次、第 16～18 次和第 21～28 次)，这说明沟头下部或中部的重力侵蚀事件可促进沟头上部重力侵蚀的发生。涉及主副位置的重力侵蚀事件有 4 次(第 4～5 次、第 13 次和第 18 次)。

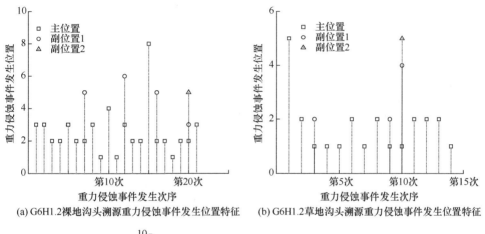

(a) G6H1.2 裸地沟头溯源重力侵蚀事件发生位置特征　　(b) G6H1.2 草地沟头溯源重力侵蚀事件发生位置特征

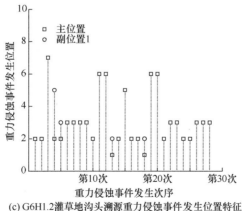

(c) G6H1.2 灌草地沟头溯源重力侵蚀事件发生位置特征

图 7-27　G6H1.2 沟头溯源重力侵蚀事件发生位置特征

图 7-28 为 G9H1.2 沟头溯源重力侵蚀事件发生位置特征。由图 7-28 可知，裸地第 1～33 次重力侵蚀事件发生的主位置均在沟头上部，前 12 次重力侵蚀均发生在沟头上部偏右位置和偏左位置，第 13～31 次和第 33 次重力侵蚀事件发生的主

位置均在沟头上部中间位置，第 32 次重力侵蚀事件主要发生位置为沟头上部 3 号位置。涉及主副位置的重力侵蚀事件有 2 次(第 25 次、第 32 次)。灌草地第 1～22 次重力侵蚀事件中，除了第 16 次重力侵蚀发生在沟头中部偏左位置，其他重力侵蚀事件主位置均在沟头上部，在之后的重力侵蚀事件中，第 23～24 次、第 26～28 次、第 38 次、第 42 次重力侵蚀发生位置为沟头中部，其他重力侵蚀事件均发生在沟头上部。涉及主副位置的重力侵蚀事件有 9 次(第 3～5 次、第 12 次、第 22 次、第 29 次、第 32 次、第 40 次、第 44 次)，其中第 29 次重力侵蚀事件涉及位置最多，面积最大。

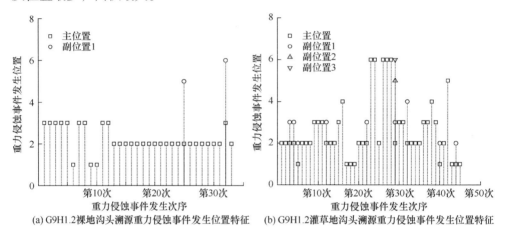

(a) G9H1.2裸地沟头溯源重力侵蚀事件发生位置特征　　(b) G9H1.2灌草地沟头溯源重力侵蚀事件发生位置特征

图 7-28　G9H1.2 沟头溯源重力侵蚀事件发生位置特征

图 7-29 为 G3H1.5 沟头溯源重力侵蚀事件发生位置特征。由图 7-29 可知，裸

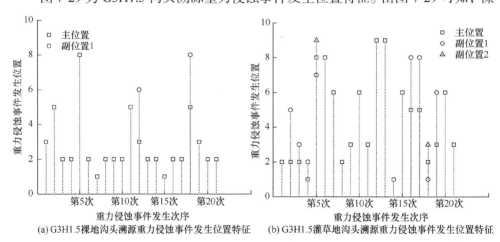

(a) G3H1.5裸地沟头溯源重力侵蚀事件发生位置特征　　(b) G3H1.5灌草地沟头溯源重力侵蚀事件发生位置特征

图 7-29　G3H1.5 沟头溯源重力侵蚀事件发生位置特征

地沟头中部、下部位置重力侵蚀事件与上部位置重力侵蚀事件交替发生，并表现为 1 次沟头中部或下部位置的重力侵蚀事件之后，对应沟头上部重力侵蚀事件连续发生(2～6 次)。涉及主副位置的重力侵蚀事件有 2 次(第 12 次、第 18 次)。在灌草地上，第 1～9 次重力侵蚀事件中以沟头上部重力侵蚀为主，第 1～4 次、第 8～9 次重力侵蚀发生在沟头上部，第 5～7 次则发生在沟头中下部，第 10～21 次重力侵蚀事件中以沟头中下部重力侵蚀为主，第 11 次、第 14 次、第 18 次、第 19 次和第 21 次重力侵蚀发生在沟头上部，其余均发生在沟头中下部。涉及主副位置的重力侵蚀事件有 7 次，其中第 18 次重力侵蚀事件涉及位置最多且面积最大。

　　表 7-4 统计了不同土地利用方式不同地形条件下沟头溯源过程中重力侵蚀事件发生位置的频次。由表 7-4 可知，重力侵蚀发生的主位置为沟头上部，裸地、草地和灌草地沟头上部的重力侵蚀频次分别占重力侵蚀总事件数的 80.95%～100%、82.35%～92.86%和 52.38%～82.22%。整体上，相同条件下沟头上部裸地沟头重力侵蚀频率最大，草地沟头居中，灌草地沟头最小。就塬面坡度的影响来看，塬面坡度对裸地沟头的影响不明显，裸地沟头上部重力侵蚀发生频率接近 1 或等于 1，草地沟头和灌草地沟头上，塬面坡度增大，沟头上部重力侵蚀频率增大。沟头高度对重力侵蚀发生的位置也存在影响，对于裸地和灌草地沟头，沟头高度增加，沟头上部重力侵蚀频率降低。在沟头上部重力侵蚀事件中，以上部中间 2 号位置重力侵蚀为主。裸地、草地和灌草地沟头中部重力侵蚀频率分别为 0～14.29%、7.14%～17.65%和 16.67%～28.57%，草地和灌草地沟头中部重力侵蚀频率均较裸地沟头增大。裸地、草地和灌草地沟头下部重力侵蚀频率分别为 0～4.76%、0 和 0～19.05%，灌草地沟头下部重力侵蚀频率均较裸地和草地沟头增大，沟头高度增大，沟头中部和下部重力侵蚀频率均增大。

表 7-4　不同沟头位置重力侵蚀事件发生频次　　　　(单位：次)

位置		裸地				草地		灌草地			
		G3H1.2	G6H1.2	G9H1.2	G3H1.5	G3H1.2	G6H1.2	G3H1.2	G6H1.2	G9H1.2	G3H1.5
上部	1	4	3	3	2	3	7	1	2	8	2
	2	18	10	20	12	10	6	7	11	20	5
	3	1	6	10	3	1	0	4	9	9	4
中部	4	0	1	0	0	0	0	0	0	2	0
	5	0	0	0	3	1	1	0	1	1	2
	6	0	0	0	0	2	0	3	4	5	4
下部	7	0	0	0	0	0	0	0	1	0	0
	8	0	1	0	1	0	0	2	0	0	2
	9	0	0	0	0	0	0	1	0	0	2

7.3.3　沟头重力崩塌分类与频次统计

崩塌在沟头溯源重力侵蚀形式中占据主导地位，崩塌发生的位置不同，对沟头地貌形态造成的影响也不同，根据崩塌发生前后沟头地貌形态变化情况将崩塌划分为 3 种形式。①沟头崩塌，即崩塌发生后，导致沟头前进，如图 7-30 所示；②沟坡崩塌，即崩塌发生后，沟头并未前进，沟壁未拓宽，但沟坡地貌形态发生变化，如图 7-31 所示；③沟壁崩塌，即崩塌发生后，沟头并未前进，但沟道拓宽，如图 7-32 所示。表 7-5 统计了不同土地利用方式不同地形条件下沟头溯源过程中 3 种形式重力崩塌事件发生的频次。

图 7-30　沟头崩塌

图 7-31　沟坡崩塌

图 7-32　沟壁崩塌

表 7-5 不同形式重力崩塌事件发生频次 (单位：次)

崩塌形式	裸地				草地		灌草地			
	G3H1.2	G6H1.2	G9H1.2	G3H1.5	G3H1.2	G6H1.2	G3H1.2	G6H1.2	G9H1.2	G3H1.5
沟头崩塌	2	1	4	7	2	3	3	11	15	4
沟坡崩塌	1	0	3	2	8	4	8	2	10	6
沟壁崩塌	13	12	20	11	3	4	7	11	17	10
小计	16	13	27	20	13	11	18	24	42	20

由表 7-5 可知，裸地、草地和灌草地沟头崩塌频率分别为 7.69%～35.00%、15.38%～27.27%、16.67%～35.71%，沟头高度为 1.2m 时，相同塬面坡度条件下，沟头崩塌频率为灌草地最大、草地居中、裸地最小；沟头高度为 1.5m 时，裸地沟头崩塌频率较灌草地沟头大。3 种土地利用方式下沟坡崩塌频率分别为 0～11.11%、36.36%～61.54% 和 8.33%～44.44%，相同地形条件下，沟坡崩塌频率为草地沟头最大，灌草地沟头居中，裸地沟头最小，或灌草地沟头较大，裸地沟头较小。3 种土地利用方式下沟壁崩塌频率分别为 55.00%～92.31%、23.08%～36.36% 和 38.89%～50.00%，相同地形条件下，沟壁崩塌频率为裸地沟头最大，灌草地沟头居中，草地沟头最小，或裸地沟头较大，灌草地沟头较小。裸地沟头崩塌事件以沟壁崩塌为主，草地沟头以沟坡崩塌为主，灌草地 G3H1.2 小区以沟坡崩塌为主，G6H1.2 小区以沟头崩塌和沟壁崩塌发生频率相等，在其他地形条件下均以沟壁崩塌为主。

7.4 沟头溯源重力侵蚀强度特征

重力侵蚀发生时均有失稳块体产生，失稳块体体积大小可表示重力侵蚀的发生强度。为了进行尝试性研究，对失稳块体的体积进行估算。截取重力侵蚀发生过程中的视频资料，勾选出失稳块体，然后在特定比例尺条件下估算失稳块体的长度。当失稳块体较小而无法勾选时，结合现场测量数据进行估算。

图 7-33 为 G3H1.2 小区不同土地利用方式下沟头溯源重力侵蚀块体长度随其发生时间/发生次序的变化过程。重力侵蚀块体越大，则侵蚀程度越强烈，重力侵蚀模数越大。因此，本节主要研究涉及较大块体(块体长度 ≥30cm)的重力侵蚀现象。由图 7-33 可知，裸地沟头重力侵蚀块体最大长度为 40cm，且出现 2 次，出现时间分别为 72.58min 和 82.83min，间隔约为 10min，并且这 2 次重力侵蚀事件连续出现。草地沟头重力侵蚀块体最大长度为 60cm，第 2 长度为 50cm，出现时

间分别为 69.00min 和 164.00min，间隔约为 100min。灌草地沟头重力侵蚀块体长度≥30cm 的重力侵蚀事件出现了 5 次，其中最大长度为 116cm，第 2 长度为 50cm，出现时间分别为 88.83min 和 135.53min，间隔约为 50min。因此，裸地沟头重力侵蚀最大块体出现时间较早，时间间隔最小，重力侵蚀块体长度最小，灌草地沟头重力侵蚀最大块体长度出现的时间最迟，最大长度最大。对比相同发生次序 3 种土地利用方式下沟头重力侵蚀块体长度发现，在各土地利用方式下，重力侵蚀块体长度均不相等，裸地沟头侵蚀块体长度最大的有 9 次(包括裸地沟头第 19～23 次重力侵蚀事件)，草地沟头最大的有 4 次，灌草地沟头最大的有 6 次。

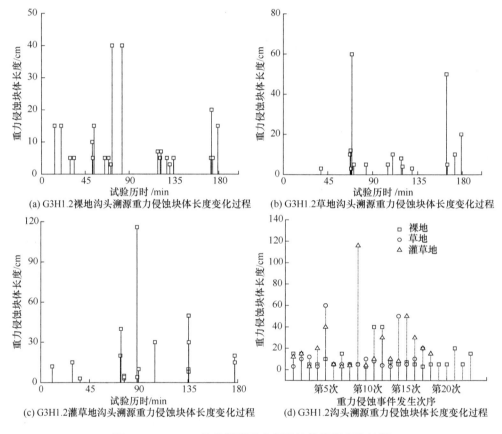

(a) G3H1.2裸地沟头溯源重力侵蚀块体长度变化过程

(b) G3H1.2草地沟头溯源重力侵蚀块体长度变化过程

(c) G3H1.2灌草地沟头溯源重力侵蚀块体长度变化过程

(d) G3H1.2沟头溯源重力侵蚀块体长度变化过程

图 7-33　G3H1.2 沟头溯源重力侵蚀块体长度变化过程

图 7-34 为 G6H1.2 小区不同土地利用方式下沟头溯源重力侵蚀块体估计长度随其发生时间/发生次序的变化过程。由图 7-34 可知，裸地沟头重力侵蚀块体长度≥30cm 的重力侵蚀事件出现了 4 次，出现时间分别为 14.63min、42.12min、106.00min 和 172.43min，相邻 2 次事件的时间间隔为 27.49～66.43min。其中，重力侵蚀块体最大长度为 60cm(14.63min)，其次为 40cm(172.43min)，间隔约 160min。

草地沟头重力侵蚀块体长度≥30cm 的重力侵蚀事件出现了 2 次,出现时间分别为
104.40min(60cm)和 105.12min(30cm),出现的时间间隔不到 1min。灌草地沟头重
力侵蚀块体长度≥30cm 的重力侵蚀事件出现了 2 次,最大长度为 30cm,出现时
间分别为 56.65min 和 78.97min,出现的时间间隔约为 20min。因此,裸地沟头重力
侵蚀较大长度块体出现时间最早,出现次数最多,出现的时间间隔最大,重力
侵蚀最大块体长度也最大。对比相同发生次序 3 种土地利用方式下沟头重力侵蚀
块体长度大小发现,在各土地利用方式下,重力侵蚀块体长度均不相等,裸地沟
头侵蚀块体长度最大的有 7 次,草地沟头最大的有 4 次,灌草地沟头最大的有 17
次(包括灌草地第 21~28 次重力侵蚀事件)。

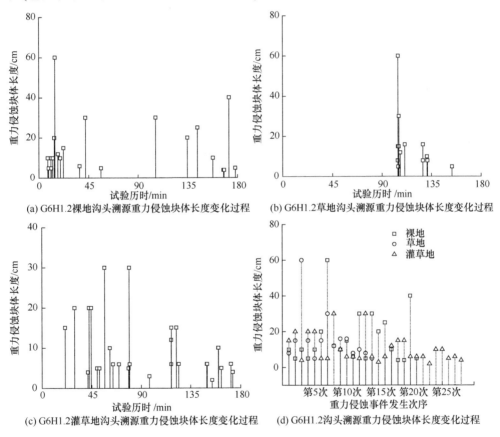

(a) G6H1.2裸地沟头溯源重力侵蚀块体长度变化过程

(b) G6H1.2草地沟头溯源重力侵蚀块体长度变化过程

(c) G6H1.2灌草地沟头溯源重力侵蚀块体长度变化过程

(d) G6H1.2沟头溯源重力侵蚀块体长度变化过程

图 7-34　G6H1.2 小区沟头溯源重力侵蚀块体长度变化过程

图 7-35 为 G9H1.2 小区不同土地利用方式下沟头溯源重力侵蚀块体长度随其
发生时间/发生次序的变化过程。由图 7-35 可知,裸地沟头重力侵蚀块体长度
≥30cm 的重力侵蚀事件出现了 5 次,出现时间分别为 57.25min、70.00min、

78.30min、118.28min 和 163.68min，相邻 2 次事件的时间间隔为 8.30～45.40min。其中，重力侵蚀块体最大长度为 110cm(118.28min)，其次为 40cm(78.30min)，间隔约 40min。灌草地沟头重力侵蚀块体长度≥30cm 的重力侵蚀事件出现了 4 次，出现时间分别为 62.42min、70.82min、120.50min 和 128.23min，相邻 2 次侵蚀事件的时间间隔为 7.73～49.68min。其中，最大块体长度为 50cm(128.23min)，次大块体长度为 40cm(70.82min 和 120.50min)。可见，裸地沟头重力侵蚀最大长度块体出现时间较灌草地提前约 10min，而较大重力侵蚀块体出现次数较多。对比相同发生次序 2 种土地利用方式下沟头重力侵蚀块体长度大小发现，在各土地利用方式下，重力侵蚀块体长度均不相等，裸地沟头侵蚀块体长度最大的有 13 次，灌草地沟头最大的有 29 次(包括灌草地第 34～45 次重力侵蚀事件)，块体长度相等的次数有 3 次。

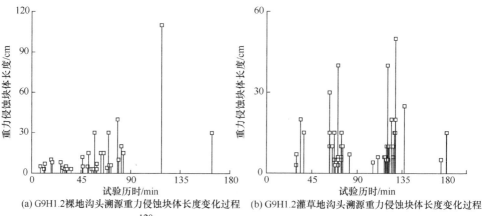

(a) G9H1.2裸地沟头溯源重力侵蚀块体长度变化过程　　(b) G9H1.2灌草地沟头溯源重力侵蚀块体长度变化过程

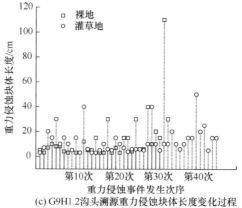

(c) G9H1.2沟头溯源重力侵蚀块体长度变化过程

图 7-35　G9H1.2 沟头溯源重力侵蚀块体长度变化过程

图 7-36 为 G3H1.5 小区不同土地利用方式下沟头溯源重力侵蚀块体长度随其发

生时间/发生次序的变化过程。由图 7-36 可知，裸地沟头重力侵蚀块体长度 ≥30cm
的重力侵蚀事件出现了 4 次，出现时间分别为 41.40min、135.00min、145.55min 和
164.00min，相邻 2 次重力侵蚀事件的时间间隔为 10.55～93.60min。其中，重力
侵蚀块体最大长度为 70cm(135.00min)，其次为 40cm(41.40min 和 145.55min)，间
隔分别为 93.60min 和 10.55min。灌草地沟头重力侵蚀块体长度 ≥30cm 的重力侵
蚀事件出现了 7 次，出现时间分别为 43.00min、56.30min、89.00min、173.77min、
178.25min、179.45min 和 179.87min，相邻 2 次事件的时间间隔为 0.42～84.77min。
其中，最大块体长度为 100cm(178.25min)，其次为 60cm(56.30min 和 89.00min)，
时间间隔 89.25～121.95min。因此，裸地沟头重力侵蚀最大长度块体出现时间较
灌草地提前 43.25min，但最大块体长度较低，且较大重力侵蚀块体出现次数低于灌
草地沟头。对比相同发生次序 2 种土地利用方式下沟头重力侵蚀块体长度发现，在
各土地利用方式下，重力侵蚀块体长度均不相等，裸地沟头侵蚀块体长度最大的
有 6 次，灌草地沟头最大的有 13 次，块体长度相等的次数有 2 次。

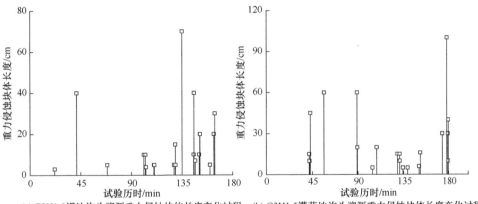

(a) G3H1.5裸地沟头溯源重力侵蚀块体长度变化过程　　　(b) G3H1.5灌草地沟头溯源重力侵蚀块体长度变化过程

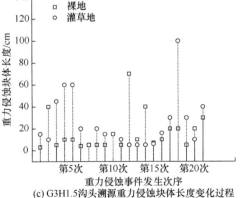

(c) G3H1.5沟头溯源重力侵蚀块体长度变化过程

图 7-36　G3H1.5 沟头溯源重力侵蚀块体长度变化过程

　　表 7-6 统计了不同土地利用方式与地形条件下各长度级别重力侵蚀块体出现频次。由表 7-6 可知，裸地 G3H1.2、草地 G3H1.2 小区和灌草地 G6H1.2 小区沟头 5～10cm 重力侵蚀块体出现的频率最大，为 35.29%～56.52%，其他处理下沟头 10～30cm 重力侵蚀块体出现的频率最大，为 38.10%～50.00%。就 10～30cm 重力侵蚀块体而言，相同地形条件下，其出现的频次以灌草地沟头最大，草地沟头最小，裸地沟头居中。重力侵蚀块体出现频次随灌草地塬面坡度或沟头高度增大呈增大趋势，随草地塬面坡度的增大也表现出增大趋势，随裸地沟头高度的增大而增大。就 30～100cm 重力侵蚀块体而言，对于裸地，塬面坡度或沟头高度增加，其出现的频次也呈现增加趋势；对于灌草地，沟头高度增加，30～100cm 重力侵蚀块体出现的频次也增加。

表 7-6　不同土地利用方式与地形条件下各长度级别重力侵蚀块体出现频次

土地利用方式	塬面坡度 /(°)	沟头高度/m	重力侵蚀块体长度分级/cm				
			(0, 5)	[5, 10)	[10, 30)	[30, 100)	⩾100
裸地	3	1.2	2	13	6	2	0
	6	1.2	2	5	10	4	0
	9	1.2	10	10	8	4	1
	3	1.5	2	7	8	4	0
草地	3	1.2	4	6	5	2	0
	6	1.2	0	5	7	2	0
灌草地	3	1.2	4	2	7	4	1
	6	1.2	4	12	10	2	0
	9	1.2	5	14	22	4	0
	3	1.5	0	5	9	6	1

7.5　本章小结

　　本章研究了重力侵蚀发生的形式、过程、时空特征、崩塌类型及重力侵蚀强度特征，主要得到以下结论。

　　(1) 降雨和径流是裸地小区重力侵蚀的触发因素，由植被盖度引起的土体结构差异是重力侵蚀强度和形式的决定因素。降雨和径流作用表现在径流冲刷使沟壁土体悬空，裂隙逐渐形成，降雨和径流进入土体孔隙和裂隙，增大土体自重、减小土体的黏聚力，降低土体强度，当极限平衡被打破，土体即失稳崩塌。根系的作用表现在表层土壤根系丰富，入渗性能良好，由于根系抗拉抗剪能力较强，根土复合体中的饱和土壤逐渐被径流侵蚀搬运，随着水分不断下渗，根系在深层土壤中的含量减小，根系固土效应减弱，同时沟头、沟壁不断被水流冲淘向内凹陷，临空面的根土复合体一旦失稳即产生崩塌。

(2) 重力侵蚀形式主要包括崩塌、滑塌、泥流、倾倒等重力侵蚀现象。崩塌在沟头溯源重力侵蚀形式中占据主导地位，裸地、灌草地和草地沟头溯源过程中悬空崩塌次数分别占重力侵蚀次数的 61.90%～95.24%、93.33%～100%和76.47%～78.57%。

(3) 15min 重力侵蚀次数最高可达 16 次，最低频次为 0 次。裸地 G3H1.2～G9H1.2 小区 15min 重力侵蚀最大频次分别为 5 次、7 次和 10 次，随塬面坡度的增加而增加，在草地 G3H1.2～G6H1.2 小区上分别为 5 次和 5 次，在灌草地G3H1.2～G6H1.2 小区上分别为 5 次、4 次和 16 次，表现出随坡度的增加而增加。对于裸地，0～45min 各试验小区重力侵蚀发生频率分别为 17.39%、57.14%、33.33%和 9.52%，草地上为 5.88%和 0，灌草地上分别为 16.67%、17.86%、8.89%和 14.29%，对比发现，沟头高度为 1.2m 时，相同塬面坡度下 0～45min，裸地沟头重力侵蚀事件发生的频率最大，灌草地居中，草地最小。

(4) 重力侵蚀发生的主要位置为沟头上部，裸地、草地和灌草地沟头上部的重力侵蚀频次分别占重力侵蚀总事件数的 80.95%～100%、82.35%～92.86%和52.38%～82.22%。整体上，相同条件下裸地沟头上部重力侵蚀频率最大，草地沟头居中，灌草地沟头最小。就塬面坡度的影响来看，在裸地沟头，塬面坡度的影响不显著，而在草地沟头和灌草地沟头上，塬面坡度增大，沟头上部重力侵蚀频率增大。沟头高度对重力侵蚀发生的位置也存在影响，沟头高度增加，沟头上部重力侵蚀频率降低。裸地、草地和灌草地沟头中部重力侵蚀频率分别为 0～14.29%、7.14%～17.65%和 16.67%～28.57%，草地和灌草地沟头中部重力侵蚀频率均较裸地沟头增大。裸地、草地和灌草地沟头下部重力侵蚀频率分别为 0～4.76%、0 和 0～19.05%，灌草地沟头下部重力侵蚀频率较裸地和草地沟头增大，沟头高度增大，沟头中部和下部重力侵蚀频率均增大。

(5) 裸地、草地和灌草地沟头崩塌频率分别为 7.69%～35.00%、15.38%～27.27%、16.67%～35.71%，沟头高度为 1.2m 时，相同塬面坡度条件下，灌草地沟头崩塌频率最大、草地居中、裸地最小；沟头高度为 1.5m 时，裸地沟头崩塌频率较灌草地沟头大。3 种土地利用方式下沟坡崩塌频率分别为 0～11.11%、36.36%～61.54%和 8.33%～44.44%，相同地形条件下，沟坡崩塌频率为草地沟头最大，灌草地沟头居中，裸地沟头最小。3 种土地利用方式下沟壁崩塌频率分别为 55.00%～92.31%、23.08%～36.36%和 38.89%～50.00%，相同地形条件下，沟壁崩塌频率为裸地沟头最大，灌草地沟头居中，草地沟头最小。在裸地沟头，崩塌事件以沟壁崩塌为主，草地沟头以沟坡崩塌为主，在灌草地上，G3H1.2 小区以沟坡崩塌为主，G6H1.2 小区沟头崩塌或沟壁崩塌发生频率相等，在其他地形条件下均以沟壁崩塌为主。

(6) 裸地 G3H1.2 小区、草地 G3H1.2 小区和灌草地 G6H1.2 小区沟头 5~10cm 重力侵蚀块体出现的频率最大，为 35.29%~56.52%，其他处理下沟头 10~30cm 重力侵蚀块体出现的频率最大，为 38.10%~50.00%。就 10~30cm 重力侵蚀块体而言，相同地形条件下，其出现的频次以灌草地沟头最大，草地沟头最小，裸地沟头居中。重力侵蚀出现的频次随灌草地塬面坡度或沟头高度增大呈增大趋势，随草地塬面坡度的增大也表现出增大趋势，随裸地沟头高度的增大而增大。就 30~100cm 重力侵蚀块体来说，对于裸地，塬面坡度增加或沟头高度增加，其出现的频次也呈增加趋势；对于灌草地，沟头高度增加，30~100cm 重力侵蚀块体出现的频次也增加。

第8章 溯源侵蚀沟头形态演化特征

沟头溯源侵蚀的结果是沟头沿着上方汇水面向分水岭前进，使得地貌形态发生明显变化。沟头前进速率，即单位时间内沟头前进的距离，是描述沟头溯源侵蚀强度最直观和最简单的参数。沟头前进过程中还涉及沟道下切和沟道拓宽过程，使沟道形态在长、宽、深方向上均发生演化，沟道演化过程可通过宽深比、切割度、沟道形状系数等参数描述。

沟头前进速率除了受气候和地形影响外，还与植被和土壤性质密切相关(Vanmaercke et al., 2016)。植被通过地上部分和地下部分(根系)共同作用于沟蚀过程，可通过多种方式(削减径流、改良土壤性质等)显著降低沟头前进速率，其中，植被增加土壤黏聚力的作用在控制溯源侵蚀方面占据主导地位(Vanmaercke et al., 2016)。植被存在时，沟头溯源过程中径流作用的对象由土壤变成了根土复合体，而根土复合体改变了溯源侵蚀水文过程，增加了土壤抵抗径流剪切的能力、提高了土体抗剪强度与抗拉强度(Gregory, 2007)。不同植被类型及盖度条件下根土复合体抗剪强度的差异往往非常显著，直接关系沟头前进速率的大小。然而，目前关于沟头溯源侵蚀的研究多基于较大的空间尺度，难以获取植被根系特征参数，限制了根系对沟头溯源侵蚀影响机制的研究。因此，亟待通过模拟试验研究揭示根系对溯源侵蚀的阻控机制。此外，土壤性质对沟头溯源侵蚀的影响取决于土壤颗粒组成、崩解性能、渗透性、团聚体含量等，哪个参数起到主控作用目前尚不明确。

8.1 小区 DEM 获取

8.1.1 钢尺测量获取小区 DEM

图 8-1~图 8-10 为变流量条件下，2 种塬面坡度的裸地和不同盖度草地小区在第 Ⅰ~Ⅵ 场试验结束后的小区数字高程模型(DEM)，所有高程均通过钢尺实测获取，对于草地，只测定了沟头部位相对高程，由于其他部位地形未发生较大变化，试验中并未对其相对高程进行测定。

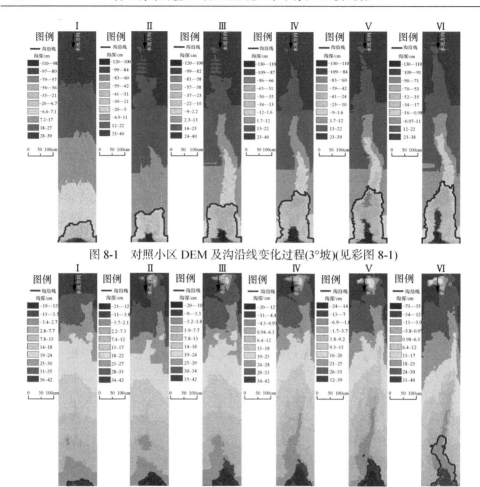

图 8-1　对照小区 DEM 及沟沿线变化过程(3°坡)(见彩图 8-1)

图 8-2　0 盖度小区 DEM 及沟沿线变化过程(3°坡)(见彩图 8-2)

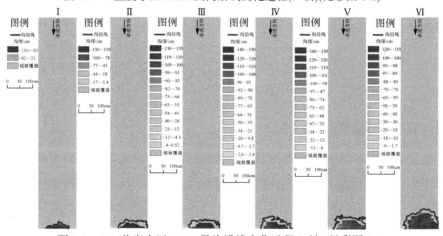

图 8-3　20%盖度小区 DEM 及沟沿线变化过程(3°坡)(见彩图 8-3)

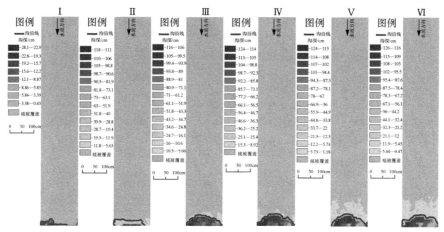

图 8-4　50%盖度小区 DEM 及沟沿线变化过程(3°坡)(见彩图 8-4)

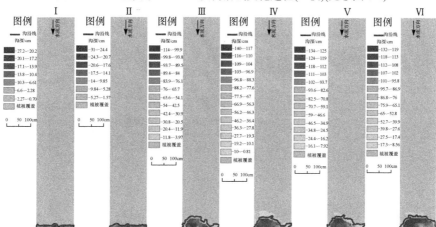

图 8-5　80%盖度小区 DEM 及沟沿线变化过程(3°坡)(见彩图 8-5)

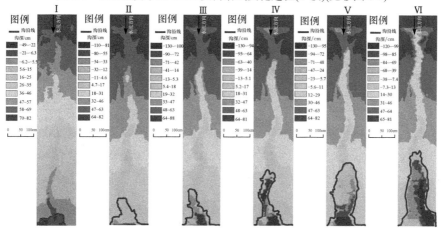

图 8-6　CK 小区 DEM 及沟沿线变化过程(6°坡)(见彩图 8-6)

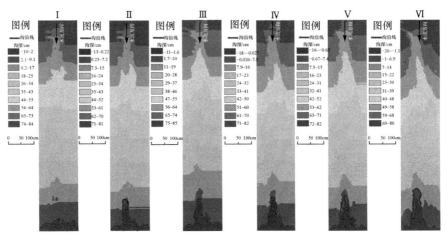

图 8-7　0 盖度小区 DEM 及沟沿线变化过程(6°坡)(见彩图 8-7)

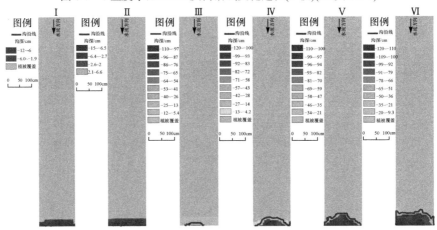

图 8-8　20%盖度小区 DEM 及沟沿线变化过程(6°坡)(见彩图 8-8)

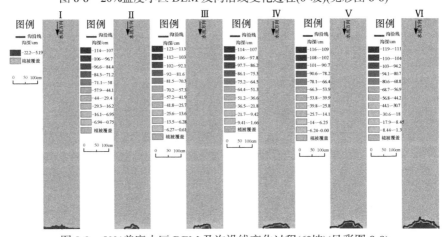

图 8-9　50%盖度小区 DEM 及沟沿线变化过程(6°坡)(见彩图 8-9)

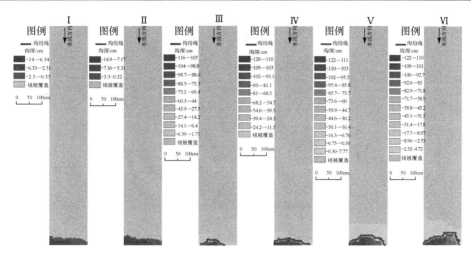

图 8-10　80%盖度小区 DEM 及沟沿线变化过程(6°坡)(见彩图 8-10)

8.1.2　基于照片三维重建技术获取小区 DEM

1. 沟头三维建模

图 8-11 和图 8-12 为裸地 G6H1.2 地形条件小区在试验历时 45min、90min、135min 和 180min 的三维模型和不同土地利用方式不同地形条件下小区最终地形的三维模型。由图 8-11 可以清楚地观察沟头前进过程和塬面的侵蚀状况。

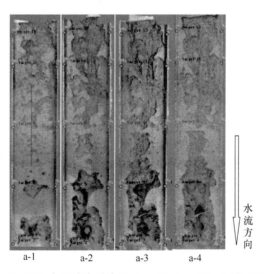

图 8-11　裸地 G6H1.2 小区试验历时 45min、90min、135min 和 180min 三维模型
a-1-历时 45min；a-2-历时 90min；a-3-历时 135min；a-4-历时 180min

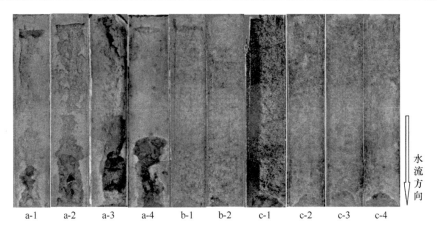

图 8-12　不同土地利用方式不同地形条件下小区最终地形的三维模型

a-1-裸地 G3H1.2 小区；a-2-裸地 G6H1.2 小区；a-3-裸地 G9H1.2 小区；a-4-裸地 G3H1.5 小区；b-1-草地 G3H1.2 小区；b-2-草地 G6H1.2 小区；c-1-灌草地 G3H1.2 小区；c-2-灌草地 G6H1.2 小区；c-3-灌草地 G9H1.2 小区；c-4-灌草地 G3H1.5 小区

2. 沟头数字高程模型

图 8-13～图 8-21 为不同地形条件下不同土地利用方式小区在历时 45min、90min、135min 和 180min 的小区 DEM。三维模型建立失败，少数几个时段结束后的小区 DEM 未能被获取，这是因为在拍摄塬面部位时，没有把握好相邻 2 张照片之间的角度，可能导致其特征重叠度过低。

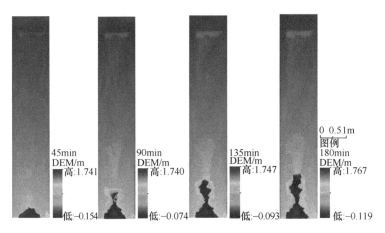

图 8-13　裸地 G3H1.2 小区 DEM 变化过程(见彩图 8-13)

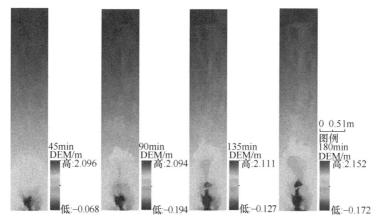

图 8-14　裸地 G6H1.2 小区 DEM 变化过程(见彩图 8-14)

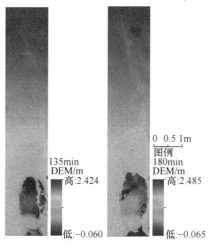

图 8-15　裸地 G9H1.2 小区 DEM 变化过程(见彩图 8-15)

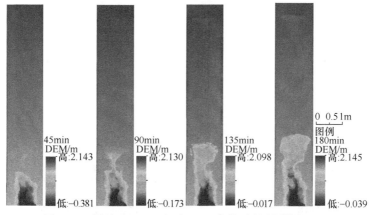

图 8-16　裸地 G3H1.5 小区 DEM 变化过程(见彩图 8-16)

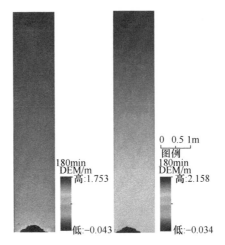

图 8-17 草地 G3H1.2 和 G6H1.2 小区历时 180min 的 DEM(见彩图 8-17)

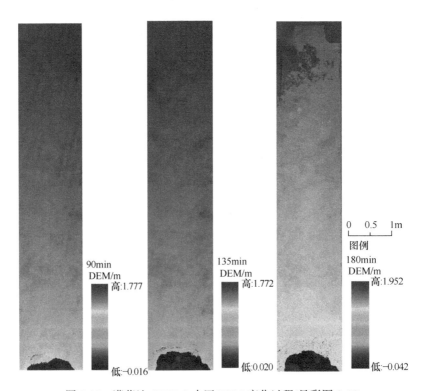

图 8-18 灌草地 G3H1.2 小区 DEM 变化过程(见彩图 8-18)

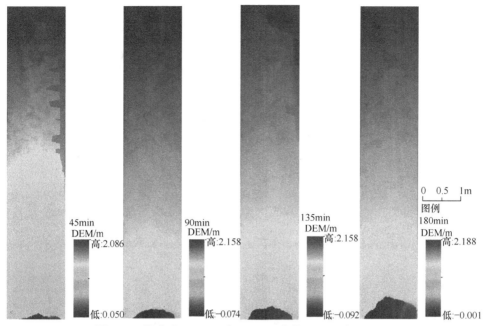

图 8-19 灌草地 G6H1.2 小区 DEM 变化过程(见彩图 8-19)

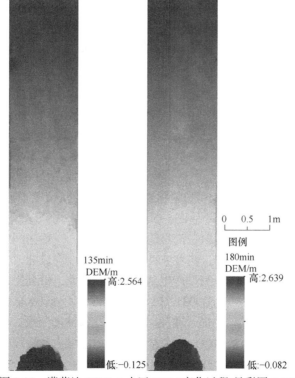

图 8-20 灌草地 G9H1.5 小区 DEM 变化过程(见彩图 8-20)

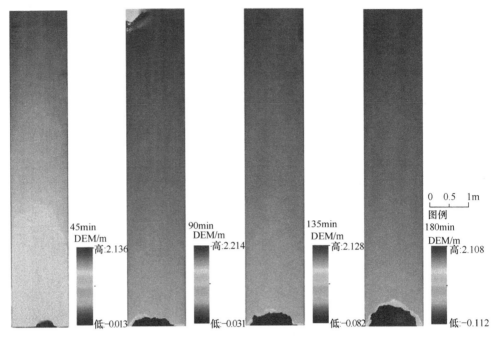

图 8-21　灌草地 G3H1.5 小区 DEM 变化过程(见彩图 8-21)

8.2　沟沿线提取

对于本章出现的单条沟道来说，沟头是指沟沿线以下沟谷与沟底线交点的区域 (Desmet et al., 1996)，自沟沿线往下第一次出现坡度变化率最大的点(最大变坡点)为沟头与沟底的分界点(江岭等，2013)，沟头位置如图 8-22 所示。为了确定沟头前进速率、沟道下切及其他沟道形态参数，确定沟头的位置即沟沿线至关重要。先将实测小区格式为.xls 的三维数据点(x, y, z)转为.csv 文件，然后导入 Surfer 8.0 中进行克里金插值，插值精度为 0.5cm，插值完成后输出格式为.grd 的网格文件。将加密的网格文件导入 ArcMap10.0 中转为.grid 栅格文件，建立小区 DEM，在 DEM 基础上进行沟长、宽、深及沟沿线提取。沟沿线的提取思路：一般沟间地和沟坡坡面坡度的差异较大，沟间地一般<35°，沟坡坡度一般>35°，坡度较陡，土壤侵蚀强烈，一旦大于黄土临界休止角(36°)，则易产生重力侵蚀。因此，可利用两种地貌在坡度上的差异识别沟沿线(朱红春等，2003)。以 3°坡对照小区第Ⅵ次试验为例，利用栅格表面工具在小区 DEM 基础上提取坡度栅格数据，将坡度分级，将>35°坡度标记为灰黑色，<35°坡度标记为灰白色，颜色变化较大的区域为沟沿线的分布区域，两种色调交界处即为沟沿线(图 8-23)。沟头提取流程见图 8-24。

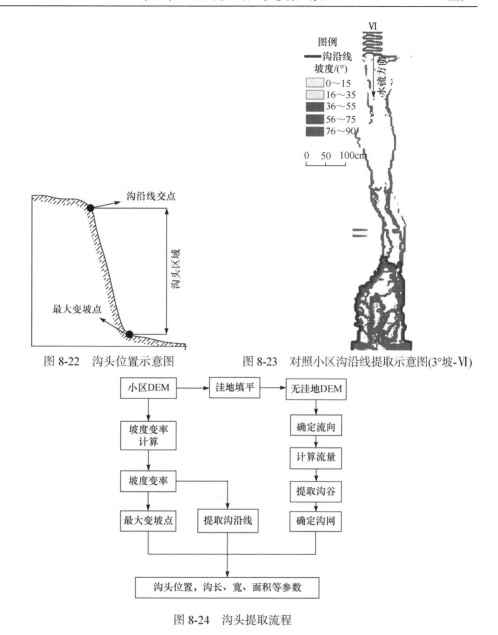

图 8-22　沟头位置示意图　　　　　图 8-23　对照小区沟沿线提取示意图(3°坡-Ⅵ)

图 8-24　沟头提取流程

8.3　沟头前进速率变化特征

8.3.1　不同盖度及放水流量下的沟头前进速率

由图 8-1 可知,对照小区沟口发育较宽且几乎接近小区宽度。放水流量为 8m³/h

时，侵蚀沟沟沿线呈梯形，沟头距离小区出口82.84cm。放水流量为11m³/h时，沟头前进了47.08cm，但此次试验出现了2个发育沟头，呈双峰状，放水流量增大至14m³/h，上方来水向小区右侧汇集，右侧沟头逐渐加深延长20.52cm。当放水流量为17～23m³/h时，由于径流向右汇集，沟头逐渐发育为尖峰状，这3次试验沟道长度(GL)分别为197.47cm、215.99cm、232.41cm。图8-25为3°坡各小区沟道长度与放水流量和盖度的关系，由图可知，CK小区沟道累积发育长度与流量之间呈显著线性关系(R^2=0.963)。由图 8-2 可知。整体上，首场试验侵蚀沟沟沿线大致呈矩形，沟道长度为25.58cm，当放水流量大于8m³/h时，沟头呈尖峰状，各次试验沟

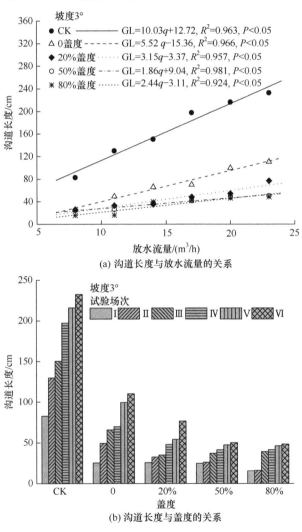

(a) 沟道长度与放水流量的关系

(b) 沟道长度与盖度的关系

图 8-25　沟道长度与放水流量和盖度的关系(3°坡)

道长度分别为 49.41cm、65.99cm、70.06cm、99.52cm 和 110.61cm。由图 8-25 可知，0 盖度小区沟道累积发育长度与放水流量也呈显著线性关系(R^2=0.966)。

由图 8-3～图 8-5 可知，对于 20%盖度小区，第Ⅰ～Ⅴ次试验沟沿线为矩形，各次试验沟道长度分别为 25.97cm、32.87cm、35.11cm、48.17cm 和 54.27cm，沟道发育缓慢，但在第Ⅵ次试验后期发生沟头崩塌 C_{GH}，沟沿线发育呈弧形，沟头前进 22.4cm，崩塌是沟头前进的重要因素，回归分析可知，各次试验沟道累积发育长度与放水流量呈显著线性关系(R^2=0.957)。对于 50%盖度小区，第Ⅰ～Ⅱ次试验，沟沿线形状大致为矩形，沟长为 24.79cm 和 26.18cm。在放水流量为 14m³/h 时，发生沟头崩塌 C_{GH}，因此，第Ⅲ～Ⅵ次沟沿线为弧形，沟头也有明显前进，沟长分别为 37.19cm、41.73cm、47.41cm 和 50.28cm，沟长与放水流量之间线性关系显著(R^2=0.981)。对于 80%盖度小区，放水流量为 8m³/h 和 11m³/h 时，沟头无明显发育，多为陡坡面冲淘产生侵蚀泥沙，沟长为 15.77cm 和 16.23cm。由于盖度较大，土壤蓄水能力较强，随着含水量不断增大及临空面的出现，沟头临空土体在第Ⅲ次试验后期发生崩塌，沟头前进 23.11cm，崩塌后的沟头陡坡壁呈直立状，土体比较稳定，此后 3 次试验沟头前进较慢，分别前进 2.50cm、4.43cm 和 2.12cm，沟长与放水流量之间线性关系显著(R^2=0.924)。

由图 8-25 可知，与对照(CK)小区相比，植被覆盖小区沟头前进明显得到抑制。第Ⅰ次试验，CK 小区沟长为 82.84cm，0、20%、50%、80%盖度小区沟长分别为 25.58cm、25.97cm、24.79cm、15.77cm，盖度越大沟头前进得越慢，0、20%和 50%小区沟长差异不大，80%盖度小区沟长明显小于其余小区。当放水流量增大至 14m³/h 时，80%盖度小区发生沟头崩塌 C_{GH}，使得沟长略大于 20%和 50%小区。随着流量增大，各小区沟长均有不同程度的前进，6 次试验后各小区沟长分别为 232.41cm、110.61cm、76.77cm、50.28cm 和 48.39cm，与对照相比，不同盖度小区沟头前进被抑制的效益分别为 52.41%、66.97%、78.37%和 79.18%。

由图 8-6 可知，与 3°坡 CK 小区相似，沟口发育较宽，几乎接近小区宽度。放水流量为 8m³/h 时，侵蚀沟沿线呈矩形，沟道长度为 43.90cm。流量为 11～17m³/h 时，沟头逐渐发育为尖峰状，沟长狭长，这 3 次试验沟道长度分别为 102.61cm、137.59cm、210.97cm。当流量大于 17m³/h 时，沟壁扩展速度加快，沟道发育宽度增大，沟道宽度沿程差距变小，同时沟道长度分别加长 28.51cm 和 46.17cm。图 8-26 为 6°坡各小区沟道长度与放水流量和盖度的关系，由图可知，CK 小区沟道累积发育长度与放水流量呈显著线性关系(R^2=0.987)。由图 8-7 可知，0 盖度小区首场试验侵蚀沟沟沿线大致呈矩形，沟道长度为 9.10cm，几乎无沟道发育，此次试验多为坡面侵蚀和陡坡面冲淘。当放水流量大于 8m³/h 时，沟头呈单峰条状，侵蚀沟道逐渐形成，沟蚀加剧，但随着放水流量的增大，沟头前进和下切速率缓慢。试验发现 0～20cm 土层被侵蚀后其表面存在一层致密的根系网平铺于坡面，抑制了缓坡面侵蚀，在沟口处也多裸露出大量根系，导致沟道下切缓慢，各次试验沟道长度分别为 120.15cm、124.35cm、127.88cm、132.91cm 和 158.99cm。由图 8-26 可知，0 盖度小区沟道累积发育长度与放水流量呈显著指数函数关系(R^2=0.844)。

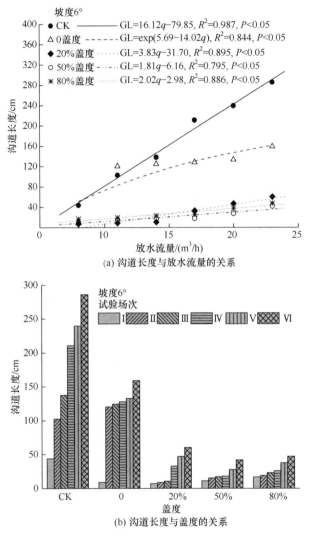

图 8-26 沟道长度与放水流量和盖度的关系(6°坡)

由图 8-8～图 8-10 可知，对于 20%盖度小区，第 I ～ V 次试验沟沿线为弧形，前 3 次试验沟道长度分别为 6.99cm、8.75cm 和 10.66cm，沟道发育缓慢，但在第Ⅳ～Ⅴ次试验后期发生沟头崩塌 C_{GH}，使得沟长由 10.66cm 分别发育至 32.94cm 和 46.93cm。当放水流量为 23m³/h 时，左侧沟头壁发生沟头崩塌 C_{GH}，沟沿线发育为矩形，沟头前进 13.22cm，回归分析可知，各次试验沟道累积发育长度与放水流量呈显著线性关系(R^2=0.895)。对于 50%盖度小区，各次试验沟沿线形状大致为弧形，第Ⅰ～Ⅳ次试验沟长分别为 11.28cm、15.27cm、17.39cm 和 18.15cm。当放水流量大于17m³/h 时，在小区中侧和右侧发生沟头崩塌 C_{GH}，沟头分别前进9.47cm 和 14.13cm，沟长与放水流量之间线性关系显著(R^2=0.795)。对于 80%盖度小区，放水流量为 8～17m³/h 时，沟头发育不明显，整体呈矩形，沟长为 16.80cm、18.98cm、22.90cm 和 25.89cm，当放水流量为 20m³/h 和 23m³/h 时，沟头临空面根土复合体土壤含水量达到一定程度后发生崩塌，使得沟头前进 11.67cm 和9.81cm，沟长与放水流量之间线性关系显著(R^2=0.886)。

由图 8-26 可知，与对照小区(CK)相比，植被覆盖小区沟头前进明显较小。第Ⅰ次试验，CK 小区沟长为 43.90cm，0、20%、50%、80%盖度小区沟长分别较CK 降低 79.27%、84.07%、74.30%和61.73%；第Ⅱ次试验后，0 盖度小区沟长显著加长，前 3 次试验沟道长度为 80%盖度小区>50%盖度小区>20%盖度小区。当流量增大至17m³/h 时，20%盖度小区发生沟头崩塌 C_{GH}，使得沟长大于 50%和80%盖度小区。6 次试验后各小区沟长分别为 285.65cm、158.99cm、60.15cm、41.75cm和47.37cm，与对照相比，不同盖度小区沟头前进被抑制的效益分别为 44.34%、78.94%、85.38%和83.42%。

8.3.2　不同土地利用方式下的沟头前进速率

图 8-27 为不同地形条件不同土地利用方式下沟头前进距离随试验历时的变化过程。由图 8-27 可知，裸地沟头前进距离随试验历时增加持续增大，增大过程存在突增现象；草地和灌草地沟头前进距离的增加过程则表现为"保持不变—突增"的循环模式。对于 G3H1.2 小区，历时 45min、90min、135min 和 180min 时，裸地沟头前进距离分别为 0.45m、1.19m、1.52m 和 1.78m，草地沟头前进距离分别为 0、0.10m、0.10m 和 0.26m，灌草地沟头前进距离分别为 0、0.28m、0.43m和 0.49m。历时 180min 后草地和灌草地沟头前进距离仅为裸地沟头前进距离的14.61%和27.53%。在塬面坡度为 3°，沟头高度为 1.2m，放水流量 16.0m³/h 的试验条件下，使草地和灌草地沟头发生前进的时间在 45min 以上，在草地上进行持续 180min 的径流冲刷才能达到的沟头前进距离，在灌草地上只需 90min，而在裸地上仅需不到 35min。对于 G6H1.2 小区，裸地沟头前进距离在 0～90min 快速增大，在90～180min 的增大过程相对比较缓慢，草地沟头前进距离仅在100～110min增加了 2 次，在其他时段内均保持稳定，整个试验过程中，沟头前进距离均表现为裸地最大，灌草地居中，草地最小的规律。历时 180min 后草地和灌草地沟头前进距离分别为 0.25m 和 0.59m，仅为裸地沟头前进距离的 0.11%和26.94%。对于 G9H1.2 小区，裸地沟头前进距离的变化具有较为明显的稳定—突增变化趋势，

特别是 0～15min，沟头前进距离可达 0.82m，在一定程度上表现为突增的变化趋势，需要说明的是，这一过程完全为径流冲刷导致，径流下切与冲刷使得沟头部位软弱土体发生严重侵蚀，沟头迅速前进。历时 45min、90min、135min 和 180min 时，裸地沟头前进距离分别为 0.95m、2.35m、3.30m 和 3.75m，是相同条件下灌草地沟头前进距离的 4.89～7.91 倍，180min 灌草地沟头前进距离仅为裸地沟头前进距离的 18.40%。对于 G3H1.5 小区，180min 灌草地沟头前进距离为 0.66m，仅为裸地沟头前进距离的 23.24%。

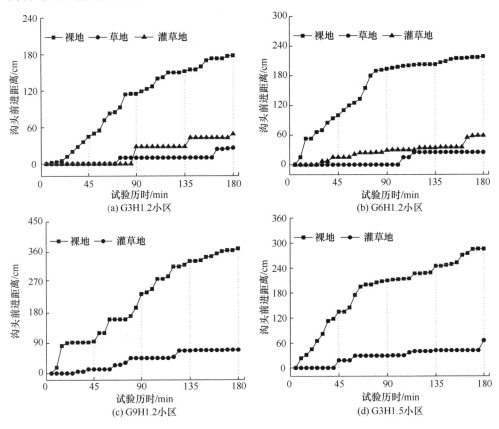

图 8-27　不同处理沟头前进距离随试验历时的变化过程

表 8-1 统计了不同处理下各时段的沟头平均前进速率，由表 8-1 可知，各时段最大沟头前进速率为 3.11cm/min，出现在最大塬面坡度裸地沟头的 45～90min，最小沟头前进速率为 0，这种情况出现在草地和灌草地上，在草地沟头的各试验时段，沟头前进速率为 0 的时段高达 5 次，在 4 个时段中均有出现；在塬面坡度和沟头高度均最小的灌草地上仅出现在 0～45min。比较各处理不同时段的沟头前进速率可以发现，对于裸地沟头，90～180min 沟头前进速率均低于 0～90min，

这表明裸地沟头前进速率随试验历时的增加出现降低的趋势，这与沟头径流流速的变化密切相关，一般来讲，沟头径流流速越小，沟头前进速率越低。对于草地和灌草地，各场次沟头前进速率并未表现出明显的变化趋势，这与重力侵蚀发生的随机性具有一定关系。0～180min，裸地、草地和灌草地沟头前进速率变化范围分别为 0.99～2.08cm/min、0.14cm/min 和 0.27～0.39cm/min。G3H1.2 和 G6H1.2 地形条件下，草地沟头前进速率较裸地分别降低了 85.86%和 88.53%，G3H1.2～G9H1.2 和 G3H1.5 地形条件下，灌草地沟头前进速率较裸地分别降低了 72.73%、72.95%、81.25%和 76.58%，可见，随着塬面坡度和沟头高度的增大，沟头前进速率降幅均存在增大的趋势。塬面坡度对裸地和灌草地沟头前进速率存在显著影响，塬面坡度越大，沟头前进速率也越大，裸地上 6°、9°坡沟头前进速率较 3°坡分别增加了 23.23%和 110.10%，灌草地 6°、9°坡较 3°坡分别增加了 22.22%和 44.44%，增幅较裸地有所降低。草地塬面坡度对沟头前进速率影响不大，可能与 6°坡植被盖度较大有关。沟头高度对沟头前进速率也有较显著的影响，沟头高度越大，沟头前进速率越大，在裸地和灌草地上，1.5m 沟头前进速率分别是 1.2m 沟头的 1.60 倍和 1.37 倍，沟头越高，贴壁流冲刷能力越强，射流击溅能力也越大，从而促进了沟头的前进。

表 8-1　不同处理下各时段沟头平均前进速率

土地利用方式	沟头高度/m	塬面坡度/(°)	各时段沟头前进速率/(cm/min)				
			0～45min	45～90min	90～135min	135～180min	0～180min
裸地	1.2	3	1.00	1.64	0.73	0.58	0.99
		6	2.09	2.22	0.20	0.36	1.22
		9	2.11	3.11	2.11	1.00	2.08
	1.5	3	3.00	1.67	0.78	0.87	1.58
草地	1.2	3	0	0.22	0	0.36	0.14
		6	0	0	0.56	0	0.14
灌草地	1.2	3	0	0.63	0.32	0.13	0.27
		6	0.33	0.31	0.11	0.56	0.33
		9	0.27	0.73	0.50	0.04	0.39
	1.5	3	0.40	0.27	0.27	0.53	0.37

8.4　沟道下切速率变化特征

8.4.1　不同盖度与放水流量下的沟道下切速率

图 8-28 为 3°坡对照小区(CK)侵蚀沟道纵断面随流量的变化特征。表 8-2 为 2 坡度不同盖度小区各次试验侵蚀沟平均深度(又称"侵蚀沟深")(gully depth，GD)统计。由图 8-28 可知，该小区在第Ⅰ场试验后，侵蚀沟最深达 106.6cm，平均沟道深度为 39.38cm，放水流量为 11m³/h 时，沟坡坡面侵蚀出现侵蚀台阶，由于平台跌水作用沟道最深下切至 114cm，沟头的前进使平均沟深有所下降，约降低 2.93cm，随着放水的继续，台阶逐渐被侵蚀，基准面下移近 20cm，平均沟道深度增大 8.81cm。当流量大于 14m³/h 时，缓坡面水流沿沟坡冲击台阶，形成跌水坑，台阶逐渐变小，跌水坑水流溢出后侵蚀沟底，使沟道继续加深，第Ⅳ次和第Ⅴ次

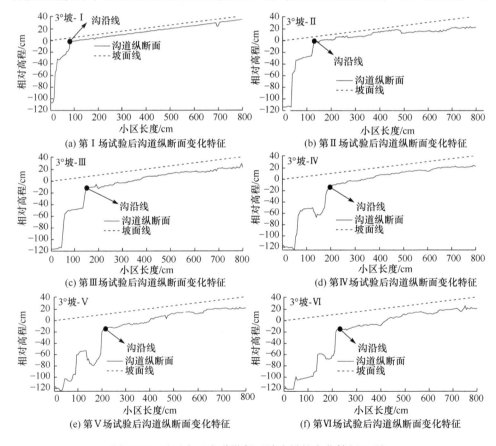

(a) 第Ⅰ场试后沟道纵断面变化特征　　(b) 第Ⅱ场试验后沟道纵断面变化特征

(c) 第Ⅲ场试验后沟道纵断面变化特征　　(d) 第Ⅳ场试验后沟道纵断面变化特征

(e) 第Ⅴ场试验后沟道纵断面变化特征　　(f) 第Ⅵ场试验后沟道纵断面变化特征

图 8-28　对照小区沟道纵断面随流量的变化特征(3°坡)

试验最大沟深分别为 120.69cm 和 123.93cm，平均沟深增大 7.56cm 和 0.33cm，第Ⅵ次试验后期台阶失稳产生崩塌，在沟道内淤积，最大沟深降低至 121.45cm，由于台阶被侵蚀沟头处侵蚀加深，平均沟深增加 0.8cm。

图 8-29 为 3°坡 0 盖度小区侵蚀沟道纵断面随流量的变化特征。由图可知，整体上沟道下切变化不明显，随放水流量的增大，各次试验最大沟深分别为 18.98cm、19.15cm、20.00cm、19.91cm、24.50cm 和 25.50cm，第Ⅳ次试验沟口出现一次崩塌产生淤积使沟道最深处降低约 0.10cm，沟道深度整体上随放水流量的增大而增大。与对照小区相比，侵蚀沟发育明显得到抑制，主要是由于缓坡面表层土壤侵蚀后在表面和沟口裸露出一层致密的根系网，保护沟口和沟道免受侵蚀(图 8-30)。径流沿着根系对陡坡面向内侧冲淘，因此该小区侵蚀泥沙主要来自缓坡面侵蚀和陡坡面冲淘。各次试验平均沟深为 5.07cm、8.58cm、8.83cm、9.43cm、9.81cm 和 16.27cm，随流量增大而增大。

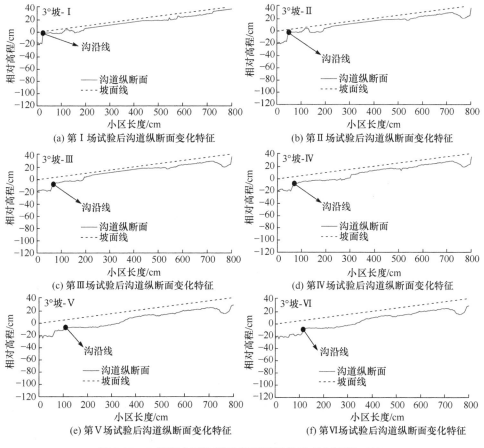

(a) 第Ⅰ场试验后沟道纵断面变化特征　　(b) 第Ⅱ场试验后沟道纵断面变化特征

(c) 第Ⅲ场试验后沟道纵断面变化特征　　(d) 第Ⅳ场试验后沟道纵断面变化特征

(e) 第Ⅴ场试验后沟道纵断面变化特征　　(f) 第Ⅵ场试验后沟道纵断面变化特征

图 8-29　0 盖度小区沟道纵断面随流量的变化特征(3°坡)

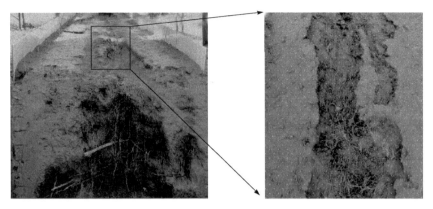

图 8-30　缓坡面和沟头根系分布情况(0 盖度)

图 8-31～图 8-33 为 3°坡 20%～80%盖度小区侵蚀沟道纵断面随流量的变化特征。由图可知，植被覆盖小区整体上沟头前进较为缓慢，沟道侵蚀深度的增加主要是由于植被减弱径流流速较为明显，径流流出沟口时，大部分沿陡坡面流出，陡坡面冲淘作用较为剧烈，沟道快速加深，促进上方根土复合体形成临空状态。沟口崩塌后，沟坡坡面陡直，随着放水的继续，又进行下一次的冲淘—临空根土复合体崩塌循环。

20%盖度小区第Ⅰ次试验即形成沟口，50%和 80%盖度小区则在第Ⅱ次和第Ⅲ次形成。20%盖度小区前 3 次试验最大沟深均为 120cm，平均沟深分别为105.18cm、109.21cm 和 115.29cm，第Ⅳ次试验缓坡面径流直接对沟底进行冲击，

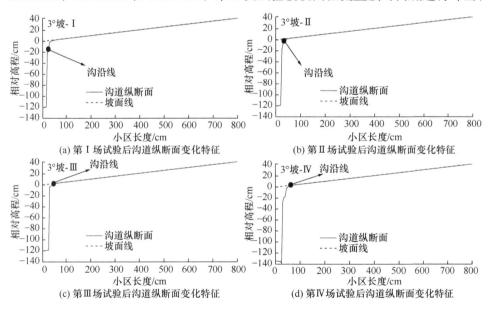

(a) 第Ⅰ场试验后沟道纵断面变化特征　　　　　(b) 第Ⅱ场试验后沟道纵断面变化特征

(c) 第Ⅲ场试验后沟道纵断面变化特征　　　　　(d) 第Ⅳ场试验后沟道纵断面变化特征

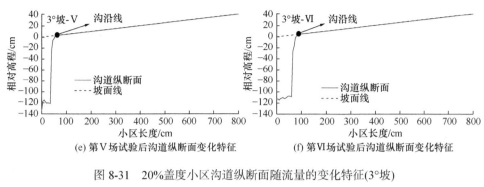

图 8-31　20%盖度小区沟道纵断面随流量的变化特征(3°坡)

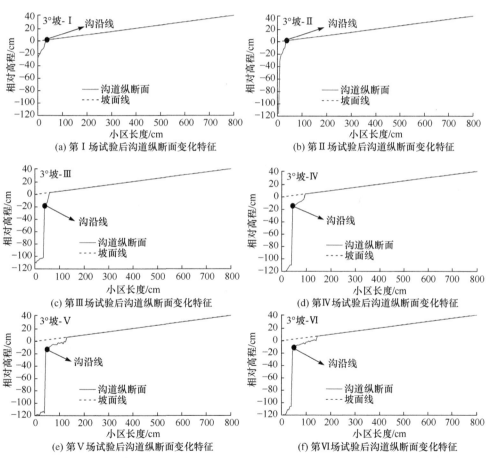

图 8-32　50%盖度小区沟道纵断面随流量的变化特征(3°坡)

沟深达 138.69cm，平均沟深增加 5.19cm。流量为 20m³/h 和 23m³/h 时，沟头崩塌淤积于沟底，平均沟深降低 6.56cm 和 6.92cm。

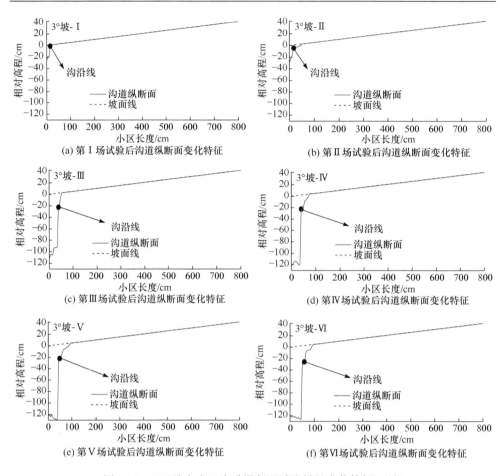

(a) 第Ⅰ场试验后沟道纵断面变化特征　　　(b) 第Ⅱ场试验后沟道纵断面变化特征

(c) 第Ⅲ场试验后沟道纵断面变化特征　　　(d) 第Ⅳ场试验后沟道纵断面变化特征

(e) 第Ⅴ场试验后沟道纵断面变化特征　　　(f) 第Ⅵ场试验后沟道纵断面变化特征

图 8-33　80%盖度小区沟道纵断面随流量的变化特征(3°坡)

对于 50%盖度小区，首场试验沟口并未产生崩塌，侵蚀沟最大深度和平均深度分别为 28.00cm 和 20.32cm。第Ⅱ次试验沟口临空的根土复合体产生崩塌，侵蚀沟深增大至 115.5cm，平均沟深增加 84.92cm。第Ⅲ次试验主要是径流对形成的沟坡进行侵蚀，并继续向内侧冲淘，此次试验多产生陡坡面崩塌，崩塌物堆积于沟底，平均沟深降低 9.9cm。随着试验进行，径流继续冲击淤积物，沟道逐渐下切，第Ⅳ次试验后最大沟深增大至 120.48cm，平均沟深增加 8.10cm。随着流量继续增加，第Ⅵ次试验沟头处又产生一次较大崩塌，沟头前进近 6cm，导致沟道淤积，侵蚀沟深度降低约 3cm。

80%盖度小区第Ⅲ次试验时沟头临空根土复合体才产生崩塌，前 3 次侵蚀沟平均深度分别为 18.78cm、18.88cm 和 92.33cm，崩塌后径流冲击沟底，第Ⅲ次试验最大沟深突增 83cm。第Ⅳ次试验主要是径流对淤积物进行冲击和搬运，沟深增加 7.8cm。第 V 次试验沟头未明显前进，水流集中对一个位置进行冲击，沟深增加 7cm，沟道形成反坡状。第 VI 次试验产生了一次沟头崩塌，虽然反坡被填充，但水流无法对沟口淤积物产生冲击，因此沟道依然呈现反坡状。由于崩塌物的存在，沟道平均深度降低 4.55cm。

图 8-34 为 6°坡对照小区(CK)侵蚀沟道纵断面随流量的变化特征。

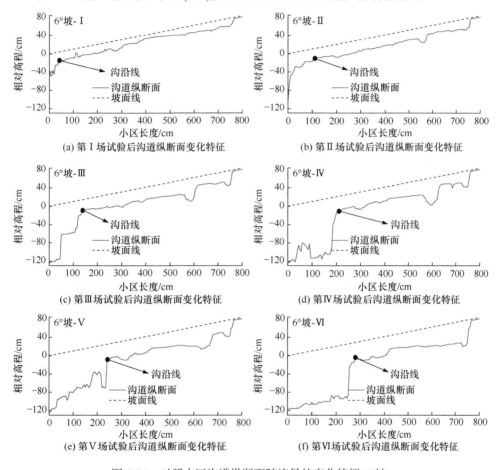

图 8-34　对照小区沟道纵断面随流量的变化特征(6°坡)

表 8-2　不同盖度小区各次试验侵蚀沟平均深度　　　　　(单位：cm)

试验场次	流量 /(m³/h)	3°坡					6°坡				
		CK	0	20%	50%	80%	CK	0	20%	50%	80%
I	8	39.38	5.07	105.18	20.32	18.79	19.20	5.19	8.56	16.21	8.78
II	11	36.45	8.58	109.21	105.24	18.88	30.40	6.20	9.30	97.00	9.60
III	14	45.26	8.83	115.29	95.14	92.33	40.34	7.46	99.52	106.11	90.06

续表

试验场次	流量 /(m³/h)	3°坡					6°坡				
		CK	0	20%	50%	80%	CK	0	20%	50%	80%
IV	17	52.83	9.43	120.48	103.24	109.01	62.54	8.29	96.03	106.63	104.46
V	20	53.16	9.81	113.92	104.07	116.15	75.84	8.88	107.42	101.06	105.00
VI	23	53.96	16.27	107.00	101.36	111.60	94.86	17.17	106.11	107.60	101.10

由图 8-34 可知，该小区在第 I 场试验后，侵蚀沟最深达 48.68cm，平均深度为 19.20cm，此时沟口已经形成，第 II 次试验缓坡径流集中对沟口进行冲刷，使得沟口侵蚀深度达 105.50cm，平均深也增加 11.20cm。与 3°坡 CK 小区相似，当放水流量为 11m³/h 时，沟坡坡面由于缓坡水流冲刷形成侵蚀台阶，此阶段沟头前进较快，水流从台阶流出后冲击沟底，使沟底继续加深 9.94cm。随着放水的继续，台阶逐渐被侵蚀，基准面下移近 40cm，沟道平均深度增加 22.20cm。当流量为 20m³/h 时，沟头不断前进，侵蚀沟继续下切，在第 V 次试验后距离沟口右侧 2m 处沟壁失稳产生崩塌，大量崩塌物堆积于沟道[图 8-34(e)]，但整体上侵蚀沟平均深度是增加的，增幅为 13.30cm。当流量增至最大时，试验前期水流主要对上次试验后崩塌物进行搬运，试验进行至第 25min 时，沟口左侧的沟壁整体崩塌，填充沟道，使得最大沟深降低了 9.10cm，但平均沟深增加至 94.86cm。

图 8-35 为 6°坡 0 盖度小区侵蚀沟道纵断面随流量的变化特征。由图可知，整体上沟道下切变化不明显，与 3°坡极为相似，随放水流量的增大，各次试验最大沟深分别为 10.50cm、13.00cm、14.20cm、18.00cm、20.00cm 和 26.08cm；各次试验平均沟深为 5.19cm、6.20cm、7.46cm、8.29cm、8.88cm 和 17.17cm，随流量的增大而增大。此小区各次试验侵蚀过程与 3°坡基本相同，虽然地表无植被覆盖，但土壤中存在大量根系，当表层土壤被侵蚀后，其表面和沟口裸露出一层致密的根系网(图 8-30)，保护沟口和沟道免受侵蚀，径流对沟口的下切作用较弱，说明根系对抑制沟道发育有极其重要的作用。该小区土壤侵蚀主要来自缓坡面侵蚀和陡坡面冲淘。

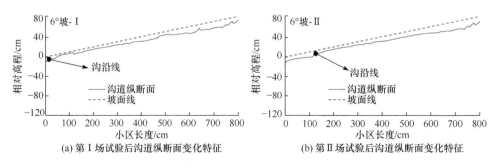

(a) 第 I 场试验后沟道纵断面变化特征   (b) 第 II 场试验后沟道纵断面变化特征

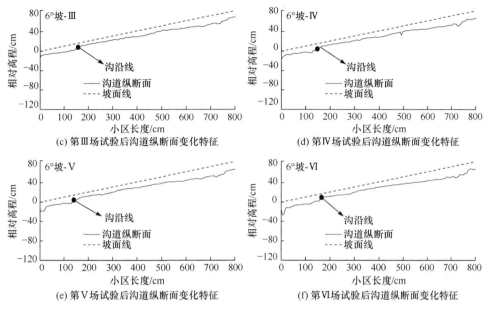

(c) 第Ⅲ场试验后沟道纵断面变化特征　　　(d) 第Ⅳ场试验后沟道纵断面变化特征

(e) 第Ⅴ场试验后沟道纵断面变化特征　　　(f) 第Ⅵ场试验后沟道纵断面变化特征

图 8-35　0 盖度小区沟道纵断面随流量的变化特征(6°坡)

图 8-36～图 8-38 为 6°坡 20%、50%、80%盖度小区侵蚀沟道纵断面随流量的变化特征。由图可知，与 3°坡沟道下切方式一致，以冲淘—临空根土复合体崩塌这种形式进行沟头的溯源和下切。

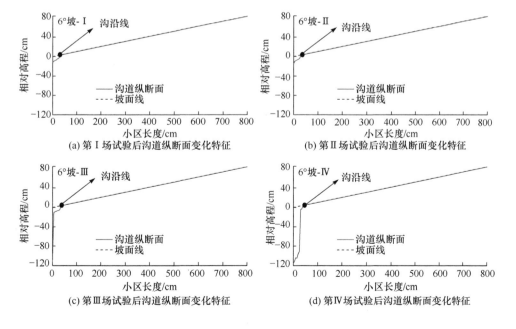

(a) 第Ⅰ场试验后沟道纵断面变化特征　　　(b) 第Ⅱ场试验后沟道纵断面变化特征

(c) 第Ⅲ场试验后沟道纵断面变化特征　　　(d) 第Ⅳ场试验后沟道纵断面变化特征

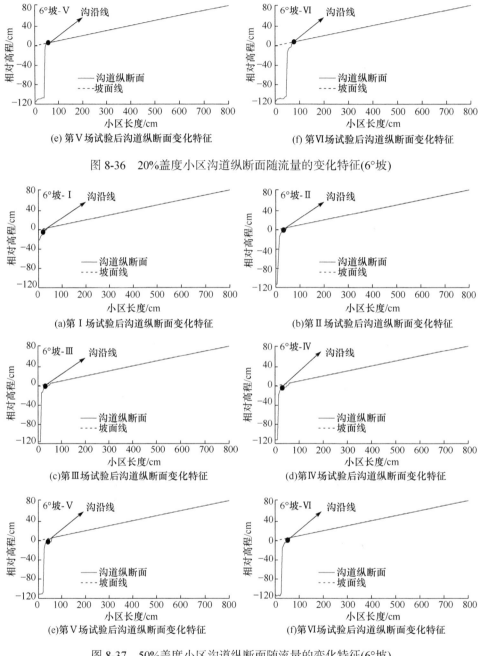

(e) 第Ⅴ场试验后沟道纵断面变化特征

(f) 第Ⅵ场试验后沟道纵断面变化特征

图 8-36 20%盖度小区沟道纵断面随流量的变化特征(6°坡)

(a)第Ⅰ场试验后沟道纵断面变化特征

(b)第Ⅱ场试验后沟道纵断面变化特征

(c)第Ⅲ场试验后沟道纵断面变化特征

(d)第Ⅳ场试验后沟道纵断面变化特征

(e)第Ⅴ场试验后沟道纵断面变化特征

(f)第Ⅵ场试验后沟道纵断面变化特征

图 8-37 50%盖度小区沟道纵断面随流量的变化特征(6°坡)

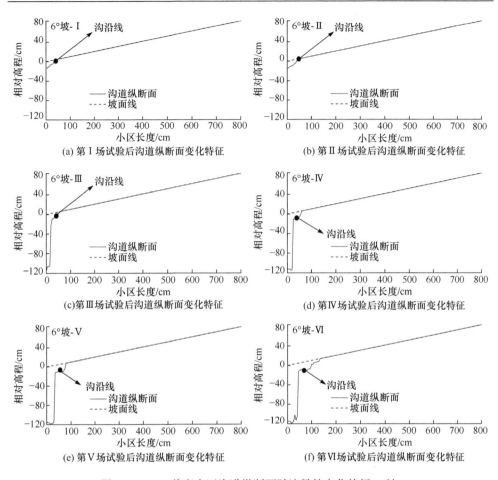

图 8-38　80%盖度小区沟道纵断面随流量的变化特征(6°坡)

对于 20%盖度小区,第Ⅲ次试验时才出现沟口临空土体崩塌,50%和 80%盖度小区则在第Ⅱ次和第Ⅲ次形成崩塌。对于 20%盖度小区,前 2 次试验最大沟深为 12.00cm 和 14.60cm,平均沟深为 8.56cm 和 9.30cm,第Ⅲ次试验崩塌后沟道加深至 112.00cm,平均沟深接近 100.00cm,第Ⅳ次试验侵蚀主要是缓坡面径流对沟头、沟壁土壤的侵蚀及沟底的冲击,最大沟深增加 4.30cm,平均沟深降低 3.49cm。在第Ⅴ次试验结束后第 3~5min 产生 3 次较小崩塌,最大沟深约下降 1.5cm。当径流增大至 23m³/h 时,第 36~42min 沟头左右侧沟壁产生 2 次整体崩塌淤积于沟底,在水流运移近 10min 后,沟道深度约下降 1.30cm。

对于 50%盖度小区,首次试验沟口并未产生崩塌,侵蚀沟最大深度和平均深度分别为 22.20cm 和 16.21cm。第Ⅱ次试验沟口临空的根土复合体产生崩塌,侵蚀沟深增大至 113.40cm,平均沟深增加 80.79cm。第Ⅲ次试验主要是径流对形成的沟坡进行侵蚀，并继续向内侧冲淘，此次试验多产生沟壁崩塌，崩塌物堆积于沟底后快速被水流冲散挟带出沟，平均沟深为 106.11cm。随着试验进行，由于出现频繁的较小崩塌，崩塌物的沉积—搬运过程反复进行，沟道下切不明显，第 V 次试验沟头发生较大崩塌，沟头前进 14.13cm，平均沟深降低 5.57cm。第 Ⅵ 次试验仅发生 3 次较小崩塌，水流主要对沟道进行冲击下切，沟道平均深度增加 6.54cm。

对于 80%盖度小区，在第 Ⅲ 次试验沟头临空根土复合体才产生崩塌，前 3 次侵蚀沟最大沟深分别为 14.00cm、14.90cm 和 116.00cm，平均沟深分别为 8.78cm、9.60cm 和 90.06cm。由于崩塌后径流的冲击，第 Ⅲ 次试验最大沟深突增 80.50cm。第 Ⅳ 次试验过程产沙较为稳定，径流主要对淤积物进行搬运并对沟底冲击下切，平均沟深增加 14.40cm，随着流量增大，第 V 次试验沟头前进近 12cm，崩塌物堆积于沟坡坡脚，之后水流集中对坡脚进行冲击，最大沟深增加 3.70cm，平均沟深变化不大，沟道形成反坡状，即沟道出口侵蚀深度小于沟坡坡脚侵蚀深度。第 Ⅵ 次试验产生了一次沟头崩塌，虽然反坡被填充，但水流无法对沟口淤积物产生冲击，沟道依然呈现反坡状。由于崩塌物的存在，沟道平均深度降低 3.90cm。

比较 6 次试验沟道深度发育发现，0 盖度小区沟深远小于对照，而 3°和 6°坡 20%、50%、80%盖度小区沟深分别是对照小区的 1.98 倍、1.88 倍、2.07 倍和 1.12 倍、1.13 倍、1.07 倍。

8.4.2　不同土地利用方式下的沟道下切速率

图 8-39 是根据沟头 DEM 数据提取的 G3H1.2 地形条件下不同土地利用方式小区各时段的纵剖面线，并标出了边缘点的位置。边缘点是小区纵剖面线发生重大转折处时段，以边缘点为分界点，边缘点左侧为沟坡和沟底，边缘点右侧为塬面。由图 8-39 可知，裸地历时 45min、90min、135min 和 180min 时小区纵剖面线的变化程度较大，尤其在边缘点左侧的沟道部分，4 个边缘点所在的横坐标位置(水平位置)分别为 52.07cm、125.03cm、171.77cm 和 203.23cm，需要说明的是，边缘点位置并不能代表沟头位置，边缘点的位置一般为沟沿线后退最大距离，甚至超过沟沿线而居其后，是坡度转折最大处的点，因此边缘点前进距离普遍大于沟头前进距离。历时 0～45min，沟道水平参考面因射流的击溅作用形成跌水潭，跌水潭深度可达 14.26cm，历时 90min 时，由于崩塌等重力侵蚀作用及泥沙的淤积，再加上沟头射流击溅位置向塬面方向后移，0～45min 产生的跌水潭在被填充的基础上还产生了堆积，历时 90min 时并未产生明显的跌水潭形态，这与重力崩

塌的填充作用有关，90min 和 180min 后，跌水潭形态明显。随着沟头的不断后退，跌水冲击位置不断后移，跌水潭位置也逐渐后移。草地历时 180min 后边缘点的水平位置为 40.67cm，相同条件下仅为裸地的 20.01%，且跌水潭并未形成。灌草地历时 45min、90min、135min 和 180min 后小区纵剖面线的变化程度较裸地低，4 个边缘点所在的横坐标位置分别为 0、32.01cm、43.18cm 和 50.70cm。历时 45min后沟头并未发生前进，塬面地形条件基本未发生变化，但是在径流作用下沟头立壁中下部形成明显的冲刷凹陷，为 45～90min 沟头的崩塌提供了地形条件，而这种地形特征并不能展现在纵剖面线上。因此，以原始沟头垂直立壁为水平参考面，改变 Photoscan 建模的坐标系统，以沟头壁为兴趣区，建立沟头壁部位的三维模型，获取沟头壁面各点的 DEM，提取沟头壁垂向剖面线各点 DEM，绘制灌草地G3H1.2 小区历时 45min 后沟头壁垂向剖面线，见图 8-40。由图可知，径流作用下沟头壁发生了明显的内切，从下到上，沟头壁面距离原始垂直立壁的距离先增

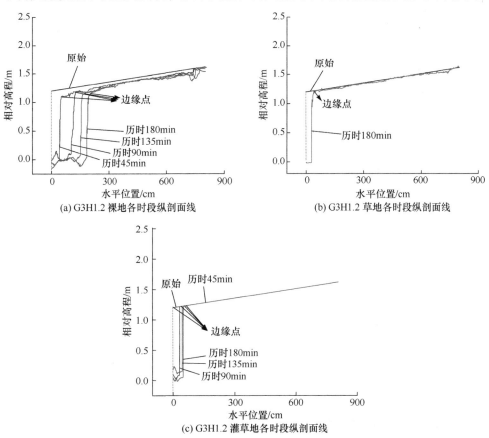

(a) G3H1.2 裸地各时段纵剖面线　　　　　　(b) G3H1.2 草地各时段纵剖面线

(c) G3H1.2 灌草地各时段纵剖面线

图 8-39　G3H1.2 小区不同土地利用方式下各时段纵剖面线

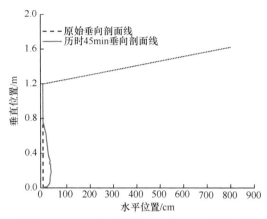

图 8-40　灌草地 G3H1.2 小区原始与历时 45min 沟头壁垂向剖面线

大后减小，内切最大距离为 34.65cm，位于沟头壁的 18.52cm 高度处，内切最大距离与凹槽垂向长度之比为 0.46，垂向剖面线的这一特征仅在草地和灌草地上出现，尤其在历时 45min 后最为明显，在裸地上并未观察到。另外，在各次试验结束后均有跌水潭形成，但跌水潭最低位置不低于参考平面或与参考面相近，历时 90min、135min 和 180min 后跌水潭最低位置高程分别为–0.96cm、11.96cm 和–1.34cm。

　　图 8-41 是 G6H1.2 小区不同土地利用方式小区各时段的纵剖面线。由图 8-41 可知，裸地历时 45min、90min 和 135min 小区纵剖面线的变化较大，而历时 135min 和 180min 的变化较小。4 个边缘点所在的横坐标位置分别为 104.97cm、173.92cm、300.36cm 和 319.06cm。从历时 45min 到 90min，除跌水潭部位，边缘点左侧剖面线坡度明显变小，平均坡比从 178.99% 降至 70.86%，且从近似直线型转变为具有微小台阶的复杂线型，135min 和 180min 后边缘点左侧剖面线呈台阶型，表明沟道呈台阶状发育，但是台阶以上和以下部分的剖面线坡比却较 45min 和 90min 增大。135～180min 纵剖面线的水平位置主要在 0～1.2m。135～180min 后跌水潭最低点的位置坐标(单位：cm)分别为(16.74，–6.24)、(48.20，–15.90)、(82.40，–9.27)和(96.08，–16.91)，随着沟头的前进，跌水潭最低点也不断前进，而跌水潭的最低高程变化并不明显，这是由重力侵蚀土体堆积造成。草地 135～180min 后边缘点的横坐标位置为 68.49cm，相同条件下仅为裸地的 21.47%，与 3°源坡条件下的实验现象一致，均未形成跌水潭；灌草地历时 45min、90min、135min 和 180min 小区纵剖面线的变化程度较裸地而言并不剧烈，4 个边缘点所在的横坐标位置分别为 14.22cm、30.64cm、34.52cm 和 62.11cm，相同条件下分别较裸地降低了 80.53%～88.81%。在各次试验结束后跌水潭的发育并不明显。

　　图 8-42 是 G9H1.2 小区裸地和灌草地小区在历时 135min 和 180min 的纵剖面线。由图 8-42 可知，裸地小区历时 135min 和 180min 纵剖面线的变化程度并不大，

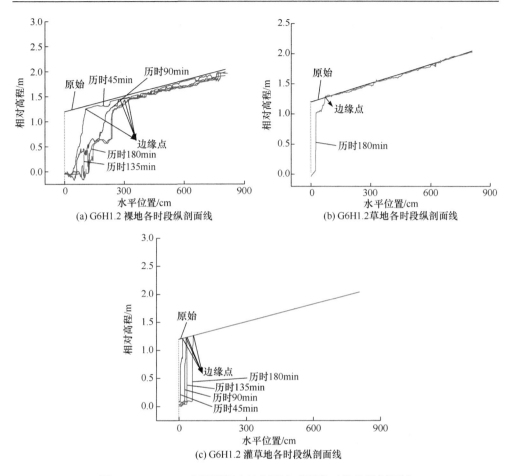

(a) G6H1.2 裸地各时段纵剖面线

(b) G6H1.2 草地各时段纵剖面线

(c) G6H1.2 灌草地各时段纵剖面线

图 8-41　G6H1.2 小区不同土地利用方式下各时段的纵剖面线

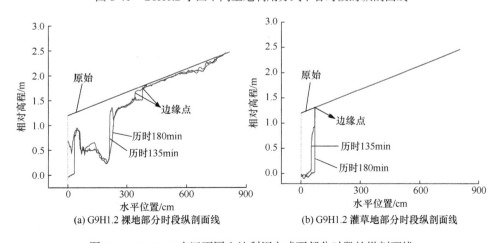

(a) G9H1.2 裸地部分时段纵剖面线

(b) G9H1.2 灌草地部分时段纵剖面线

图 8-42　G9H1.2 小区不同土地利用方式下部分时段的纵剖面线

2 个边缘点所在的横坐标位置分别为 344.37cm 和 380.85cm。2 条纵剖面线线型较 3° 和 6° 坡更复杂，从边缘点到小区起点，剖面线大致经历了先下降再上升再下降 的变化过程，产生这种明显的上升趋势与陷穴侵蚀密切相关。同时，由于陷穴侵 蚀的存在，沟头即使存在跌水潭，也无法反映到纵剖面线上。灌草地历时 135min 和 180min 小区纵剖面线边缘点的水平位置并未发生明显改变，2 个边缘点所在的 横坐标位置分别为 67.12cm 和 69.23cm，相同条件下分别较裸地降低了 80.51% 和 81.72%。跌水潭的发育较为明显，2 场试验后跌水潭最低点的位置坐标(单位：cm) 分别为 (14.23，−9.04) 和 (38.17，−7.05)。

　　图 8-43 是 G3H1.5 小区裸地和灌草地小区在各时段的纵剖面线。由图 8-43 可 知，裸地历时 90min、135min 和 180min 沟道均呈阶梯状，在 0.5m 左右的高程位 置产生 1 个倾斜度较小的侵蚀台阶，坡比约为 16%，侵蚀台阶前沿变化并不明显， 其后随着沟头的后退而出现明显后退，侵蚀台阶两侧沟头壁几乎处于垂直状态。4 个边缘点所在的横坐标位置分别为 161.74cm、234.70cm、288.96cm 和 320.42cm。 130min 后形成了明显的跌水潭，跌水潭最低点的高程为 −16.83cm。灌草地历时 45min、90min、135min 和 180min 后小区纵剖面线边缘点的水平位置分别为 19.24cm、33.15cm、43.18cm 和 68.49cm，相同条件下分别较裸地降低了 78.63%～ 88.10%。130min 后跌水潭的发育较为明显，其最低点的高程为 −7.80cm。

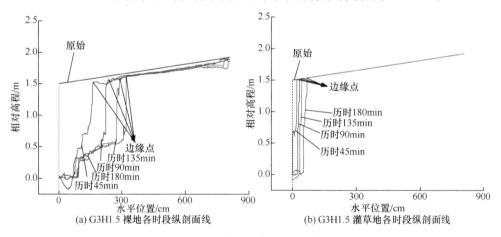

(a) G3H1.5 裸地各时段纵剖面线　　　　　　(b) G3H1.5 灌草地各时段纵剖面线

图 8-43　G3H1.5 小区不同土地利用方式下各时段的纵剖面线

　　纵剖面线平均高程可反映沟道发育程度，相同地形条件下，平均高程越小， 说明平均沟深(包括塬面浅沟和细沟)越大，沟道下切越剧烈，表 8-3 为不同处理纵 剖面线的平均高程。由表 8-3 可知，随着试验场次的增加，各小区平均高程逐渐降 低，不同土地利用方式不同地形条件下，各次试验后平均高程降低的幅度不同，即 沟道下切速率不同，本小节用纵剖面线平均高程随着试验场次的降低速率来反映沟头溯源侵蚀过程中沟道的下切速率。表8-4为各处理下纵剖面线平均高程降低速率。

表 8-3　不同处理纵剖面线平均高程

土地利用方式	沟头高度/m	塬面坡度/(°)	不同时刻纵剖面线平均高程/cm				
			0min	45min	90min	135min	180min
裸地	1.2	3	1.41	1.28	1.19	1.11	1.05
		6	1.62	1.46	1.33	1.23	1.22
		9	1.83	—	—	1.55	1.49
	1.5	3	1.71	1.43	1.32	1.23	1.17
草地	1.2	3	1.41	—	—	—	1.35
		6	1.62	—	—	—	1.57
灌草地	1.2	3	1.41	1.41	1.36	1.35	1.33
		6	1.62	1.60	1.58	1.56	1.53
		9	1.83	—	—	1.72	1.72
	1.5	3	1.71	1.69	1.66	1.64	1.61

表 8-4　不同处理纵剖面线平均高程降低速率

土地利用方式	沟头高度/m	塬面坡度/(°)	不同时段纵剖面线平均高程降低速率/(cm/h)				
			0~45min	45~90min	90~135min	135~180min	0~180min
裸地	1.2	3	9.66	7.01	6.10	3.96	6.68
		6	12.27	9.77	6.93	1.04	7.50
		9	—	—	—	5.02	6.53
	1.5	3	21.24	8.08	6.84	4.46	10.16
草地	1.2	3	—	—	—	—	1.08
		6	—	—	—	—	1.03
灌草地	1.2	3	0.03	3.47	0.77	1.36	1.41
		6	1.50	1.39	1.49	2.11	1.62
		9	—	—	—	0.02	2.21
	1.5	3	1.49	2.24	1.74	2.30	1.94

由表 8-4 可知，就裸地而言，小区纵剖面线平均高程降低速率随时间不断减小，135~180min 小区纵剖面线高程降低速率较 0~45min 减小了 59.03%~91.54%，表明裸地沟头溯源侵蚀过程中小区沟道下切随着试验的进行不断减缓。裸地小区纵剖面线平均高程降低速率最大可达 21.24cm/h，这相当于经过 1h 的径流下切，可使整个裸地小区坡面产生一条平均深度为 21.24cm 的侵蚀沟。对于灌草地来说，纵剖面线平均高程降低速率变化趋势并不明显，这与重力侵蚀决定灌草地沟头前进的机制有关。平均高程降低的最小速率仅为 0.02cm/h，说明植被的

存在大大抑制了径流的下切作用。比较 0～180min 小区纵剖面线平均高程的平均降低速率发现，相同地形条件下，草地和灌草地上的平均高程降低速率远远低于裸地，较裸地小区降幅分别为 83.84%～86.30%和 66.20%～80.87%。塬面坡度对沟道下切过程也有显著影响，对于裸地小区，坡度增加，平均高程下降速率先增加后减小，说明坡度越大，径流下切作用越强，而 9°坡裸地小区存在陷穴侵蚀，沟道下切过程不能被准确反映，因此下降速率较小。对于灌草地，塬面坡度增加，平均高程降低速率越大，9°和 6°坡小区平均高程降低速率分别较 3°坡小区增加了56.77%和 15.19%。沟头高度对沟道下切过程也存在影响，沟头高度越大，沟道下切速率也越大，对于裸地和灌草地小区，1.5m 沟头小区纵剖面线平均高程降低速率分别是 1.2m 沟头小区的 1.52 倍和 1.38 倍。

8.5　侵蚀沟形态变化特征

8.5.1　沟道宽深比变化

沟道宽深比(breadth-depth ratio，BDR)是指沟道平均宽度和深度的比值，能反映沟道形状。图 8-44 和图 8-45 为 3°和 6°坡各小区沟道宽深比随盖度和流量的变化。

对于 3°坡，CK 小区各次试验沟道宽深比为 1.89～3.05，整体上随流量增大而减小，沟道下切越来越深。0 盖度小区沟道下切不明显，仅 20cm 左右，首次试验沟道宽而浅，宽深比为 12.60，随着沟道的不断下切，宽深比不断减小，最终达到 3.08。20%盖度小区各次试验宽深比均小于 1，即沟道深度大于宽度，试验结束后，侵蚀沟宽度和深度接近。50%和 80%盖度小区第Ⅰ～Ⅱ次试验宽深比分别为 2.26 和 5.17，这是沟头临空根土复合体未崩塌所致，一旦沟头临空根土复合体

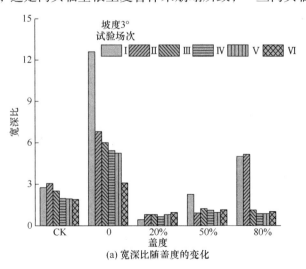

(a) 宽深比随盖度的变化

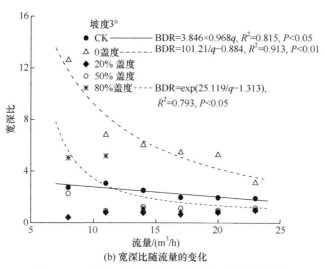

(b) 宽深比随流量的变化

图 8-44 3°坡小区沟道宽深比随盖度和流量的变化

崩塌,宽深比降至 0.93 和 1.14,当 6 次试验结束后,沟道宽深比分别为 1.15 和 1.02。回归分析表明,CK、0 和 80%盖度小区沟道宽深比与流量之间函数关系显著。

6°坡 CK 小区宽深比随着流量的增大不断减小,回归分析表明,宽深比与流量之间呈极显著反比例函数关系,最终沟道宽深比为 0.82,沟道深度大于宽度,与 3°坡相比,该小区沟道下切比沟道拓宽更加剧烈。0 盖度小区 6 次试验沟道宽而浅,宽深比为 3.75~8.79,沟道整体随径流不断下切,最终沟道宽度是其深度的 3.75 倍。20%~80%盖度小区在前第 I ~ II 场试验沟口根土复合体整体崩塌前的沟道宽深比均大于 1,一旦崩塌宽深比分别降低至 0.50、0.44 和 0.60,此后继

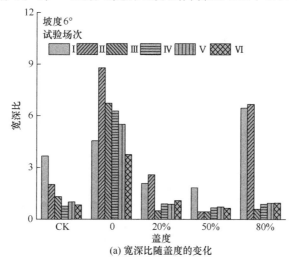

(a) 宽深比随盖度的变化

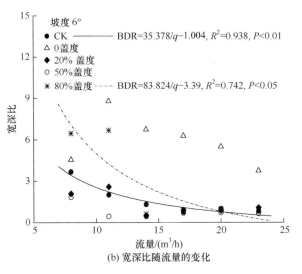

(b) 宽深比随流量的变化

图 8-45　6°坡小区沟道宽深比随盖度和流量的变化

续放水,沟壁不断扩展,试验结束后三个小区沟道宽深比分别为 1.08、0.65 和 0.95,沟道宽度和深度几乎达到一致。

8.5.2　坡面切割度变化

切割度(gully split degree,GSD)是指沟道面积与试验小区面积的比值,能反映坡面破碎程度,图 8-46 和图 8-47 分别为 3°和 6°坡不同盖度小区各次试验切割度随盖度和流量的变化。

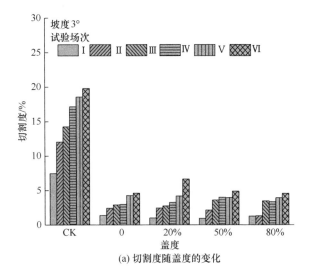

(a) 切割度随盖度的变化

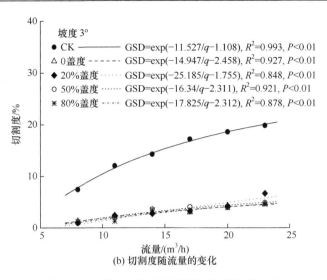

图 8-46　3°坡小区切割度随盖度和流量的变化

3°坡对照小区切割度为 7.45%～19.78%，0～80%盖度小区各次试验后坡面切割度分别为 1.36%～4.61%、0.99%～6.65%、0.95%～4.88%和 1.24%～4.57%，切割度均随流量的增大而增大，回归分析表明，切割度与流量呈极显著指数函数关系。与对照小区相比，0～80%盖度小区切割度分别减小 76.67%～88.52%、66.36%～86.67%、74.61%～87.26%和 75.74%～89.02%。6 次试验后坡面切割度大小关系为 CK>20%盖度>50%盖度>0 盖度>80%盖度。

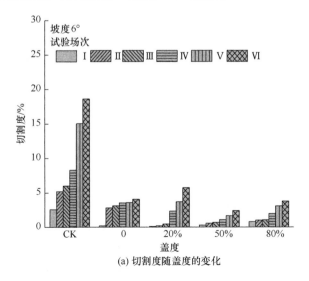

(a) 切割度随盖度的变化

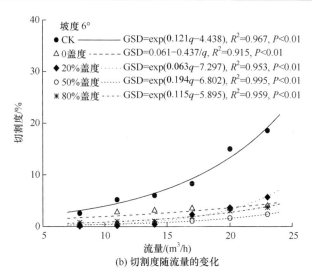

(b) 切割度随流量的变化

图 8-47　6°坡小区切割度随盖度和流量的变化

6°坡 CK 小区各次试验切割度分别为 2.57%、5.20%、6.01%、8.31%、15.04% 和 18.60%，0～80%盖度小区切割度分别为 0.18%～4.06%、0.10%～5.72%、0.28%～2.43%和 0.79%～3.78%。相同条件下对照小区分别是 0～80%盖度小区切割度的 1.85～14.39 倍、3.25～29.71 倍、7.58～9.50 倍和 3.24～5.80 倍。回归分析表明，切割度与流量呈极显著指数函数或反比例函数关系，6 次试验结束后，各个小区坡面切割度大小关系为 CK>20%盖度>0 盖度>80%盖度>50%盖度。

相同条件下，对比 2 个坡度条件下切割度发现，3°坡各个盖度小区切割度均高于 6°坡，分别是 6°坡的 1.06 倍、1.14 倍、1.16 倍、2.01 倍和 1.21 倍。坡度虽然增大，但是坡面切割度却下降，主要是由于径流在缓坡面更易汇集，对沟道的下切作用更加显著，虽然 6°坡沟道发育面积有所降低，但侵蚀沟深度却大于 3°坡(表 8-2)。

8.5.3　沟道形状系数变化

沟道形状系数(shape coefficient of gully flume，SC_{GF})是指沟道面积与沟道长度平方之比，沟道形状系数为 1 时，沟道呈方形；沟道形状系数小于 1 时，沟道呈长条状或尖峰状；沟道形状系数大于 1 时，沟道呈扁平状或圆弧形。图 8-48 和图 8-49 分别为 3°和 6°坡各小区沟道形状系数随盖度和流量的变化。

对于 3°坡，CK 小区各次试验沟道形状系数为 0.44～1.30，除第 I 次试验沟头形态接近于扁平梯形，其余试验均呈长条状。0 盖度小区 SC_{GF} 为 0.45～2.50，首次试验沟头呈弧形，随着流量的增大，沟头呈尖峰状。20%盖度小区 SC_{GF} 为 1.35～2.71，前 2 次试验沟头呈弧形，后 4 次试验沟头多呈矩形。50%

和 80%盖度小区 SC_{GF} 为 1.85~3.73 和 2.21~6.01，前 2 次沟头呈扁平矩形，后 4 次试验多近似于弧形。对于 CK 和 0 盖度小区，沟道形状系数随流量增大而减小，对于 20%~80%盖度小区，SC_{GH} 先增大后减小，回归分析表明，CK、0 和 80%盖度小区沟道形状系数与流量均呈显著的指数函数关系。由图 8-48 可知，对于相同流量，整体上 SC_{GH} 随盖度增大而增大，相同条件下 0~80%盖度小区沟道形状系数是对照小区的 1.03~1.92 倍、1.36~3.59 倍、1.42~5.28 倍和 3.55~7.04 倍。

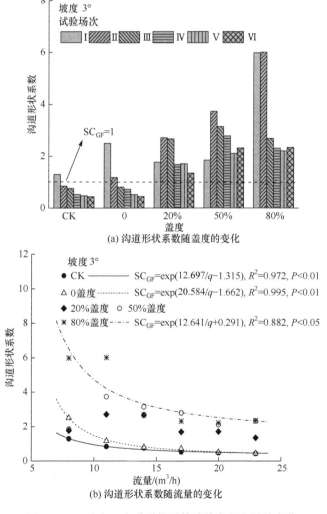

(a) 沟道形状系数随盖度的变化

(b) 沟道形状系数随流量的变化

图 8-48　3°坡小区沟道形状系数随盖度和流量的变化

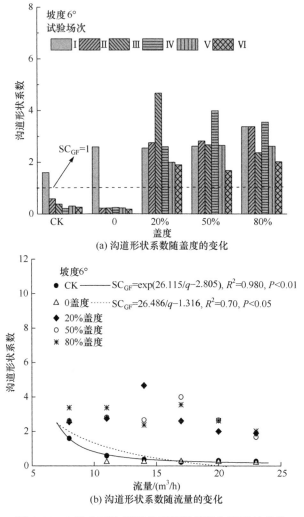

(a) 沟道形状系数随盖度的变化

(b) 沟道形状系数随流量的变化

图 8-49　6°坡小区沟道形状系数随盖度和流量的变化

6°坡 CK 小区各次试验沟道形状系数为 0.22~1.60，第 I 场试验沟道形状系数大于 1，呈不规则弧形，之后 5 次试验系数值均小于 1，沟头呈尖峰形。0 盖度小区 SC_{GF} 为 0.19~2.59，首次试验系数大于 1，形成的沟道近扁平状，由于沟道发育程度较低，沟道宽度较小，此后 5 场试验沟道形状系数明显减小，沟头转变为尖峰形，最终过渡为长条状。20%盖度小区 SC_{GF} 为 1.90~4.67，随流量增大先增大后减小，前 5 场试验沟头呈弧形，最后 1 场试验由于沟壁崩塌，SC_{GF} 达到最小，沟头形态为扁平矩形。50%和 80%盖度小区各次试验沟道形状系数差异不大，多以弧形沟头为主。只有 CK 和 0 盖度小区 SC_{GF} 与流量之间函数关系显著。比较 2 个坡度各小区试验后最终沟道形状系数发现，除 50%盖度外，CK、0、20%和

80%盖度小区，6°坡 SC_{GF} 较 3°坡小，这说明坡度越大，沟道发育越显著，相同宽度条件下沟道更易延伸加长。

8.6　侵蚀沟形态参数与影响因素的关系

8.6.1　形态参数与土壤理化性质的关系

为明确沟道形态参数与影响因素的关系，分析沟道形态参数与土壤理化性质及根系特征参数的相关性。表 8-5 为沟道形态参数(宽深比 BDR、切割度 GSD、沟深 GD、沟道形状系数 SC_{GH} 及沟长 GL)与土壤理化性质的相关系数。沟道宽深比和侵蚀沟深与土壤各项理化性质均不相关($P>0.05$)。切割度与渗透系数和>5mm 水稳性团聚体呈显著和极显著负相关，与崩解速率、容重、0.5~1mm 团聚体呈显著正相关，与<0.25mm 团聚体呈极显著正相关关系，可见土壤渗透性越好，入渗量增大，径流的切割程度就越低。水稳性团聚体也有助于抑制径流对坡面的切割，<0.25mm 团聚体对坡面破碎有促进作用，切割度与<0.25mm 团聚体关系最为密切，二者呈线性关系($R^2= 0.689$，$P<0.01$)。沟道形状系数和沟长均与渗透系数、崩解速率、容重、有机质含量、>5mm、0.5~1mm、0.25~0.5mm 及<0.25mm 团聚体相关，但二者相关效应相反。土壤崩解速率与二者关系最为密切，说明黄土崩解性能对沟道发育的影响非常显著，沟道形状系数与崩解速率线性关系极显著($R^2=0.806$，$P<0.01$)，沟长与崩解速率之间指数函数极显著($R^2=0.883$，$P<0.01$)。另外，沟头溯源长度与>5mm 团聚体也达到了极显著相关水平，说明植被对改善土壤结构从而抑制沟头溯源有着重要意义。

表 8-5　沟道形态参数与土壤理化性质的相关系数

形态参数	黏粒含量	粉粒含量	砂粒含量	渗透系数	崩解速率	容重	有机质含量	团聚体粒径/mm					
								>5	2~5	1~2	0.5~1	0.25~0.5	<0.25
BDR	-0.24	0.14	0.06	-0.49	0.45	0.46	-0.50	-0.27	-0.15	-0.01	0.04	0.39	0.31
GSD	-0.12	0.10	0.02	-0.68*	0.76*	0.64*	-0.59	-0.82**	-0.07	0.55	0.64*	0.48	0.83**
GD	0.27	-0.16	0.07	0.58	-0.58	-0.57	0.60	0.45	0.32	-0.16	-0.17	-0.49	-0.51
SC_{GF}	0.27	0.05	-0.18	0.89**	-0.90**	-0.87**	0.84**	0.79**	0.44	-0.43	-0.68*	-0.84**	-0.77**
GL	-0.10	0.07	0.02	-0.85**	0.89**	0.80**	-0.75*	-0.85**	-0.21	0.49	0.75*	0.75*	0.82**

8.6.2　形态参数与根系的关系

将不同土层根系进行直径分级，研究沟道发育与根系的相关性。表 8-6 为宽深比、切割度、沟深、沟道形状系数及沟长等沟道形态参数与 0～120cm 土层中根系密度、根系生物量及根长密度的相关系数。宽深比和沟深与三个根系特征参数均无相关性。其余三个沟道形态参数与根系特征参数呈不同程度的相关性，其中坡面切割度与三个根系特征参数均呈负相关关系，与根系生物量关系最密切，二者线性关系极显著($R^2=0.620$，$P<0.01$)。沟长与根系特征参数均呈极显著的负相关关系，这说明根系能显著抑制沟头溯源侵蚀，沟长与根系生物量最相关，二者呈极显著指数函数关系($R^2=0.93$，$P<0.01$)。植被根系越丰富，沟道形状系数越大，即沟道宽度越来越大于沟长，该研究最大沟宽即小区宽度 150cm，间接反映了根系对沟头溯源的抑制，从相关程度看，沟道形状系数与根系生物量和根长密度关系最密切，二者线性关系极显著(R^2 分别为 0.825 和 0.835，$P<0.01$)。

表 8-6 沟道形态参数与 0～120cm 土层中根系特征参数的相关系数

形态参数	根系密度	根系生物量	根长密度
BDR	−0.45	−0.41	−0.44
GSD	−0.71*	−0.79**	−0.67*
GD	0.57	0.54	0.58
SC_{GH}	0.90**	0.91**	0.91**
GL	−0.86**	−0.93**	−0.83**

表 8-7 为沟道形态参数与 0～120cm 土层不同直径根系特征参数的相关系数。宽深比与各项根系特征参数相关性不显著。切割度除与<0.5mm 根长密度相关性不显著，与其余各项根系特征参数均具呈负相关关系，其中切割度与>2mm 根系密度、>2mm 根系生物量及>2mm 根长密度最相关，这说明切割度与>2mm 根系关系最密切，切割度与三者均呈显著线性关系(R^2 分别为 0.561、0.708 和 0.571，$P<0.05$)，切割度与>2mm 根系生物量拟合关系最优。侵蚀沟深仅与 1～2mm 根系对应的三个指标具有相关性，与根系密度拟合关系最佳，这说明 1～2mm 直径根系对侵蚀沟深最具影响力。沟道形状系数与各直径根系特征参数均达到极显著相关水平，且与 1～2mm 根系特征参数相关关系最密切，这表明 1～2mm 根系是影响沟道形状的最优指标，且与三者均呈极显著线性关系(R^2 分别为 0.922、0.897和 0.903，$P<0.01$)。沟长与<0.5mm 根长密度相关性显著，与其余各指标相关性极显著，>2mm 根系对沟长影响最大，且与三者均呈极显著指数函数关系(R^2 分别为 0.881、0.889 和 0.828，$P<0.01$)。

表 8-7　沟道形态参数与 0～120cm 土层中不同直径根系特征参数的相关系数

形态参数	根系密度				根系生物量				根长密度			
	>2mm	1～2mm	0.5～1mm	<0.5mm	>2mm	1～2mm	0.5～1mm	<0.5mm	>2mm	1～2mm	0.5～1mm	<0.5mm
BDR	−0.42	−0.56	−0.43	−0.41	−0.28	−0.53	−0.40	−0.41	−0.36	−0.54	−0.45	−0.39
GSD	−0.75*	−0.66*	−0.70*	−0.70*	−0.84**	−0.68*	−0.75*	−0.77**	−0.76*	−0.68*	−0.68*	−0.62
GD	0.53	0.69*	0.59	0.52	0.39	0.65*	0.55	0.55	0.46	0.67*	0.61	0.52
SC$_{GH}$	0.89**	0.96**	0.86**	0.85**	0.82**	0.95**	0.87**	0.90**	0.85**	0.95**	0.85**	0.86**
GL	−0.90**	−0.86**	−0.87**	−0.83**	−0.93**	−0.86**	−0.89**	−0.91**	−0.89**	−0.87**	−0.86**	−0.75*

表 8-8 和表 8-9 分别为沟道形态参数与 0～20cm 和 20～120cm 土层中不同直径根系特征参数的相关系数。

表 8-8　沟道形态参数与 0～20cm 土层中不同直径根系特征参数的相关系数

形态参数	根系密度				根系生物量				根长密度			
	>2mm	1～2mm	0.5～1mm	<0.5mm	>2mm	1～2mm	0.5～1mm	<0.5mm	>2mm	1～2mm	0.5～1mm	<0.5mm
BDR	−0.58	−0.58	−0.47	−0.36	−0.51	−0.55	−0.43	−0.39	−0.56	−0.56	−0.47	−0.37
GSD	−0.61	−0.61	−0.52	−0.51	−0.61	−0.62	−0.60	−0.59	−0.58	−0.61	−0.51	−0.49
GD	0.73*	0.71*	0.63	0.47	0.63*	0.67*	0.58	0.53	0.71*	0.70*	0.63*	0.49
SC$_{GH}$	0.98**	0.95**	0.79**	0.74*	0.93**	0.94**	0.83**	0.82**	0.98**	0.94**	0.77**	0.77**
GL	−0.84**	−0.82**	−0.73*	−0.63	−0.80**	−0.81**	−0.76*	−0.74*	−0.81**	−0.82**	−0.71*	−0.63

表 8-9　沟道形态参数与 20～120cm 土层中不同直径根系特征参数的相关系数

形态参数	根系密度				根系生物量				根长密度			
	>2mm	1～2mm	0.5～1mm	<0.5mm	>2mm	1～2mm	0.5～1mm	<0.5mm	>2mm	1～2mm	0.5～1mm	<0.5mm
BDR	−0.22	−0.32	−0.18	−0.36	−0.09	−0.37	−0.23	−0.34	−0.26	−0.29	−0.17	−0.34
GSD	−0.75*	−0.68*	−0.81**	−0.81**	−0.88**	−0.71*	−0.90**	−0.83**	−0.75*	−0.65*	−0.82**	−0.75*
GD	0.28	0.41	0.27	0.45	0.18	0.45	0.34	0.43	0.34	0.36	0.26	0.47
SC$_{GH}$	0.68*	0.75*	0.67*	0.78**	0.63*	0.79**	0.72*	0.78**	0.74*	0.65*	0.67*	0.86**
GL	−0.81**	−0.79**	−0.82**	−0.90**	−0.89**	−0.82**	−0.94**	−0.92**	−0.83**	−0.74*	−0.83**	−0.85**

在 0～20cm 土层,沟道宽深比和切割度与各项指标均无相关性。沟深与>2mm

和 1~2mm 根系密度、根系生物量及根长密度具有显著相关性。除<0.5mm 根系密度外，沟道形状系数与所有根系特征参数均达到极显著水平，>2mm 直径根系对沟道形状系数影响较大。除<0.5mm 根系密度和根长密度外，沟长与其他根系特征参数均存在不同程度的相关性，其中，沟长与>2mm 根系密度、1~2mm 根系生物量和 1~2mm 根长密度相关性较好。在 20~120cm 土层，宽深比和沟深与各项根系特征参数无相关性。切割度、沟道形状系数及沟长与所有根系特征参数均具有一定的相关性。切割度与0.5~1mm 根系三个指标关系最优，沟长与<0.5mm 根系特征参数相关关系最好。

综合沟道形态参数与不同土层各径级根系特征参数相关性分析结果可知，宽深比与根系无相关关系。影响切割度的最佳根系特征参数为 20~120cm 土层中0.5~1mm 直径根系，三指标相关关系大小为根系生物量(-0.90^{**})>根长密度(-0.82^{**})>根系密度(0.81^{**})。影响沟深的最好根系特征参数为 0~20cm 土层中>2mm 直径根系，三种指标相关关系大小为根系密度(0.73^*)>根长密度(0.71^*)>根系生物量(0.63^*)。0~20cm 土层中>2mm 直径根系是影响沟道形状系数的最佳参数，三者相关程度大小关系为根长密度(0.98^{**})=根系密度(0.98^{**})>根系生物量(0.93^{**})。影响沟头溯源的根系特征参数与土层无关，0~120cm 土层中>2mm 直径根系是决定沟头溯源长度的最关键指标。

8.6.3 沟头前进过程与重力侵蚀的关系

沟头前进与重力侵蚀之间存在密切联系，沟头部位发生崩塌等重力侵蚀事件时，沟头发生前进。图 8-50 是沟头前进过程与重力侵蚀的关系。裸地小区沟头重力侵蚀导致沟头前进相较于沟头径流冲刷而言并不明显。例如，G3H1.2 小区 0~20min 的 2 次沟头崩塌对沟头前进距离的影响不大，虽然重力侵蚀块体长度达 15cm，但是沟头主要以拓宽为主，沟头前进并不明显，在径流冲刷的协同作用下，5min 内的最大沟头前进距离仅 7cm，而在其他未发生沟头重力侵蚀事件的时段，也就是说仅在水力冲刷作用下，5min 内沟头前进距离可达 17cm(55~60min)，说明重力侵蚀对沟头前进的作用相较于水力冲刷更小。其他时段的沟头重力侵蚀对沟头前进的作用也不显著。G6H1.2 小区仅发生 1 次沟头重力侵蚀事件，沟头前进不明显。G9H1.2 小区 51.78min 的 1 次沟头崩塌使得沟头发生了前进，但是测量在崩塌之前，因此在数据上并未体现，通过视频资料发现，该次崩塌事件仅使沟头前进了 5cm 左右。81.83min 的沟头散落崩塌，尽管崩塌体长达 20cm，但并未使沟头发生前进。G3H1.5 小区上，0~90min 的沟头前进速率远高于 90~180min 的沟头前进速率，而沟头重力侵蚀事件仅发生在 90~180min，这就更充分地说明裸地沟头的前进是以径流冲刷作用为主的，沟头重力侵蚀事件仅起到辅助作用。

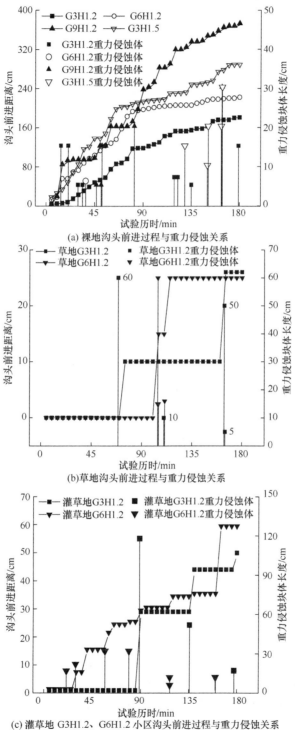

(a) 裸地沟头前进过程与重力侵蚀关系

(b)草地沟头前进过程与重力侵蚀关系

(c) 灌草地 G3H1.2、G6H1.2 小区沟头前进过程与重力侵蚀关系

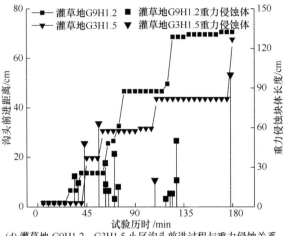

(d) 灌草地 G9H1.2、G3H1.5 小区沟头前进过程与重力侵蚀关系

图 8-50　沟头前进过程与重力侵蚀关系

沟头重力侵蚀是草地和灌草地沟头前进的主要驱动力,径流冲刷起辅助作用,为沟头重力侵蚀的发生创造条件,尤其是地形条件。由图 8-50 可清晰地看到,草地和灌草地沟头前进距离随试验历时的变化呈阶梯状上升趋势。沟头前进距离发生突变前,均会出现沟头重力侵蚀,但是并非沟头重力侵蚀块体长度越大,沟头前进距离就越大,这与重力侵蚀体的形状有关。沟头前进距离突变的最大变幅达 28cm,出现在灌草地 G3H1.2 小区 85～90min,这完全由发生在 88.83min 的沟头重力侵蚀事件导致,该次重力侵蚀块体长度可达 116cm,是所有试验过程中观察到的最大长度的重力侵蚀块体。由此可见,裸地沟头前进的主要驱动力为径流冲刷,沟头重力侵蚀只起到辅助促进作用,而草地和灌草地沟头的前进基本取决于重力侵蚀事件,只有在重力侵蚀发生的情况下,沟头才有可能出现明显前进。

8.6.4　沟头前进速率与土壤理化性质及根系特征参数的关系

沟头前进是重力侵蚀与水力侵蚀共同作用的结果,土地利用方式对沟头溯源侵蚀过程的影响归根结底是土壤理化性质及根系特征参数的影响。表 8-10 统计裸地、草地和灌草地土壤理化性质、根系特征参数及沟头平均前进速率,由表 8-10 可知,裸地沟头平均前进速率约为 1.47cm/min,约是草地和灌草地沟头平均前进速率的 10.50 倍和 4.32 倍。主要原因如下:其一,草地和灌草地砂粒含量增大,容重减小,孔隙度增加,导致土壤渗透系数大幅增加,草地和灌草地沟头径流量较裸地显著减小,水力冲刷作用降低;其二,裸地沟头土体有机质含量、水稳性团聚体含量均显著低于草地和灌草地,而崩解速率远大于草地和灌草地,使得裸地沟头土体抗蚀性降低,抗剪强度降低;其三,裸地沟头土体基本无根系分布,而草地和灌草地沟头根系分布密集,根系的牵引、拉伸、网络固结作用可增加土体抗剪强度。灌草地沟头平均前进速率是草地沟头的 2.43 倍，灌草地渗透系数较草地高，径流过程中产流率较草地小，沟头前进速率大可能与以下几个因素相关：其一，灌草地沟头渗透系数高，土体含水量高，孔隙水压力较大，容易引起土体崩塌(Collison, 1996)；其二，灌草地沟头容重较小，容重越小，沟头前进速率越大(Robinson et al., 1996)；其三，灌草地沟头土体水稳性团聚体含量低，崩解速率较草地大；其四，草地沟头土体根系密度及根长密度多大于灌草地，且灌草地沟头土体中>2mm 径级根系密度比草地大，而草地上<0.5mm 径级的根系含量远高于灌草地，这可能是灌草地沟头前进速率较草地大的主要原因。相比于粗根系而言，密集的细根能对土体产生更强的固结作用，须根系相比于主根系在抵抗土壤侵蚀方面的效益更为显著，坡地上切沟的密度会随着细根(<2mm)密度的增加显著降低，土壤剥蚀率与细根(<0.5mm)含量存在显著的负相关关系(Vannoppen et al., 2015; Li et al., 2015; Burylo et al., 2012)。试验条件下，草地沟头冰草和狗尾草的根系均为须状、密生，且冰草根系入土较深。在灌草地沟头小区上，少许分布的酸枣和大量分布的苜蓿均以主根系为主，细根或须根数量较少。

表 8-10 不同土地利用方式下沟头土壤理化性质、根系特征参数及沟头平均前进速率统计

项目	指标		土地利用方式		
			裸地	草地	灌草地
土壤理化性质	颗粒组成/%	砂粒含量	5.74±1.37a	10.92±3.59b	9.02±1.09b
		粉粒含量	67.52±0.79a	65.37±1.07a	67.22±1.20a
		黏粒含量	26.74±1.79a	23.71±4.08ab	23.76±1.22ab
	其他指标	容重/(g/cm^3)	1.32±0.10a	1.31±0.03a	1.25±0.03ab
		孔隙度	0.50±0.04a	0.51±0.01a	0.53±0.01ab
		渗透系数/(mm/h)	26.36±1.07a	33.93±2.21b	42.13±2.00c
		崩解速率/(g/min)	2.05±0.00a	0.54±0.11b	0.74±0.05bc
		≥0.25mm 团聚体含量/%	38.29±0.12a	62.84±3.86b	52.23±0.38bc
		有机质含量/(g/kg)	1.32±0.23a	8.65±1.15b	11.87±1.42bc
根系特征参数	不同径级根系密度/(10^3 个/m^3)	>2mm	—	0.35±0.04a	1.28±0.16b
		1~2mm	—	0.47±0.07a	0.54±0.11a
		0.5~1mm	—	1.05±0.13a	0.67±0.12b
		<0.5mm	—	7.93±0.32a	4.78±0.47b
	不同径级根系生物量/(kg/m^3)	>2mm	—	0.69±0.06a	1.13±0.11b
		1~2mm	—	0.43±0.01a	0.47±0.13a
		0.5~1mm	—	0.26±0.07a	0.17±0.05a
		<0.5mm	—	0.38±0.02a	0.22±0.02ab
	不同径级根长密度/(m/m^3)	>2mm	—	257±22a	463±74b
		1~2mm	—	193±43a	207±18a
		0.5~1mm	—	212±62a	117±29b
		<0.5mm	—	1459±326a	693±187b
沟头平均前进速率/(cm/min)			1.47±0.48a	0.14±0.00b	0.34±0.05bc

8.7 本 章 小 结

本章将实测的侵蚀沟沟深数据通过 ArcGIS10.0 转化为 DEM 数据，基于 DEM 确定沟头位置并勾勒出沟沿线，进而研究不同草地盖度和不同土地利用方式下沟头在连续模拟降雨与放水冲刷试验条件下溯源速率、沟道下切速率及沟道形态的变化特征。主要得到以下结论：

(1) 不同草地盖度的试验小区各次试验后沟道长度与放水流量呈显著的线性或指数函数关系，盖度越大，沟头前进越缓慢。3°坡 CK、0、20%、50%、80%盖度小区沟道长度分别为 232.41cm、110.61cm、76.77cm、50.28cm 和 48.39cm。6°坡 CK 小区沟长为 285.65cm，0、20%、50%、80%盖度小区沟长较 CK 小区分别减少 44.34%、78.94%、85.38%和 83.42%。

(2) 0~180min，裸地、草地和灌草地沟头前进速率分别为 0.99~2.08cm/min、0.14cm/min 和 0.27~0.39cm/min，相同条件下，草地和灌草地沟头前进速率较裸地分别降低了 85.86%~88.53%和 72.73%~81.25%。塬面坡度对裸地和灌草地沟头前进速率存在显著影响，塬面坡度越大，沟头前进速率也越大，裸地上 6°坡、9°坡沟头前进速率较 3°坡分别增加了 23.23%和 110.10%，灌草地 6°、9°坡较 3°坡分别增加了 22.22%和 44.44%，增幅较裸地有所降低。沟头高度对沟头前进速率也有较显著的影响，沟头高度越大，沟头前进速率越大，在裸地和灌草地上，1.5m 沟头前进速率分别是 1.2m 沟头的 1.60 倍和 1.37 倍。

(3) 对照小区沟道深度的发育是水流逐渐下切形成的，由于 0 盖度小区临空根土复合体未发生崩塌，沟道下切不明显，沟深仅在 20cm 左右，20%~80%盖度小区在第 I ~III次试验发生沟头崩塌后形成沟道较深，此后深度发育不明显。比较 6 次试验沟道深度发育发现，0 盖度小区沟深远小于对照，而 3°和 6°坡 20%、50%、80%盖度小区沟深分别是对照小区的 1.98 倍、1.88 倍、2.07 倍和 1.12 倍、1.13 倍、1.07 倍。

(4) 3°坡 CK 和 0 盖度及 6°坡 0 盖度小区沟道宽深比分别为 1.89、3.08、3.75。3°坡植被覆盖的小区沟道宽深比均小于对照，而 6°坡植被覆盖小区宽深比则与对照接近。沟道切割面积随流量的增大多以指数函数方式增大。6 次试验后 3°坡小区切割度大小关系为 CK>20%盖度>50%盖度>0 盖度>80%盖度，6°为 CK>20%盖度>0 盖度>80%盖度>50%盖度。沟道形状系数为沟道面积与沟道长度平方之比，沟道形状系数为 1 时，沟道呈方形，沟道形状系数小于 1 时，沟道呈长条状或尖峰状，沟道形状系数大于 1 时，沟道则呈扁平状或圆弧形。CK 和 0 盖度小区沟道由梯形或矩形演变为尖峰状，20%~80%盖度小区，沟道形状则由矩形演变为弧形。

(5) 沟道宽深比和沟深与土壤理化性质无相关关系，切割度与<0.25mm 团聚体关系最密切，土壤崩解性能对沟道形状系数和沟道的发育长度影响最大。0～20cm 土层中>2mm 直径根系是影响沟深和沟道形状的最佳参数。切割度主要受20～120cm 土层中 0.5～1mm 直径根系的影响，沟道长度则主要受 0～120cm 土层中>2mm 直径根系影响。

(6) 不同土地利用方式的沟头溯源主导驱动机制不同。裸地沟头前进的主要驱动力为径流冲刷，沟头重力侵蚀只起辅助促进作用；草地和灌草地沟头在沟头崩塌时才发生明显前进，而径流冲刷可为沟头崩塌创造地形条件，促进沟头前进。土地利用方式对沟头前进的影响本质上表现为对土壤理化性质及根系特征参数的影响，沟头土体根系的固土作用、土壤渗透系数小、崩解速率小、有机质含量高、水稳性团聚体含量高是草地和灌草地沟头前进速率远低于裸地的主要原因，而细根(<0.5mm)分布较为密集可能是草地沟头前进速率低于灌草地沟头的主要原因。

第9章　黄土高塬沟壑区溯源侵蚀研究展望

本书通过野外模拟降雨与放水冲刷的试验方法，研究了黄土高塬沟壑区不同盖度的退耕草地及不同土地利用方式下沟头溯源侵蚀过程中径流泥沙的变化、重力侵蚀作用、沟头形态演变规律及其与土壤理化性质和根系分布特征的关系。揭示了不同盖度的植被对侵蚀沟发育的抑制规律，取得了一定的研究成果，但还存在一定的不足，因此提出以下后续研究的展望：

(1) 基于试验中不同盖度小区重力侵蚀现象的差异性，植被盖度的差异导致土体中孔隙大小的分布存在一定的差异，降雨产生的径流进入土体内部产生的孔隙水压力大小也不同，这种孔隙水对重力侵蚀的影响有待进一步深入研究。

(2) 试验中各个小区均发生不同规模的重力崩塌事件，且在沟头立壁上出现径流的冲淘，缺乏针对试验重力侵蚀过程的实时观测仪器，无法完成重力侵蚀量的确定，大部分崩塌物堆积在沟道中多次试验才能搬运完。因此，通过径流泥沙样处理得出的侵蚀量存在一定的误差，以后需对试验过程中单次重力侵蚀量进行深入研究。

(3) 本书将试验小区不同土层中的根系分级，并分析了沟头溯源过程中径流泥沙和沟头形态参数与各个直径根系的相关性，说明了根系径级对沟头前进的影响，但是根系抑制沟头前进的土力学机制还需要进一步深入扩展和研究。

(4) 从力学的角度来讲，沟头溯源过程中重力侵蚀事件的发生实际上是土体受力平衡被破坏的过程，因此研究不同土地利用方式下沟头土体，尤其是根土复合体的抗剪强度、抗拉强度等物理力学特性，在揭示土地利用方式对沟头溯源侵蚀作用机制方面具有重要意义。由于试验条件所限，本书在该方面缺乏系统全面的研究，在接下来的工作中有待进一步加强。

(5) 本书在视频资料的基础上，从重力侵蚀强度出发，估算了重力侵蚀块体长度，虽然数据精度较低，但在某种程度上说明了沟头溯源侵蚀过程中重力侵蚀的强度特征。然而，就重力侵蚀产沙贡献来讲，由于缺乏相应的重力侵蚀实时监测仪器，无法精确计算单次重力侵蚀体体积，未能揭示重力侵蚀产沙贡献率特征。需要尽快解决重力侵蚀监测的技术问题，为今后沟头溯源重力侵蚀过程的研究提供技术支撑。

(6) 从沟头溯源侵蚀的发生机制来看，不同土地利用方式下沟头土体水分入渗过程差异较大，土体孔隙分布特征也有所不同，直接影响土壤含水量的变化过程，而土壤含水量对土壤孔隙水压力及土壤抗蚀性存在一定影响，孔隙水压力的增大和土壤抗蚀性的降低均可加速沟头溯源侵蚀过程。因此，试验过程中监测土壤含水量的变化也是揭示土地利用方式对沟头溯源侵蚀作用机制的重要环节之一。但是，由于野外试验环境的复杂性，要实现溯源侵蚀过程中沟头土体的水分监测十分困难。

(7) 从沟头形态监测技术上来讲，植被和根系的存在对照片的三维重建过程影响较大，经常导致模型不能成功建立，或者即使建立了完整的三维模型，其 DEM 的精度也将大大降低。因此，在拍照之前，对塬面植被进行修剪，剪去地上部分，只留一小部分草茎出露表土，也对沟头位置径流冲刷出来的根系进行修剪，剪去较长的、分布密集的那部分根系，这对试验结果可能产生一定的影响。

参 考 文 献

蔡强国, 崔明, 范昊明, 2007. 近期流域沙量平衡计算研究进展[J]. 地理科学进展, 26(2): 52-58.

蔡强国, 刘纪根, 刘前进, 2004. 岔巴沟流域次暴雨产沙统计模型[J]. 地理研究, 23(4): 433-439.

曹文洪, 张启舜, 姜乃森, 1993. 黄土地区一次暴雨产沙数学模型的研究[J]. 泥沙研究, (1): 1-13.

车小力, 2012. 黄土高原沟壑区董志塬沟头溯源侵蚀分布特征及其演化[D]. 杨凌: 西北农林科技大学.

陈安强, 张丹, 范建容, 等, 2011. 元谋干热河谷区沟蚀发育阶段与崩塌类型的关系[J]. 中国水土保持科学, (4): 1-6, 22.

陈东, 王道杰, 陈晓艳, 等, 2013. 一种测定土壤崩解动态的方法[J]. 土壤, 45(6): 1137-1141.

陈绍宇, 王文龙, 2009a. 黄土高原沟壑区董志塬沟头溯源侵蚀特征及其防治途径[J]. 水土保持通报, 29(4): 37-41.

陈绍宇, 许建民, 王文龙, 2009b. 高原沟壑区董志塬沟头溯源侵蚀典型调查研究[J]. 中国农学通报, 25(9): 258-263.

陈永宗, 1984. 黄土中游黄土丘陵区的沟谷类型[J]. 地理科学, 4(4): 59-63.

陈永宗, 景可, 蔡强国, 1988. 黄土高原现代侵蚀与治理[M]. 北京: 科学出版社.

程宏, 王升堂, 伍永秋, 等, 2006. 坑状浅沟侵蚀研究[J]. 水土保持学报, 20(2): 39-41.

程宏, 伍永秋, 2003. 切沟侵蚀定量研究进展[J]. 水土保持学报, 17(5): 32-35.

范建容, 刘淑珍, 周从斌, 等, 2004. 元谋盆地土地利用/土地覆盖对冲沟侵蚀的影响[J]. 水土保持学报, 18(2): 130-132.

范建容, 杨阿强, 李勇, 等, 2006. 坡耕地增长对沟谷发育的影响——以四川西昌大箐梁子为例[J]. 山地学报, 24(6): 698-702.

甘枝茂, 1980. 陕北黄土高原的土壤侵蚀类型 [J]. 陕西师范大学学报, 5(8): 330-340.

高芳芳, 巫锡勇, 邓睿, 2009. 昔格达地层岩土特性对溯源侵蚀的影响[J]. 地质灾害与环境保护, 20(3): 80-84.

顾广贺, 范昊明, 王岩松, 等, 2015. 东北 3 个典型区冲沟形态发育特征及其成因[J]. 水土保持通报, 35(3): 30-33, 38.

关君蔚, 1995. 水土保持原理[M]. 北京: 中国林业出版社.

郭明明, 2016. 黄土高原沟壑区退耕草地沟头溯源侵蚀及形态演化特征[D]. 杨凌: 西北农林科技大学.

郭明明, 王文龙, 史倩华, 等, 2016. 黄土高原沟壑区退耕地土壤抗冲性及其与影响因素的关系[J]. 农业工程学报, 32(10): 129-136.

韩鹏, 倪晋仁, 李天宏, 2002. 细沟发育过程中的溯源侵蚀与沟壁崩塌[J]. 应用基础与工程科学学报, 10(2): 115-124.

韩鹏, 倪晋仁, 王兴奎, 2003. 黄土坡面细沟发育过程中的重力侵蚀试验研究[J]. 水利学报, 34(1): 51-56.

何福红, 李勇, 2005. 基于 GPS 与 GIS 技术的长江上游山地冲沟的分布特征研究[J]. 水土保持学报, 19(6): 19-22.

何雨, 贾铁飞, 1999. 黄土丘陵区沟谷发育及其稳定性评价[J]. 干旱区地理, 22(2): 65-69.

胡刚, 伍永秋, 刘宝元, 等, 2004. GPS 和 GIS 进行短期沟蚀研究初探——以东北漫川漫岗黑土区为例[J]. 水土保持学报, 18(4): 16-19, 41.

黄冠华, 詹卫华, 2002. 土壤颗粒的分形特征及其应用[J]. 土壤学报, 39(4): 490-497.

江岭, 汤国安, 赵明伟, 等, 2013. 顾及地貌结构特征的黄土沟头提取及分析[J]. 地理研究, 32(11): 2153-2162.

蒋德麒, 赵诚信, 陈章霖, 等, 1996. 黄河中游泥沙来源的初步研究[J]. 地理学报, 32(4): 20-35.

蒋定生, 李新华, 范兴科, 等, 1995. 黄土高原土壤崩解速率变化规律及影响因素研究[J]. 水土保持通报, 15(3): 20-27.

蒋俊, 2008. 南小河沟流域林地土壤水分动态特征及水量平衡研究[D]. 西安: 西安理工大学.

景可, 1986. 黄土高原沟谷侵蚀研究[J]. 地理科学, 6(4): 340-347.

景可, 师长兴, 2007. 流域输沙模数与流域面积关系研究[J]. 泥沙研究, (1): 17-22.

康宏亮, 2017. 黄土高塬沟壑区土地利用方式对沟头溯源侵蚀过程的影响[D]. 杨凌: 西北农林科技大学.

李佳佳, 熊东红, 卢晓宁, 等, 2014. 基于RTK-GPS技术的干热河谷冲沟沟头形态特征[J]. 山地学报, 32(6): 706-716.

李瑾杨, 2013. 基于点云数据的冲沟溯源侵蚀过程动态可视化研究与实现[D]. 成都: 西南交通大学.

李强, 刘国彬, 许明祥, 等, 2013. 黄土丘陵区撂荒地土壤抗冲性及相关理化性质[J]. 农业工程学报, 29(10): 153-159.

李喜安, 黄润秋, 彭建兵, 2009. 黄土崩解性试验研究[J]. 岩石力学与工程学报, 28(s1): 3207-3213.

李泳, 陈晓清, 胡凯衡, 等, 2005. 泥石流颗粒组成的分形特征[J]. 地理学报, 60(3): 495-502.

李勇, 武淑霞, 夏侯国风, 1998. 紫色土区刺槐林根系对土壤结构的稳定作用[J]. 水土保持学报, 4(2): 1-7.

李志华, 冀长甫, 刘占欣, 等, 1998. 平顶山市山丘区沟道治理与开发利用研究[J]. 中国水土保持, (5): 18-20.

刘秉正, 吴发启, 1993. 黄土塬区沟谷侵蚀与发展[J]. 西北林学院学报, 8(2): 7-15.

刘尔铭, 1982. 黄河中游降水特征的初步分析[J]. 水土保持通报, 2(1): 31-34.

刘国彬, 1998. 黄土高原草地土壤抗冲性及其机理研究[J]. 水土保持学报, 12(1): 93-96.

刘元保, 朱显谟, 周佩华, 等, 1988. 黄土高原坡面沟蚀的类型及其发生发展规律[J]. 西北水保所集刊, 7(1): 9-18.

刘增文, 李雅素, 2003. 黄土残塬区侵蚀沟道分类研究[J]. 中国水土保持, (9): 28-30.

罗来兴, 1956. 划分晋西、陕北、陇东黄土区域沟间地与沟谷的地貌类型[J]. 地理学报, 22(3): 201-222.

罗来兴, 1958. 黄河中游黄土区域沟道流域侵蚀地貌及其对水土保持关系论丛[M]. 北京: 科学出版社.

吕刚, 刘红民, 高英旭, 等, 2014. 排土场边坡根系分布及其对土壤抗冲性的影响[J]. 土壤通报, 45(3): 711-715.

南岭, 2011. 金沙江干热河谷冲沟溯源侵蚀特征与过程规律[D]. 北京: 中国科学院大学.

覃超, 何超, 郑粉莉, 等, 2018. 黄土坡面细沟沟头溯源侵蚀的量化研究[J]. 农业工程学报, 34(6):160-167.

桑广书, 甘枝茂, 2005. 洛川塬区晚中更新世以来沟谷发育与土壤侵蚀量变化初探[J]. 水土保持学报, 19(1): 109-113.

桑广书, 甘枝茂, 岳大鹏, 2002. 元代以来洛川塬区沟谷发育速度和土壤侵蚀强度研究[J]. 中国历史地理论丛, 17(2): 123-128, 159.

孙尚海, 张淑芝, 1995. 中沟流域的重力侵蚀及其防治[J]. 中国水土保持, (9): 25-27, 50.

汤立群, 陈国祥, 1997. 小流域产流产沙动力学模型[J]. 水动力学研究与进展, 12(2): 164-174.

唐克丽, 2004. 中国水土保持[M]. 北京: 科学出版社.

王斌科, 朱显谟, 唐克丽, 1988. 黄土高原的洞穴侵蚀与防治[J]. 中国科学院西北水土保持研究所集刊, 7: 26-39.

王玉生, 吴矿山, 刘保军, 2006. 一种经济实用的沟头防护工程[J]. 水土保持研究, 13(3): 272-273.

伍永秋, 刘宝元, 2000. 切沟、切沟侵蚀与预报[J]. 应用基础与工程科学学报, 8(2): 134-141.

夏军, 乔云峰, 宋献方, 等, 2007. 岔巴沟流域不同下垫面对降雨径流关系影响规律分析[J]. 资源科学, 29(1): 70-76.

邢天佑, 李卓, 刘平乐, 等, 1991. 甘肃西峰地区"1988·7·23"特大暴雨灾害与水保措施调查评价[J]. 水土保持通报, 11(3): 40-47.

熊东红, 范建容, 卢晓宁, 等, 2007. 冲沟侵蚀研究进展[J]. 世界科技研究与发展, 29(6): 29-35.

许炯心, 1999. 黄土高原的高含沙水流侵蚀研究[J]. 土壤侵蚀与水土保持学报, 5(1): 28-34.

许炯心, 孙季, 2006. 无定河水土保持措施减沙效益的临界现象及其意义[J]. 水科学进展, 17(5): 610-615.

徐宗学, 等, 2009. 水文模型[M]. 北京: 科学出版社.

闫业超, 张树文, 岳书平, 2007. 克拜东部黑土区侵蚀沟遥感分类与空间格局分析[J]. 地理科学, 27(2): 193-198.

姚文波, 2007. 硬化地面与黄土高原水土流失[J]. 地理研究, 26(6): 1097-1107.

姚文波, 2009. 历史时期董志塬地貌演变过程及其成因[D]. 西安: 陕西师范大学.

于国强, 张霞, 张茂省, 等, 2012. 植被对黄土高原坡沟系统重力侵蚀调控机理研究[J]. 自然资源学报, 27(6): 922-932.

于章涛, 伍永秋, 2003. 黑土地切沟侵蚀的成因与危害[J]. 北京师范大学学报(自然科学版), 39(5): 701-705.

张宝军, 熊东红, 杨丹, 等, 2017. 跌水高度对元谋干热河谷冲沟沟头侵蚀产沙特征的影响初探[J]. 土壤学报, 54(1): 1-14.

张汉雄, 王万忠, 1982. 黄土高原的暴雨特性及分布规律[J]. 水土保持通报, 2(1): 35-44.

张怀珍, 范建容, 胡凯衡, 等, 2012. 汶川地震重灾区泥石流沟内崩滑物空间分布的RS-GIS定量方法[J]. 山地学报, 30(1): 78-86.

张世熔, 邓良基, 周倩, 等, 2002. 耕层土壤颗粒表面的分形维数及其与主要土壤特性的关系[J]. 土壤学报, 39(2): 221-226.

张新和, 2007. 黄土坡面片蚀—细沟侵蚀—切沟侵蚀演变与侵蚀产沙过程研究[D]. 杨凌: 西北农林科技大学.

张信宝, 柴宗新, 汪阳春, 1989. 黄土高原重力侵蚀的地形与岩性组合因子分析[J]. 水土保持通报, 9(5): 40-44.

张修桂, 2006. 中国历史地貌与古地图研究[M]. 北京: 社会科学文献出版社.

郑粉莉, 武敏, 张玉斌, 等, 2006. 黄土陡坡裸露坡耕地浅沟发育过程研究[J]. 地理科学, 26(4): 438-442.

郑粉莉, 徐锡蒙, 覃超, 2016. 沟蚀过程研究进展[J]. 农业机械学报, 47(8): 48-59, 116.

中国科学院黄土高原综合科学考察队, 1991. 黄土高原地区土壤侵蚀区域特征及其治理方式[M]. 北京: 中国科学技术出版社.

周佩华, 窦保璋, 孙清芳, 1981. 降雨能量的试验研究初报[J]. 水土保持通报, 1(1): 51-61.

周维, 张建辉, 李勇, 等, 2006. 金沙江干暖河谷不同土地利用条件下土壤抗冲性研究[J]. 水土保持通报, 26(5): 26-42.

朱红春, 汤国安, 张友顺, 等, 2003. 基于DEM提取黄土丘陵区沟沿线[J]. 水土保持通报, 23(5): 43-45, 61.

朱同新, 陈永宗, 1989. 晋西北区重力侵蚀产沙区的模糊聚类分析[J]. 水土保持通报, 9(4): 27-34.

朱显谟, 1953. 董志塬区土壤侵蚀及其分类的初步意见[J]. 新黄河, (9): 37-40.

朱显谟, 1954. 泾河流域土壤侵蚀现象及其演变[J]. 土壤学报, 2(4): 209-222.

朱显谟, 1956. 黄土区土壤侵蚀的分类[J]. 土壤学报, 4(2): 99-105.

朱显谟, 1982. 黄土高原水蚀的主要类型及其有关因素[J]. 水土保持通报, (3): 40-44.

ABDI E, MAJNOUNIAN B, GENET M, et al., 2010. Quantifying the effects of root reinforcement of Persian Ironwood (parrotia persica) on slope stability: A case study: Hillslope of Hyrcanian forests, northern Iran[J]. Ecological Engineering, 36(10): 1409-1416.

ALLEN P M, ARNOLD J G, AUGUSTE L, et al., 2018. Application of a simple headcut advance model for gullies[J]. Earth Surface Processes & Landforms, 43(1): 202-217.

ARCHIBOLD O W, LEVESQUE L M J, DE BOER D H, et al., 2003. Gully retreat in a semi-urban catchment in Saskatoon, Saskatchewan[J]. Applied geography, 23(4): 261-279.

AVNI Y, 2005. Gully incision as a key factor in desertification in an arid environment[J]. Catena, 6(2-3): 185-220.

BEER C E, JOHNSON H P, 1963. Factors in gully growth in the deep loess area of western Iowa[J]. Transactions of the ASAE, 6(3): 237-240.

BENNETT S J, ALONSO C V, PRASAD S N, et al., 2000. Experiments on headcut growth and migration in concentrated flows typical of upland areas[J]. Water Resources Research, 36(7): 1911-1922.

BETTS H D, DEROSE R C, 1999. Digital elevation models as a tool for monitoring and measuring gully erosion[J]. International Journal of Applied Earth Observation and Geoinformation, 1(2): 91-101.

BRYAN R B, 1994. Land degradation and the development of land use policies in a traditional semi-arid region. Soil erosion, land degradation and social transition-geoecological analysis[J]. Advances in Geo Ecology, 27:1-30.

BURYLO M, REY F, MATHYS N, et al., 2012. Plant root traits affecting the resistance of soils to concentrated flow erosion[J]. Earth Surface Processes and Landforms, 37(14): 1463-1470.

CASALI J, LOIZU J, CAMPO M A, et al., 2006. Accuracy of methods for field assessment of rill and ephemeral gully erosion[J]. Catena, 67(2): 128-138.

CASTILLO C, GÓMEZ J A, 2016. A century of gully erosion research: Urgency, complexity and study approaches[J]. Earth-Science Reviews, 160: 300-319.

CHEN A, ZHANG D, PENG H, et al., 2013. Experimental study on the development of collapse of overhanging layers of gully in Yuanmou Valley[J]. Catena, 109: 177-185.

CHENG H, WU Y, ZOU X, et al., 2006. Study of ephemeral gully erosion in a small upland catchment on the Inner-Mongolian Plateau[J]. Soil and Tillage Research, 90(12): 184-193.

CLAUDIO Z, ANNALISA C, RANIERO D P, 2006. Effects of land use and landscape on spatial distribution and morphological features of gullies in an agropastoral area in Sardinia (Italy)[J]. Catena, 68: 87-95.

COLLISON A J C, 1996. Unsaturated strength and preferential flow as controls on gully head development[J]. Advances in Hillslope Processes, 2: 753-769.

COLLISON A J C, 2001. The cycle of instability: Stress release and fissure flow as controls on gully head retreat[J]. Hydrological Processes, 15: 3-12.

COLLISON A J C, SIMON A, 2001. Modeling gully head-cut recession processes in loess deposits[C]// Soil Erosion Research for the, Century. Proceedings of the International Symposium, Honolulu: American Society of Agricultural and Biological Engineers.

DE BAETS S, POESEN J, KNAPEN A, et al., 2007. Impact of root architecture on the erosion-reducing potential of roots during concentrated flow[J]. Earth Surface Process and Landforms, 32(9): 1323-1345.

DESMET P J J, GOVERS G, 1996. Comparison of routing algorithms for digital elevation models and their implications for predicting ephemeral gullies[J]. International Journal of Geographical Information Systems, 10: 311-331.

DIETRICH W E, DUNNE T, 1993. The channel head[J]. Channel Network Hydrology, 175-219.

DIETRICH W E, RENEAU S L, WILSON C J, 1985. The geomorphology of zero order basins[J]. Transactions of the American Geophysical Union, 66 (46): 898.

FAN J R, LI X Z, GUO F F, et al., 2011. Empirical-statistical models based on remote sensing for estimating the volume of landslides induced by the wenchuan earthquake[J]. Journal of Mountain Science, 8(5): 711-717.

FAULKNER H, 1995. Gully erosion associated with the expansion of unterraced almond cultivation in the coastal Sierra de Lujar. Spain[J]. Land Degradation & Rehabilitation, 9: 179-200.

FERNANDES N F, Coelho Netto A L, Lacerda W A, 1994. Subsurface hydrology of layered colluvium mantles in unchannelled valleys—south‐eastern Brazil[J]. Earth Surface Processes and Landforms, 19(7): 609-626.

FRANKL A, STAL C, ABRAHA A, et al., 2015. Detailed recording of gully morphology in 3D through image-based modeling[J]. Catena, 127: 92-101.

GÓMEZ-GUTIÉRREZ Á, SCHNABEL S, BERENGUER-SEMPERE F, et al., 2014. Using 3D photo-reconstruction methods to estimate gully headcut erosion[J]. Catena, 120: 91-101.

GREGORY P J, 2007. Plant Roots: Growth, Activity and Interaction with Soils[M]. Oxford: Blackwell Publishing.

GUY B T, RUDRA R P, et al., 2009. Empirical model for calculating sediment transport capacity in shallow overland flows: Model development[J]. Biosystem Engineering, 103: 105-115.

GYSSELS G, POESEN J, BOCHET E, et al., 2005. Impact of plant roots on the resistance of soils to erosion by water: A review[J]. Progress in Physical Geography, 29(2): 189-217.

HANSON G J, ROBINSON K M, COOK K R, 1997. Headcut migration analysis of a compacted soil[J]. Transactions of the ASAE, 40(2): 355-362.

HESSEL R, ASCH T V, 2003. Modelling gully erosion for a small catchment on the Chinese Loess Plateau[J]. Catena, 54(1):131-146.

IMWANGANA F M, VANDECASTEELE I, TREFOIS P, et al., 2015. The origin and control of mega-gullies in Kinshasa (DR Congo)[J]. Catena, 125: 38-49.

IONITA I, 2006. Gully development in the Moldavian Plateau of Romania[J]. Catena, 68: 133-140.

JAHN A, 1989. The soil creep of slopes in different altitudinal and ecological zones of Sudeten Mountain[J]. Geographical Analysis, 71: 161-170.

JAMES L A, WATSON D G, HANSEN W F, 2007. Using LiDAR data to map gullies and headwater streams under forest canopy: South Carolina, USA[J]. Catena, 71(1): 132-144.

KORUP O, MCSAVENEY M J, DAVIES T R H, 2004. sediment generation and delivery from large historic landslides in the Southern Alps, New Zealand[J]. Geomorphology, 61(1-2): 189-207.

LI W J, LI D X, WANG X K, 2011. An approach to estimating sediment transport capacity of overland[J]. Science China Technological Sciences, 54(10): 2649-2656.

LI Z, ZHANG Y, ZHU Q, et al., 2015. Assessment of bank gully development and vegetation coverage on the Chinese Loess Plateau[J]. Geomorphology, 228: 462-469.

LIU G C, LINDSTROM M J, ZHANG X W, et al., 2001. Conservation management effects on soil erosion reduction in the Sichuan Basin, China[J]. Journal of Soil and Water Conservation, 56(2): 144-147.

MARTÍNEZ-CASASNOVAS J A, 2003. A spatial information technology approach for the mapping and quantification of gully erosion[J]. Catena, 50(2): 293-308.

MARTÍNEZ-CASASNOVAS J A, RAMOS M C, GARCÍA-HERNÁNDEZ D, 2009. Effects of land-use changes in vegetation cover and sidewall erosion in a gully head of the Penedès region (northeast Spain)[J]. Earth Surface Process and Landforms, 34: 1927-1937.

MOEYERSONS J, IMWANGANA F M, DEWITTE O, 2015. Site-and rainfall-specific runoff coefficients and critical rainfall for mega-gully development in Kinshasa (DR Congo)[J]. Natural Hazards, 79(1): 203-233.

MORGAN R P C, MNGOMEZULU D, 2003. Threshold conditions for initiation of valley-side gullies in the middle veld of Swaziland[J]. Catena, 50(2): 401-414.

NACHTERGAELE J, 2001. Spatial and temporal analysis of the characteristics, importance and prediction of ephemeral gully erosion[D]. Flemish: KU Leuven.

NACHTERGAELE J, POESEN J, 1999. Assessment of soil losses by ephemeral gully erosion using high-altitude (stereo) aerial photographs[J]. Earth Surface Processes and Landforms, 24: 693-706.

NAZARI SAMANI A, AHMADI H, MOHAMMADI A, et al., 2010. Factors controlling gully advancement and models evaluation (Hableh Rood Basin, Iran) [J]. Water Resources Management, 24(8): 1531-1549.

NICHOLS M H, NEARING M, HERNANDEZ M, et al., 2016. Monitoring channel head erosion processes in response to an artificially induced abrupt base level change using time-lapse photography[J]. Geomorphology, 265: 107-116.

OKOLI C S, 2014. The development of models for prediction of gully growth and head advancement A case study: Queen Ede gully erosion site, Benin city, Edo state, Nigeria[J]. Scientia Iranica, 21(1): 30-43.

OOSTWOUD WIJDENES D J, POESEN J, VANDEKERCKHOVE L, et al., 2000. Spatial distribution of gully head activity and sediment supply along an ephemeral channel in a Mediterranean environment[J]. Catena, 39: 147-167.

PATTON P C, SCHUMM S A, 1975. Gully erosion, northwestern Colorado: A threshold phenomenon[J].Geology, 3: 88-90.

PIERCE F J, LARSON W E, DOWDY R H, et al., 1983. Productivity of soils: Assessing long-term changes due to erosion[J]. Journal of Soil and Water Conservation, 38(1): 39-44.

POESEN J, NACHTERGAELE J, VERSTRAETEN G, et al., 2003. Gully erosion and environmental change: Importance and research needs[J]. Catena, 50(2): 91-133.

POESEN J, VANDERKERCKHOVE L, NACHTERGAELE J, et al., 2002. Gully erosion in dryland environments. Dryland rivers: Hydrology and geomorphology of semi-arid[J]. John Wiley & Sons Ltd: 229-262.

PROSSER I P, SOUFI M, 1998. Controls on gully formation following forest clearing in a humid temperate environment[J]. Water Resources Research, 34(12): 3661-3671.

RADOANE M, ICHIM I, RADOANE N, 1995. Gully distribution and development in Moldavia, Romania[J]. Catena, 24(2): 127-146.

RENARD G R,FOSTER G R,WEESIES G A,et al., 1991. RUSLE revised universal soil loss equation[J]. Journal of Soil and Water Conservation, 46(1): 30-31.

RENGERS F K, TUCKER G E, 2015. The evolution of gully headcut morphology: A case study using terrestrial laser scanning and hydrological monitoring[J]. Earth Surface Processes and Landforms, 40(10): 1304-1317.

RIES J B, 2003. Monitoring of gully erosion in the Central Ebro Basin by large-scale aerial photography taken from a remotely controlled blimp[J]. Catena, 50:309-328.

ROBINSON K M, HANSON G J, 1994. A deterministic headcut advance model[J]. Transactions of the ASAE, 37(5): 1437-1444.

ROBINSON K M, HANSON G J, 1995. Large-scale headcut erosion testing[J]. Transactions of the ASAE, 38(2): 429-434.

ROBINSON K M, HANSON G J, 1996. Gully headcut advance[J]. Transactions of the ASAE, 39(1): 33-38.

ROCKWELL D L, 2011. Headcut erosive regimes influenced by groundwater on disturbed agricultural soils[J]. Journal of Environmental Management, 92(2): 290-299.

SEGINER I, 1966. Gully development and sediment yield[J]. Journal of Hydrology, 4: 236-253.

SCHLUNEGGER F, 2002. Impact of hillslope-derived sediment supply on drainage basin development in small watersheds at the northern border of the central Alps of Switzerland[J]. Geomorphology, 46: 285-350.

SHIH H M, YANG C T, 2009. Estimating overland flow erosion capacity using unit stream power[J]. International Journal of Sediment Research, 24: 46-62.

SIDORCHUK A, 1999. Dynamic and static models of gully erosion[J]. Catena, 37(3-4): 401-414.

STEIN O R, JULIEN P Y, 1993. Criterion delineating the mode of headcut migration[J]. Journal of Hydraulic Engineering, 119(1): 37-50.

STOCKING M A, 1981. Causes and prediction of the advance of gullies[C]// South-East Asian Regional Symposium on Problems of Soil Erosion and Sedimentation, Bangkok: The Institute.

STOCKING M A, BOODT M D, GABRIELS D, 1980. Examination of the factors controlling gully growth[J]. Assessment of Erosion, 505-520.

SU Z, XIONG D, DONG Y, et al., 2014. Simulated headward erosion of bank gullies in the dry-hot valley region of southwest China[J]. Geomorphology, 204: 532-541.

THOMPSON J R, 1964. Quantitative effect of watershed variables on rate of gully-head advancement[J]. Transactions of the Asabe, 7(1): 54-55.

TORRI D, POESEN J, 2014. A review of topographic threshold conditions for gully head development in different environments[J]. Earth-Science Reviews, 130: 73-85.

VANDEKERCKHOVE L, POESEN J, OOSTWOUD WIJDENES D J, et al., 2000. Thresholds for gully initiation and sedimentation in Mediterranean Europe[J]. Earth Surface Processes and Landforms, 25: 1201-1220.

VANDEKERCKHOVE L, WIJDENES D O, GYSSELS G, 2001. Short-term bank gully retreat rates in Mediterranean environments[J]. Catena, 44(2): 133-161.

VANMAERCKE M, POESEN J, VAN MELE B, et al., 2016. How fast do gully headcuts retreat?[J]. Earth-Science Reviews, 154: 336-355.

VANNOPPEN W, VANMAERCKE M, DE BAETS S, et al., 2015. A review of the mechanical effects of plant roots on concentrated flow erosion rates[J]. Earth-Science Reviews, 150: 666-678.

VANWALLEGHEM T, NACHTERGAELE P J, VERSTRAETEN G, 2005. Characteristics, controlling factors and importance of deep gullies under crop land on loess-derived soils[J]. Geomorphology, 69(1): 76-91.

VANWALLEGHEM T, VAN DEN EECKHAUT M, POESEN J, et al., 2003. Characteristics and controlling factors of old gullies under forest in a temperate humid climate: A case study from the Meerdaal Forest (Central Belgium)[J]. Geomorphology, 56(1): 15-29.

WANG X, ZHONG X, LIU S, et al., 2008. A non-linear technique based on fractal method for describing gully-head changes associated with land-use in an arid environment in China[J]. Catena, 72(1): 106-112.

WELLS R R, ALONSO C V, BENNETT S J, 2009a. Morphodynamics of headcut development and soil erosion in upland concentrated flows[J]. Journal of Soil Science Society America, 73(2): 521-530.

WELLS R R, BENNETT S J, ALONSO C V, 2009b. Effect of soil texture, tailwater height, and pore-water pressure on the morphodynamics of migrating headcuts in upland concentrated flows[J]. Earth Surface Processes and Landforms, 34(14): 1867-1877.

WU Y, CHENG H, 2005. Monitoring of gully erosion on the Loess Plateau of China using a global positioning system[J]. Catena, 63(2): 154-166.

ZHANG B, XIONG D, SU Z, et al., 2016. Effects of initial step height on the headcut erosion of bank gullies: A case study using a 3D photo-reconstruction method in the dry-hot valley region of southwest China[J]. Physical Geography, 37(6): 409-429.

ZHANG B, XIONG D, ZHANG G, 2018. Impacts of headcut height on flow energy, sediment yield and surface landform during bank gully erosion processes in the Yuanmou Dry-hot Valley region, southwest China[J]. Earth Surface Processes and Landforms, 43(10): 2271-2282.

ZHOU Z C, GAN Z T, SHANGGUAN Z P, et al., 2010. Effects of grazing on soil physical properties and soil erodibility in semiarid grassland of the northern Loess Plateau[J]. Catena, 82(2): 87-91.

ZHOU Z C, SHUANGGUAN Z P, 2005. Soil anti-scouribility enhanced by plant roots[J]. Journal Integrative Plant Biology, 47: 676-682.

ZHU Y H, VISSER P J, VRIJLING J K, 2008. Soil headcut erosion: Process and mathematical modeling[J]. Proceedings in Marine Science, 9: 125-136.

附　　录

附录 A　西峰区沟头溯源侵蚀调查表

编号	东经	北纬	海拔/m	前进长度/m	沟宽/m	沟深/m	前进速率/(m/a)
2066906	107.644°	35.585°	1310	100	8	7	2.00
2044903	107.603°	35.547°	1247	100	31	28	2.00
2067516	107.652°	35.670°	1360	50	10	16	1.00
2088307	107.789°	35.675°	1279	50	8	15	1.00
2034201	107.560°	35.601°	1248	50	15	10	1.00
2023115	107.566°	35.696°	1340	50	2	3	1.00
2022420	107.596°	35.783°	1386	49	20	28	0.98
2077817	107.713°	35.615°	1296	42	9	8	1.05
2078152	107.748°	35.691°	1311	40	27	20	0.80
2022428	107.592°	35.747°	1402	40	12	18	0.80
2034102	107.584°	35.611°	1286	40	30	14	0.80
20910216	107.652°	35.810°	1364	40	25	20	0.80
2022423	107.603°	35.779°	1387	38	12	5	0.76
2032002	107.593°	35.760°	1330	35	20	9	0.70
2089104	107.790°	35.724°	1273	35	20	18	0.70
2088305	107.765°	35.682°	1286	35	5	7	0.70
2034101	107.581°	35.612°	1282	31	6	7	0.78
2089006	107.797°	35.685°	1276	30	6	9	0.60
2088308	107.793°	35.672°	1264	30	25	16	0.60
2023111	107.579°	35.706°	1361	30	5	3.5	1.00
2067302	107.684°	35.586°	1314	30	12	10	1.30
2067511	107.646°	35.656°	1352	30	17	10	0.60
20910802	107.619°	35.852°	1419	30	20	10	0.60
2023121	107.528°	35.681°	1293	30	23	20	0.60
20910112	107.668°	35.777°	1352	30	17	16	0.60
20910211	107.617°	35.816°	1398	30	9	7	0.60
2033603	107.590°	35.652°	1327	30	9	5	0.60
2033507	107.574°	35.809°	1336	28	31	15	0.56
2022405	107.528°	35.794°	1353	25	15	14	0.66
2044907	107.627°	35.550°	1305	25	18	15	0.50

编号	东经	北纬	海拔/m	前进长度/m	沟宽/m	沟深/m	前进速率/(m/a)
2088402	107.834°	35.631°	1213	25	7	16	0.83
2022409	107.544°	35.791°	1357	22	21	14	0.44
2088805	107.813°	35.688°	1269	22	4	5	0.73
20910701	107.637°	35.833°	1400	22	25	11	0.44
2024201	107.595°	35.782°	1373	21	23	8	0.42
2023106	107.574°	35.721°	1358	21	13	10	0.60
2010101	107.598°	35.852°	1425	20	20	8	0.57
2011901	107.492°	35.797°	1289	20	13	18	0.40
2067523	107.739°	35.580°	1264	20	17	20	0.40
2078126	107.710°	35.658°	1327	20	13	15	0.67
2078110	107.705°	35.640°	1323	20	18	16	0.67
2044904	107.608°	35.546°	1267	20	18	15	0.50
2055903	107.654°	35.460°	1216	20	19	20	0.40
20910301	107.662°	35.810°	1350	20	21	14	0.40
20910102	107.697°	35.760°	1348	20	6	6	0.80
2022902	107.518°	35.704°	1278	20	22	15	0.40
2034009	107.603°	35.616°	1332	20	10	10	0.80
2034301	107.574°	35.599°	1273	20	30	25	0.40
20910215	107.642°	35.812°	1371	20	15	8	0.50
2033503	107.548°	35.686°	1340	20	25	15	0.67
2033602	107.589°	35.658°	1326	20	10	7	0.80
2023109	107.604°	35.721°	1387	19	6	20	0.38
2022413	107.560°	35.810°	1388	18	20	17	0.72
207810101	107.795°	35.592°	1221	18	14	21	0.36
2067506	107.686°	35.595°	1315	18	10	9	0.36
2088602	107.851°	35.669°	1236	18	8	7	0.36
2099706	107.744°	35.770°	1297	18	21	24	0.36
2078155	107.777°	35.651°	1267	17	13	20	0.34
2022429	107.579°	35.747°	1381	16	14	10	0.70
2010701	107.557°	35.821°	1396	15	14	11	0.30
2022101	107.502°	35.782°	1247	15	28	37	0.30
2022403	107.522°	35.774°	1318	15	19	12	0.60
2022407	107.542°	35.785°	1348	15	28	8	0.60
2089016	107.809°	35.722°	1243	15	20	15	0.50
2089010	107.771°	35.698°	1285	15	20	13	0.43

续表

编号	东经	北纬	海拔/m	前进长度/m	沟宽/m	沟深/m	前进速率/(m/a)
2088806	107.828°	35.696°	1259	15	15	14	0.50
2067601	107.746°	35.584°	1265	15	14	10	0.30
2078113	107.726°	35.631°	1290	15	4	5	0.38
2078121	107.759°	35.632°	1268	15	16	9	0.50
2044905	107.620°	35.556°	1305	15	13	14	0.30
2045007	107.639°	35.529°	1293	15	12	8	0.30
2056001	107.657°	35.455°	1204	15	7	5	0.30
2066903	107.655°	35.538°	1290	15	8	11	0.30
2067512	107.658°	35.640°	1333	15	4	3	0.30
2078133	107.708°	35.673°	1339	15	4	3	1.25
2078138	107.714°	35.689°	1340	15	18	11	0.40
2078148	107.721°	35.713°	1328	15	20	18	0.50
2023105	107.574°	35.727°	1366	15	12	10	0.50
2034008	107.607°	35.620°	1360	15	18	14	0.50
2033515	107.586°	35.664°	1335	15	18	10	0.60
2055801	107.637°	35.493°	1251	14	7	13	0.28
2078150	107.714°	35.719°	1334	14	20	16	0.61
2089119	107.761°	35.744°	1290	14	15	5	0.28
2034306	107.604°	35.611°	1343	13	20	15	0.43
2091041	107.635°	35.847°	1405	13	25	10	0.26
2099903	107.729°	35.748°	1320	12	28	5	0.24
2089118	107.749°	35.749°	1294	12	10	13	0.34
2023107	107.597°	35.729°	1388	12	16	20	0.40
20910111	107.661°	35.774°	1359	12	31	14	0.24
20910302	107.666°	35.805°	1347	11	10	4	0.37
2034005	107.611°	35.645°	1347	11	12	12	0.44
2010502	107.571°	35.816°	1400	10	15	11	0.25
2022303	107.512°	35.775°	1290	10	26	16	0.67
2022417	107.576°	35.795°	1374	10	26	16	0.33
2089103	107.794°	35.723°	1284	10	15	9	0.25
2089009	107.780°	35.687°	1284	10	30	13	0.40
2089005	107.796°	35.681°	1271	10	12	11	0.40
2078106	107.741°	35.586°	1276	10	8	4	0.33
2078101	107.775°	35.582°	1241	10	15	20	0.25
2078112	107.721°	35.630°	1302	10	7	4	0.25

编号	东经	北纬	海拔/m	前进长度/m	沟宽/m	沟深/m	前进速率/(m/a)
2078125	107.709°	35.651°	1328	10	8	18	0.40
2067309	107.675°	35.601°	1314	10	6	8	0.43
2066506	107.682°	35.493°	1256	10	8	5	0.20
2066902	107.668°	35.525°	1274	10	8	7	0.20
2055901	107.660°	35.494°	1267	10	15	10	0.20
2055406	107.624°	35.491°	1228	10	5	15	0.20
2067514	107.668°	35.641°	1325	10	8	4	0.20
2078136	107.728°	35.681°	1315	10	20	12	0.26
2078154	107.762°	35.662°	1287	10	8	9	0.20
2088311	107.823°	35.638°	1227	10	14	13	0.20
2022801	107.520°	35.724°	1256	10	19	24	0.20
20910218	107.670°	35.801°	1347	10	7	8	0.40
2078146	107.697°	35.711°	1355	10	16	8	0.29
2022806	107.527°	35.706°	1293	10	30	20	0.20
2034302	107.577°	35.596°	1267	10	12	11	0.28
2034002	107.573°	35.635°	1310	10	10	8	0.20
20910213	107.626°	35.821°	1390	10	26	20	0.43
20910214	107.649°	35.810°	1368	10	12	10	0.20
2034004	107.604°	35.649°	1338	10	13	7	0.20
2023114	107.568°	35.692°	1346	10	3	3	0.20
2023110	107.584°	35.710°	1360	9	5	3	0.26
2044701	107.609°	35.557°	1297	9	20	12	0.23
2010201	107.588°	35.838°	1422	8	6	9	0.16
2056101	107.666°	35.461°	1230	8	10	19	0.16
2044603	107.621°	35.566°	1316	8	5	6	0.16
2088302	107.791°	35.643°	1251	8	16	20	0.20
2010102	107.601°	35.840°	1430	7	18	12	0.14
2089105	107.783°	35.719°	1286	7	12	13	0.23
2078119	107.768°	35.621°	1261	7	15	10	0.18
2045102	107.648°	35.524°	1291	7	5	6	0.30
2023120	107.531°	35.684°	1297	7	10	13	0.14
2034006	107.594°	35.639°	1340	7	10	19	0.14
2022418	107.648°	35.809°	1391	6	10	8	0.30
2089015	107.814°	35.686°	1259	6	21	18	1.20
2089111	107.733°	35.724°	1316	6	6	4	1.20

编号	东经	北纬	海拔/m	前进长度/m	沟宽/m	沟深/m	前进速率/(m/a)
2089102	107.801°	35.720°	1272	6	4	6	0.20
2077802	107.777°	35.588°	1246	6	3	4	0.15
2078109	107.704°	35.627°	1312	6	15	14	0.15
2077816	107.724°	35.636°	1300	6	8	15	0.15
2078120	107.769°	35.621°	1262	6	10	5	0.15
2067502	107.718°	35.576°	1287	6	2	3	0.26
2066802	107.682°	35.514°	1263	6	12	15	0.15
2066507	107.693°	35.504°	1262	6	10	15	0.12
2044401	107.606°	35.577°	1306	6	24	11	0.12
2034312	107.612°	35.581°	1325	6	4	6	0.30
2078135	107.722°	35.682°	1310	6	8	3	0.12
2088802	107.830°	35.671°	1250	6	8	5	0.17
20910407	107.622°	35.833°	1403	6	4	5	0.26
2099901	107.736°	35.763°	1308	6	15	5	1.20
2022602	107.546°	35.734°	1350	6	23	20	0.30
2033506	107.568°	35.677°	1338	6	5	12	0.12
2010303	107.586°	35.823°	1415	5.5	5	16	1.10
2011301	107.511°	35.814°	1343	5	12	11	0.20
2022007	107.507°	35.780°	1296	5	21	13	0.10
2022410	107.550°	35.797°	1361	5	31	18	0.10
2078123	107.748°	35.641°	1281	5	3	10	0.17
2067307	107.684°	35.598°	1314	5	3	6	0.21
2055803	107.647°	35.489°	1268	5	8	6	0.10
2078162	107.812°	35.610°	1220	5	4	7	0.16
20910409	107.628°	35.840°	1411	5	10	12	0.20
20910101	107.696°	35.754°	1346	5	8	6	1.00
2099703	107.751°	35.752°	1296	5	15	10	0.10
2033605	107.566°	35.643°	1316	5	3	8	0.21
2033604	107.574°	35.645°	1324	5	7	5	0.22
2022429	107.579°	35.746°	1383	5	15	14	0.22
20910209	107.632°	35.788°	1371	5	10	17	1.00
20910212	107.630°	35.798°	1375	5	15	8	0.22
2033514	107.597°	35.667°	1346	5	10	7	0.20
2033510	107.600°	35.686°	1356	5	8	6	0.10
2033508	107.584°	35.686°	1349	5	3	4	0.10

编号	东经	北纬	海拔/m	前进长度/m	沟宽/m	沟深/m	前进速率/(m/a)
2089110	107.731°	35.722°	1320	4	12	16	0.17
2078130	107.728°	35.658°	1314	4	6	4	0.10
2078129	107.734°	35.656°	1291	4	3	4	0.10
2044906	107.622°	35.553°	1312	4	5	4	0.20
2066901	107.675°	35.513°	1273	4	8	10	0.08
2066502	107.669°	35.480°	1254	4	9	7	0.08
2055404	107.643°	35.500°	1269	4	16	10	0.08
2023119	107.610°	35.692°	1370	4	10	9	0.80
2022605	107.534°	35.722°	1315	4	28	14	0.13
20910106	107.672°	35.748°	1368	4	30	15	0.13
2034309	107.619°	35.606°	1344	4	3	10	0.17
2023101	107.544°	35.712°	1339	4	30	15	0.08
20910202	107.666°	35.780°	1349	4	12	10	0.13
2078124	107.723°	35.644°	1307	4	2	7	0.08
2055802	107.643°	35.489°	1258	3	4	12	0.06
2044602	107.605°	35.572°	1315	3	5	7	0.06
20910408	107.618°	35.843°	1414	3	10	8	0.60
2099701	107.762°	35.764°	1288	3	12	10	0.06
2033701	107.537°	35.642°	1258	3	10	6	0.08
2033513	107.625°	35.677°	1366	3	15	9	0.06
2078105	107.757°	35.586°	1259	3	6	15	0.06
2078151	107.743°	35.703°	1314	2.5	8	6	0.50
2067521	107.731°	35.587°	1275	2	15	12	0.06
2067524	107.747°	35.575°	1269	2	12	5	0.06
2044801	107.587°	35.545°	1225	2	9	3	0.09
2045103	107.633°	35.513°	1267	2	15	11	0.09
2066504	107.666°	35.500°	1269	2	7	10	0.10
2066904	107.646°	35.566°	1305	2	3	5	0.04
2067513	107.668°	35.637°	1324	2	10	12	0.04
2034313	107.588°	35.579°	1278	2	3	3	0.04
2078140	107.688°	35.685°	1360	2	5	6	0.05
2088703	107.851°	35.679°	1236	2	5	4	0.20
2034010	107.599°	35.612°	1339	2	10	11	0.04
2033801	107.536°	35.629°	1244	2	7	9	0.09
2033902	107.565°	35.641°	1313	2	3	8	0.08
2034305	107.592°	35.603°	1297	2	2	3	0.04
2034304	107.591°	35.607°	1280	2	12	9	0.08

附录 B 宁县沟头溯源侵蚀调查表

编号	东经	北纬	海拔/m	前进长度/m	沟宽/m	沟深/m	前进速率/(m/a)
3013315	107.784°	35.378°	1212	88	12	12	1.76
3012603	107.859°	35.477°	1196	40	30	18	0.80
3011891	107.839°	35.514°	1222	8	15	22	0.80
3011179	107.746°	35.439°	1251	27	18	15	0.68
3010467	107.836°	35.501°	1226	25	5	4	0.63
3029755	107.802°	35.366°	1203	31	18	17	0.62
3029043	107.754°	35.402°	1230	30	31	26	0.60
3028331	107.848°	35.543°	1208	30	25	17	0.60
3027619	107.764°	35.374°	1220	27	18	16	0.54
3026907	107.714°	35.543°	1284	26	12	10	0.52
3026195	107.759°	35.349°	1194	25	30	17	0.50
3025483	107.723°	35.473°	1265	25	3	3	0.50
3024771	107.733°	35.472°	1264	20	13	10	0.50
3024059	107.881°	35.530°	1160	20	5	8	0.50
3023347	107.836°	35.512°	1225	20	25	18	0.50
3022635	107.806°	35.326°	1155	24	27	33	0.48
3021923	107.880°	35.644°	1207	24	50	17	0.48
3021211	107.739°	35.510°	1277	20	6	4	0.40
3020499	107.903°	35.678°	1172	16	10	12	0.40
3019787	107.763°	35.360°	1211	15	7	10	0.38
3019075	107.888°	35.748°	1207	15	20	9	0.38
3018363	107.830°	35.570°	1223	15	5	12	0.38
3017651	107.813°	35.523°	1248	15	11	27	0.38
3016939	107.836°	35.408°	1191	18	28	14	0.36
3016227	107.825°	35.415°	1200	18	15	14	0.36
3015515	107.888°	35.299°	1123	18	15	19	0.36
3014803	107.836°	35.568°	1221	14	12	10	0.35
3014091	107.757°	35.415°	1240	7	10	9	0.35
3013379	107.888°	35.614°	1201	7	5	6	0.35
3012667	107.841°	35.544°	1217	7	35	15	0.35
3011955	107.742°	35.404°	1211	17	25	19	0.34
3033017	107.769°	35.486°	1257	13	5	7	0.33
3039563	107.752°	35.471°	1269	13	7	10	0.33
3049738	107.754°	35.374°	1225	13	16	24	0.33
3059913	107.863°	35.377°	1128	16	25	17	0.32
3070088	107.725°	35.494°	1271	16	15	15	0.32

续表

编号	东经	北纬	海拔/m	前进长度/m	沟宽/m	沟深/m	前进速率/(m/a)
3080263	107.870°	35.559°	1298	16	20	10	0.32
3043318	107.816°	35.365°	1198	3	25	16	0.30
3033301	107.848°	35.404°	1155	15	12	14	0.30
3033302	107.842°	35.402°	1194	15	17	25	0.30
3033303	107.860°	35.376°	1132	15	11	15	0.30
3033304	107.889°	35.284°	1093	15	14	18	0.30
3033305	107.816°	35.322°	1158	15	11	12	0.30
3033306	107.882°	35.546°	1185	11	8	7	0.28
3033307	107.879°	35.527°	1161	11	18	12	0.28
3033308	107.863°	35.490°	1191	11	15	18	0.28
3033309	107.746°	35.538°	1289	10	7	4	0.25
3033310	107.800°	35.457°	1213	10	4	5	0.25
3033311	107.815°	35.431°	1212	10	7	12	0.25
3033312	107.771°	35.337°	1177	10	7	4	0.25
3033313	107.892°	35.671°	1212	10	14	10	0.25
3033314	107.801°	35.563°	1236	10	30	10	0.25
3033315	107.821°	35.519°	1256	10	20	12	0.25
3033316	107.821°	35.509°	1239	10	7	11	0.25
3033317	107.776°	35.395°	1223	12	11	10	0.24
3033318	107.888°	35.293°	1133	12	7	5	0.24
3042702	107.844°	35.481°	1211	12	9	14	0.24
3043110	107.774°	35.415°	1228	9	6	8	0.23
3043518	107.784°	35.509°	1245	10	25	20	0.20
3043926	107.771°	35.346°	1206	8	7	15	0.20
3044334	107.898°	35.669°	1173	8	16	18	0.20
3044742	107.907°	35.565°	1128	8	21	11	0.20
3045150	107.858°	35.483°	1196	8	12	18	0.20
3045558	107.854°	35.473°	1199	8	15	10	0.20
3045966	107.852°	35.322°	1173	4	7	6	0.20
3046374	107.775°	35.441°	1241	7	10	5	0.18
3046782	107.818°	35.363°	1197	7	8	3	0.18
3047190	107.752°	35.378°	1223	7	13	11	0.18
3053025	107.800°	35.461°	1223	10	8	10	0.17
3053033	107.796°	35.421°	1219	8	15	12	0.16
3053041	107.809°	35.394°	1200	8	17	15	0.16

编号	东经	北纬	海拔/m	前进长度/m	沟宽/m	沟深/m	前进速率/(m/a)
3053049	107.774°	35.464°	1241	6	7	10	0.15
3053057	107.867°	35.403°	1134	5	11	12	0.13
3053065	107.833°	35.491°	1225	5	10	8	0.13
3053073	107.860°	35.420°	1172	6	5	7	0.12
3053081	107.859°	35.403°	1148	6	14	10	0.12
3053089	107.855°	35.378°	1154	6	13	18	0.12
3053097	107.861°	35.310°	1171	6	18	17	0.12
3053105	107.690°	35.554°	1288	5	10	8	0.10
3053113	107.821°	35.414°	1204	5	17	15	0.10
3053121	107.841°	35.370°	1180	5	9	7	0.10
3063501	107.850°	35.356°	1177	5	2	3	0.10
3063909	107.825°	35.324°	1166	5	12	10	0.10
3063913	107.794°	35.318°	1129	5	12	10	0.10
3040202	107.725°	35.444°	1238	5	14	4	0.10
3010703	107.881°	35.653°	1215	5	30	10	0.10
3021701	107.899°	35.544°	1140	5	15	20	0.10
3021901	107.893°	35.535°	1154	5	8	15	0.10
3022101	107.854°	35.409°	1180	4	7	15	0.08
3022301	107.797°	35.409°	1215	4	7	10	0.08
3022501	107.819°	35.351°	1200	4	12	15	0.08
3022701	107.893°	35.589°	1183	3	15	8	0.08
3022901	107.789°	35.402°	1206	3	3	10	0.06
3023101	107.719°	35.491°	1266	3	10	15	0.06
3023301	107.783°	35.442°	1239	2	4	6	0.05
3023501	107.779°	35.407°	1223	2	25	16	0.05
3023701	107.784°	35.393°	1213	2	25	16	0.05
3023901	107.855°	35.378°	1154	2	5	7	0.04
3024101	107.752°	35.433°	1255	2	2	8	0.04
3024301	107.808°	35.564°	1235	2	15	9	0.04
3024501	107.858°	35.493°	1200	2	5	7	0.04
3024701	107.822°	35.385°	1185	1	19	13	0.03
3024901	107.896°	35.574°	1149	1	18	17	0.03
3025101	107.812°	35.363°	1200	1	15	12	0.02
3025301	107.715°	35.445°	1239	1	31	13	0.02

附录 C　庆城县沟头溯源侵蚀调查表

编号	东经	北纬	海拔/m	前进长度/m	沟宽/m	沟深/m	前进速率/(m/a)
1050217	107.728°	35.893°	1407	50	5	5	1.00
1030703	107.639°	35.876°	1468	45	9	8	0.90
1050303	107.579°	35.875°	1445	36	51	9	0.72
1030702	107.605°	35.895°	1484	35	20	27	0.70
1030401	107.581°	35.871°	1438	30	5	10	0.60
1030824	107.788°	35.853°	1338	30	16	18	0.60
1020807	107.663°	35.902°	1451	25	11	8	0.50
1020855	107.703°	35.808°	1332	25	13	7	0.50
1020917	107.580°	35.933°	1510	25	7	6	0.50
1020918	107.759°	35.880°	1386	20	4	5	0.40
1020919	107.740°	35.817°	1318	20	8	5	0.40
1020920	107.673°	35.862°	1394	18	22	15	0.36
1020921	107.598°	35.905°	1500	17	30	7	0.34
1020922	107.730°	35.887°	1394	16	7	5	0.32
1020923	107.714°	35.845°	1364	16	8	7	0.32
1020924	107.626°	35.949°	1519	16	11	8	0.32
1020925	107.581°	35.886°	1470	15	6	12	0.30
1020926	107.594°	35.909°	1503	15	35	18	0.30
1020927	107.710°	35.908°	1434	15	11	6	0.30
1020928	107.739°	35.900°	1421	15	31	13	0.30
1010543	107.891°	35.899°	1343	15	10	12	0.30
1010544	107.819°	35.822°	1312	15	14	9	0.30
1010545	107.779°	35.866°	1359	15	8	12	0.30
1010546	107.627°	35.886°	1456	14	5	7	0.28
1010547	107.671°	35.884°	1417	14	12	15	0.28
1010548	107.767°	35.911°	1359	14	9	7	0.28
1010549	107.558°	35.956°	1530	14	16	21	0.28
1010550	107.524°	35.852°	1374	13	10	8	0.26
1010551	107.568°	35.880°	1450	12	11	10	0.24
1010552	107.823°	35.817°	1302	12	5	8	0.24
1010553	107.870°	35.906°	1350	12	15	10	0.24
1010554	107.518°	35.846°	1386	10	10	6	0.20
1010555	107.543°	35.860°	1396	10	7	35	0.20
1010556	107.564°	35.876°	1443	10	13	10	0.20
1010557	107.665°	35.905°	1456	10	10	9	0.20
1010558	107.624°	35.885°	1461	10	11	7	0.20

编号	东经	北纬	海拔/m	前进长度/m	沟宽/m	沟深/m	前进速率/(m/a)
1010559	107.628°	35.908°	1503	10	20	13	0.20
1010560	107.664°	35.878°	1419	10	11	13	0.20
1060803	107.657°	35.895°	1442	10	5	7	0.20
1060804	107.699°	35.892°	1406	10	25	18	0.20
1060805	107.805°	35.892°	1351	10	15	10	0.20
1060806	107.810°	35.868°	1334	10	21	12	0.20
1060807	107.856°	35.898°	1332	10	12	7	0.20
1060808	107.802°	35.920°	1379	10	13	5	0.20
1060809	107.786°	35.803°	1304	10	15	8	0.20
1060810	107.759°	35.875°	1377	10	5	4	0.20
1060811	107.725°	35.832°	1340	10	11	7	0.20
1060812	107.710°	35.795°	1325	10	18	10	0.20
1060813	107.679°	35.951°	1461	10	10	6	0.20
1060814	107.513°	35.841°	1363	8	5	10	0.16
1060815	107.834°	35.858°	1313	8	16	9	0.16
1070554	107.823°	35.922°	1371	8	9	5	0.16
1070555	107.922°	35.896°	1295	8	5	4	0.16
1070556	107.837°	35.815°	1310	7.5	8	10	0.15
1070557	107.641°	35.870°	1419	7	11	8	0.14
1070558	107.645°	35.901°	1473	7	10	15	0.14
1070559	107.808°	35.925°	1375	7	5	8	0.14
1070560	107.708°	35.843°	1358	7	8	6	0.14
1070561	107.614°	35.944°	1496	7	9	8	0.14
1070562	107.528°	35.931°	1475	7	10	7	0.14
1080105	107.688°	35.900°	1420	6	11	8	0.12
1080106	107.705°	35.906°	1429	6	2	17	0.12
1080107	107.720°	35.893°	1405	6	15	11	0.12
1080108	107.807°	35.799°	1303	6	9	7	0.12
1080109	107.702°	35.851°	1375	6	12	8	0.12
1080110	107.730°	35.827°	1335	6	14	10	0.12
1080111	107.718°	35.836°	1348	6	8	6	0.12
1080112	107.506°	36.065°	1530	6	8	5	0.12
1080113	107.588°	35.902°	1492	5	19	14	0.10
1080114	107.682°	35.908°	1493	5	7	10	0.10
1080115	107.728°	35.886°	1400	5	18	6	0.10

续表

编号	东经	北纬	海拔/m	前进长度/m	沟宽/m	沟深/m	前进速率/(m/a)
1080116	107.755°	35.896°	1393	5	8	13	0.10
1080117	107.790°	35.901°	1370	5	8	13	0.10
1080118	107.747°	35.804°	1308	5	14	11	0.10
1080119	107.628°	35.949°	1476	5	18	15	0.10
1080120	107.591°	35.922°	1518	5	18	10	0.10
1080121	107.529°	35.937°	1490	5	14	9	0.10
1080122	107.546°	35.973°	1520	5	7	8	0.10
1080123	107.851°	35.856°	1295	4	10	8	0.08
1080124	107.914°	35.893°	1320	4	20	8	0.08
1080125	107.690°	35.847°	1370	4	15	11	0.08
1080126	107.585°	35.875°	1450	3.5	12	8	0.07
1080127	107.875°	35.908°	1349	3	14	8	0.06
1080128	107.803°	35.891°	1343	2	7	10	0.04
1080129	107.835°	35.921°	1372	2	25	11	0.04
1080130	107.719°	35.843°	1357	2	8	9	0.04

附录D　合水县沟头溯源侵蚀调查表

编号	东经	北纬	海拔/m	前进长度/m	沟宽/m	沟深/m	前进速率/(m/a)
4010204	107.868°	35.763°	1247	28	20	16	0.56
4010306	107.901°	35.776°	1238	26	20	15	0.52
4020503	107.887°	35.778°	1253	25	12	6	0.50
4020508	107.850°	35.804°	1296	20	17	11	0.40
4020605	107.914°	35.857°	1264	20	11	12	0.40
4010540	107.906°	35.867°	1263	15	16	9	0.30
4030602	107.920°	35.825°	1230	12	15	8	0.24
4030203	107.861°	35.768°	1256	10	5	4	0.20
4030517	107.863°	35.824°	1291	10	15	8	0.20
4030202	107.880°	35.730°	1242	8	4	4	0.16
4010106	107.905°	35.725°	1204	7	18	5	0.14
4020207	107.899°	35.745°	1222	6	11	12	0.12
4040402	107.905°	35.791°	1211	6	11	10	0.12
4040505	107.866°	35.783°	1279	5	28	10	0.10
4040511	107.884°	35.802°	1259	5	11	8	0.10
4020104	107.894°	35.719°	1235	4	9	6	0.08
4030512	107.867°	35.818°	1287	4	15	12	0.08
4030539	107.903°	35.857°	1228	4	10	8	0.08
4050604	107.915°	35.845°	1248	4	12	8	0.10
4050703	107.908°	35.871°	1298	4	9	4	0.10
4050513	107.867°	35.823°	1284	3	18	17	0.06
4050206	107.895°	35.744°	1226	2	32	9	0.04

附录 E 董志塬典型沟头汇水特征调查表

编号	东经	北纬	前进长度/m	海拔/m	汇水面积/km²	流域长度/km	流域形状系数
2066906	107.644°	35.585°	100	1310	8.696	1.877	2.469
2044903	107.603°	35.547°	100	1247	6.300	1.527	2.700
2067516	107.652°	35.670°	50	1360	5.039	2.237	1.007
2088307	107.789°	35.675°	50	1279	1.687	2.724	0.227
2034201	107.560°	35.601°	50	1248	0.949	1.989	0.240
2023115	107.566°	35.696°	50	1340	2.819	3.425	0.240
2012420	107.596°	35.783°	49	1386	4.424	3.983	0.279
2077817	107.713°	35.615°	42	1296	3.041	2.819	0.383
2078152	107.748°	35.691°	40	1311	1.776	2.499	0.284
2012428	107.592°	35.747°	40	1402	3.058	2.959	0.349
2034102	107.584°	35.611°	40	1286	0.210	1.325	0.120
20910216	107.652°	35.810°	40	1364	0.375	1.743	0.123
2012423	107.603°	35.779°	38	1387	2.045	1.861	0.591
2012002	107.593°	35.760°	35	1330	1.745	2.458	0.289
2089104	107.790°	35.724°	35	1273	1.582	2.854	0.194
2088305	107.765°	35.682°	35	1286	1.584	2.099	0.359
2034101	107.581°	35.612°	31	1282	0.689	2.917	0.081
2089006	107.797°	35.685°	30	1276	0.443	1.224	0.296
2088308	107.793°	35.672°	30	1264	0.843	1.243	0.546
2067302	107.684°	35.586°	30	1314	0.774	1.670	0.278
2033507	107.574°	35.809°	28	1336	1.102	1.545	0.462
2012405	107.528°	35.794°	25	1353	0.860	1.728	0.288
2088402	107.834°	35.631°	25	1213	0.808	1.405	0.410
2012409	107.544°	35.791°	22	1357	0.538	1.438	0.260
2088805	107.813°	35.688°	22	1269	0.481	1.467	0.223
2042201	107.595°	35.782°	21	1373	0.428	1.513	0.187
1020517	107.728°	35.893°	50	1407	0.911	1.622	0.347
1030703	107.639°	35.876°	45	1468	0.640	1.097	0.532
1030303	107.579°	35.875°	36	1445	0.590	1.804	0.181
1020702	107.605°	35.895°	35	1484	0.928	1.441	0.447
1040401	107.581°	35.871°	30	1438	0.471	0.935	0.538
1050824	107.788°	35.853°	30	1338	0.145	1.860	0.042
1010855	107.703°	35.808°	25	1332	0.424	1.873	0.121
1010917	107.580°	35.933°	25	1510	0.294	1.106	0.240
3013315	107.784°	35.378°	88	1212	5.920	1.972	1.523
3012603	107.859°	35.477°	40	1196	0.696	1.194	0.489

续表

编号	东经	北纬	前进长度/m	海拔/m	汇水面积/km²	流域长度/km	流域形状系数
3013316	107.802°	35.366°	31	1203	1.264	1.050	1.146
3024010	107.754°	35.402°	30	1230	1.087	1.382	0.569
3022203	107.848°	35.543°	30	1208	0.712	1.784	0.224
3024004	107.764°	35.374°	27	1220	0.956	1.245	0.617
3024106	107.746°	35.439°	27	1251	1.155	1.479	0.528
302067101	107.714°	35.543°	26	1284	0.498	1.614	0.191
3032305	107.836°	35.501°	25	1226	0.561	1.726	0.189
3033912	107.806°	35.326°	24	1155	1.039	2.201	0.214
3030702	107.880°	35.644°	24	1207	0.730	1.569	0.296
4010204	107.868°	35.763°	28	1247	0.473	0.962	0.511
4010306	107.900°	35.776°	26	1238	0.180	1.010	0.177
4010503	107.886°	35.778°	25	1253	0.487	1.041	0.449

彩　　图

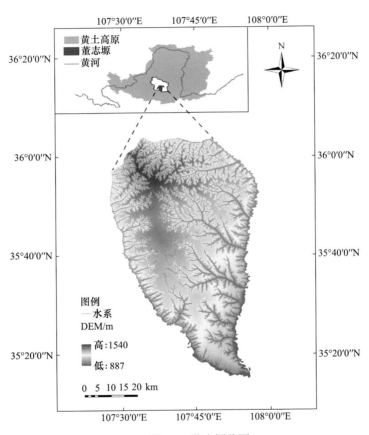

图 2-1　董志塬范围

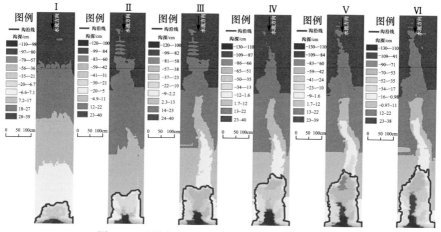

图 8-1 对照小区 DEM 及沟沿线变化过程(3°坡)

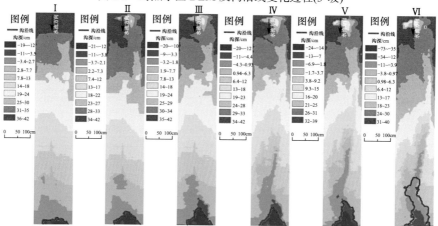

图 8-2 0 盖度小区 DEM 及沟沿线变化过程(3°坡)

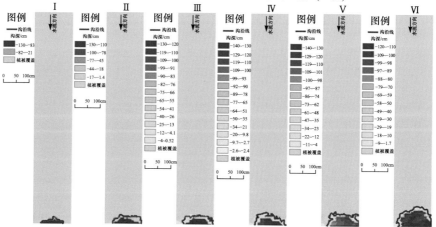

图 8-3 20%盖度小区 DEM 及沟沿线变化过程(3°坡)

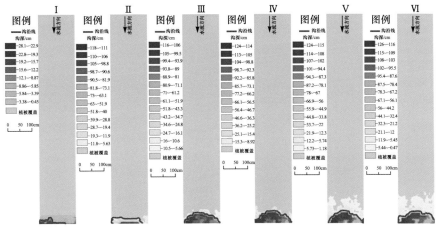

图 8-4　50%盖度小区 DEM 及沟沿线变化过程(3°坡)

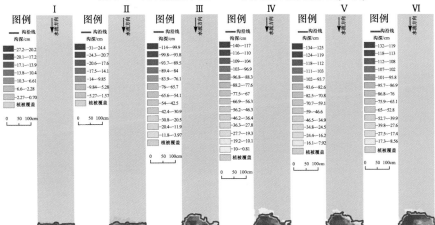

图 8-5　80%盖度小区 DEM 及沟沿线变化过程(3°坡)

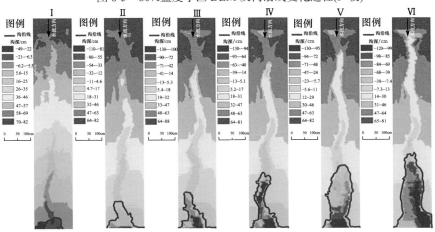

图 8-6　CK 小区 DEM 及沟沿线变化过程(6°坡)

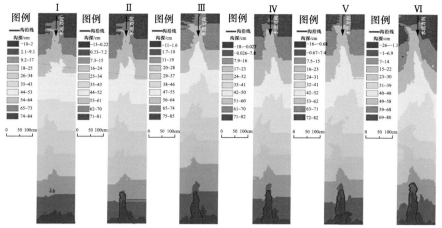

图 8-7　0 盖度小区 DEM 及沟沿线变化过程(6°坡)

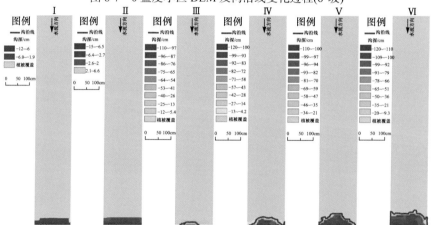

图 8-8　20%盖度小区 DEM 及沟沿线变化过程(6°坡)

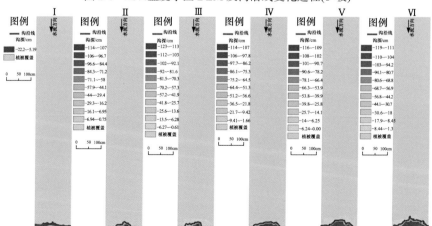

图 8-9　50%盖度小区 DEM 及沟沿线变化过程(6°坡)

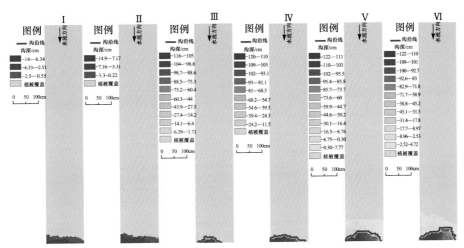

图 8-10　80%盖度小区 DEM 及沟沿线变化过程(6°坡)

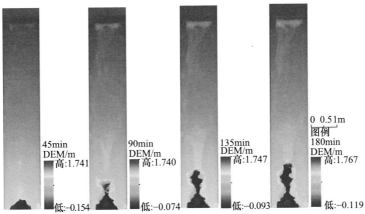

图 8-13　裸地 G3H1.2 小区 DEM 变化过程

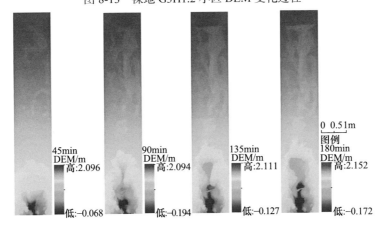

图 8-14　裸地 G6H1.2 小区 DEM 变化过程

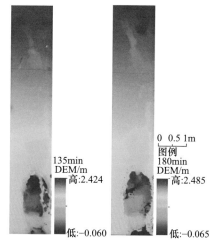

图 8-15　裸地 G9H1.2 小区 DEM 变化过程

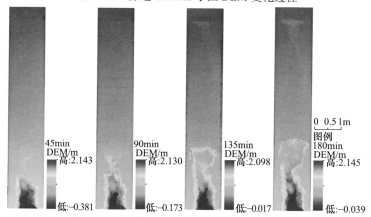

图 8-16　裸地 G3H1.5 小区 DEM 变化过程

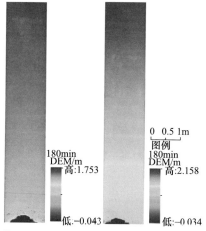

图 8-17　草地 G3H1.2 和 G6H1.2 小区历时 180min 的 DEM

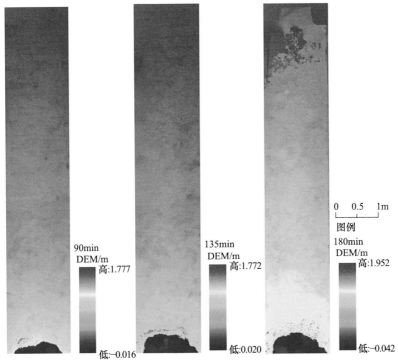

图 8-18　灌草地 G3H1.2 小区 DEM 变化过程

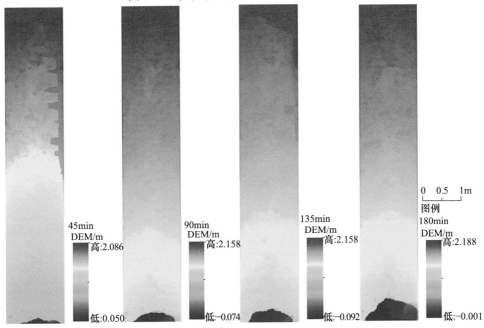

图 8-19　灌草地 G6H1.2 小区 DEM 变化过程

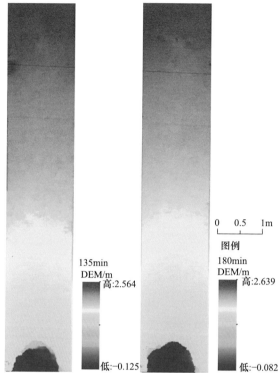

图 8-20　灌草地 G9H1.5 小区 DEM 变化过程

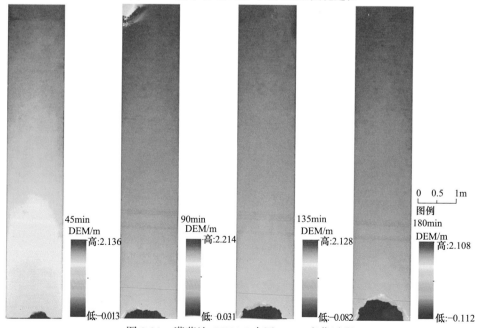

图 8-21　灌草地 G3H1.5 小区 DEM 变化过程